本书根据道路运输企业实际情况，按照理论与实践相结合的原则进行编写，根据道路运输各经营类别的特点，将安全生产法律法规、从业知识和管理知识充分融入实际工作之中，使道路运输从业人员、企业主要负责人和安全生产管理人员能够通过学习切实提升安全知识水平、提高实际安全生产管理能力。

道路运输

从业人员安全培训教材

Daolu Yunshu

Congye Renyuan Anquan Peixun Jiaocai

本书编写组 编

内容提要

本书包括三篇，共十三章，介绍了安全生产法律法规，道路运输从业人员应该掌握的安全知识以及道路运输企业安全生产知识。

本书可供道路运输从业人员、企业主要负责人和安全生产管理人员学习使用。

图书在版编目（CIP）数据

道路运输从业人员安全培训教材 / 《道路运输从业人员安全培训教材》编写组编. — 北京：人民交通出版社股份有限公司, 2017.6

ISBN 978-7-114-13942-0

Ⅰ. ①道… Ⅱ. ①道… Ⅲ. ①公路运输—安全培训—教材 Ⅳ. ①U492.8

中国版本图书馆CIP数据核字（2017）第129745号

Daolu Yunshu Congye Renyuan Anquan Peixun Jiaocai

书　　名： 道路运输从业人员安全培训教材
著 作 者： 本书编写组
责任编辑： 姚　旭
出版发行： 人民交通出版社股份有限公司
地　　址：（100011）北京市朝阳区安定门外外馆斜街3号
网　　址： http://www.ccpress.com.cn
销售电话：（010）59757973
总 经 销： 人民交通出版社股份有限公司发行部
经　　销： 各地新华书店
印　　刷： 北京盈盛恒通印刷有限公司
开　　本： 787 × 1092　1/16
印　　张： 16.5
字　　数： 392千
版　　次： 2017年6月　第1版
印　　次： 2017年7月　第2次印刷
书　　号： ISBN 978-7-114-13942-0
定　　价： 35.00元
（有印刷、装订质量问题的图书由本公司负责调换）

前　言

近些年来，我国道路运输从业人员和相关企业数量快速增加，促进了交通运输事业的蓬勃发展，同时道路运输安全生产事故频发，造成了巨大的生命财产和经济损失。为保证道路运输行业的安全生产形势持续稳定好转，提高相关人员的从业素质和安全生产法律意识，适应十三五期间对道路运输行业安全生产的要求，使道路运输从业人员、企业主要负责人和安全生产管理人员能够不断学习安全生产知识，提高安全生产管理能力，我们结合当前行业具体实际，编写了本书。

第一篇是法律篇，阐述安全生产相关的法律法规体系，并对安全生产责任制和相关人员的安全职责及法律责任进行讲解。道路运输从业人员、企业主要负责人和安全生产管理人员不仅要学法、懂法，还要守法、用法，同时用法律法规的相关规定来保护自己的合法权益不受侵害。以上人员掌握相关法律法规，对于规范道路旅客运输、保障人民生命财产安全、改善行业发展环境具有重大而深远的意义。

第二篇是从业人员篇，通过安全驾驶基本知识、预见性驾驶知识、临危避险驾驶知识和事故现场应急处置与伤员救护知识等方面介绍了营运车辆驾驶员安全知识。从理论培训安全教育、实际操作培训安全教育、紧急情况及应急处置等角度介绍了机动车驾驶培训教练员在教学过程中应具备的安全知识。针对汽车维修从业人员安全知识，介绍安全防护、汽车维修工具使用安全、汽车维修设备使用安全和紧急情况及应急处置等方面内容。

第三篇是企业篇，详细介绍道路运输企业安全生产公共基础知识，包括企业安全生产管理、危险源辨识、道路运输危险源辨识、安全生产检查与隐患排查治理、应急救援基础知识及事故报告、调查与处理方法。针对道路普通货物运输企业、道路旅客运输企业及汽车客运站、机动车维修企业、出租汽车企业、机动车驾驶培训机构、城市公共汽车客运企业、道路危险货物运输企业和货运站场企业各自的特点，分别对其安全管理常用的知识进行细化讲解，注重结合实际，强化相关人员的安全责任意识、安全生产和安全管理技能。

本书根据道路运输企业实际情况，按照理论与实践相结合的原则进行编写，根据道路运输各经营类别的特点，将安全生产法律法规、从业知识和管理知识充分融入实际工作之中，使道路运输从业人员、企业主要负责人和安全生产管理人员能够通过学习切实提升安全知识水平、提高实际安全生产管理能力。

本书第一篇、第三篇由屈闻聪编写，第二篇由刘博编写，由于编者的水平有限，书中难免有不妥之处，敬请广大读者批评指正。

编　者

2017年5月

目　录

第一篇　法　律　篇

第二篇　从业人员篇

第三篇　企　业　篇

第一篇

法律篇

第一章 安全生产法律法规

第一节 安全生产法律法规体系

一 法的概念和特征

1 法的概念

法有狭义和广义之分，从广义上讲，国家按照统治阶级利益和意志制定或者认可的，并由国家强制力保证其实施的行为规范的总和即为法，而狭义上的法，包括宪法、法律、行政法规、地方性法规、行政规章等各种成文法在内具体的法律规范。

2 法的本质

法的最本质的属性是统治阶级的意志，而不是任何个人的意志，更不是超阶级的共同意志。统治阶级的意志决定于统治阶级的物质生活条件，这种物质生活条件构成法的基础。法作为统治阶级的意志可以体现在以下3个方面：

（1）意志内容的一般性；

（2）意志内容的客观性；

（3）意志内容的统一性。

3 法的特征

法所表现的意志首先是一种社会意识形态，但又不单纯是意识形态，而是一种社会规范。它为人们规定一定的行为规则，指示人们在特定的条件下可以做什么，必须做什么，禁止做什么，即规定人们享有的权利和应当履行的义务，从而调整人们在社会生活中的相互关系。法作为一种社会规范，在其发生作用的范围内具有普遍性、稳定性和约束力。社会规范有很多，诸如道德、风俗习惯以及各种社会团体的规章等。法与上述社会规范不同，法是一种特殊的社会规范，这表现在法具有以下4个特征：

（1）法是由特定的国家机关制定的；

（2）法是依照特定的程序制定的；

（3）法具有国家强制性；

（4）法是调整人们行为的社会规范。

二 安全生产法律体系

我国安全生产法律法规体系，是指我国全部现行的、不同的安全生产法律规范形成的有机联系的统一整体，是国家法律法规体系的一部分。按照其法律地位和法律效力的层级划分为法律、法规、规章以及安全生产标准，如图1-1所示。

1 安全生产法律

安全生产法律特指由全国人民代表大会及其常务委员会依照一定的立法程序制定和颁布的规范性文件。我国安全生产法律包括基础法律、专门法律和相关法律等。

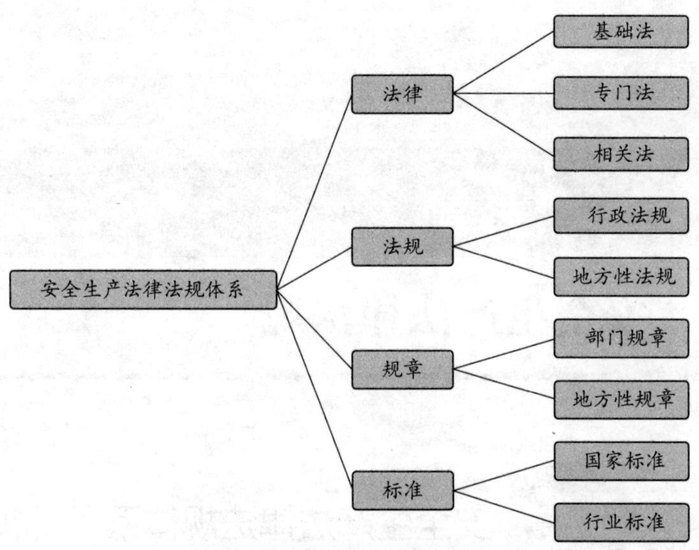

图1-1　安全生产法律法规体系

1 基础法律

《中华人民共和国安全生产法》是综合安全生产法律制度的法律，属于基础法律，它适用于与生产经营活动安全有关的所有行为、单位、部门，是我国安全生产法律体系的核心。

2 专门法律

专门的安全生产法律是规范某一专业领域生产法律制度的法律，我国在专业领域的法律有《中华人民共和国道路交通安全法》《中华人民共和国消防法》《中华人民共和国特种设备安全法》等。

3 相关法律

与安全生产相关的法律是指安全生产专门法律以外的其他法律中涵盖有安全生产内容的法律，如《中华人民共和国劳动法》《中华人民共和国工会法》等。

2 安全生产法规

我国现行的法规分为行政法规和地方性法规。

1 行政法规

安全生产行政法规是由国务院组织制定并批准公布的，是为实施安全生产法律或规范安全生产监督管理制度而制定并颁布的一系列具体规定，是实施安全生产监督管理和监察工作的重要依据。安全生产行政法规有《中华人民共和国道路运输条例》《生产安全事故报告和调查处理条例》等。

2 地方性法规

安全生产地方性法规是指由有立法权的地方权力机关——人民代表大会及其常务委员会依照法定职权和程序制定和颁布的、实行于本行政区域的规范性文件。各省人大及常委会通过的安全生产条例等有关国家法律法规的实施办法、条例等均属于安全生产地方性法规。

3 安全生产规章

1 部门规章

安全生产部门规章是指国务院的部、委员会和直属机构依照法律、行政法规或者国务院授权指定的在全国范围内实施安全生产行政管理的规范性文件，如《道路运输从业人员管理规定》《交通运输突发事件应急管理规定》《道路旅客运输及客运站管理规定》等。

2 地方性规章

安全生产地方性规章是由省、自治区、直辖市、较大的市（省、自治区政府所在地的市、经济特区政府所在地的市和经国务院批准的较大的市）的人民政府根据法律、行政法规和本省、自治区、直辖市的地方性法规制定的规章。

4 安全生产标准

安全生产标准是围绕如何消除、限制或预防劳动过程中的危险和有害因素，保护职工安全与健康，保障设备、生产正常运行而制定的统一规定。依据《中华人民共和国标准化法》的规定，标准的层次依次为：国家标准、行业标准、地方标准、企业标准，列入安全生产法律体系的主要是指国家标准和行业标准，国家标准、行业标准又分为强制性标准和推荐性标准。

5 安全生产法律法规的法律效力及相互关系

（1）安全生产法律的地位和效力次于宪法，其规定不得同宪法相抵触。安全生产法律效力高于行政法规、地方性法规和行政规章。

（2）行政法规的法律地位和法律效力次于宪法和法律，但高于地方性法规、行政规章。行政法规在中华人民共和国领域内具有约束力，这种约束力体现在两个方面：一是约束国家行政机关自身的效力，二是约束行政管理相对人的效力。

（3）地方性法规的法律效力高于本级和下级地方政府规章。地方性法规与部门规章之间对同一事项的规定不一致，不能确定如何适用时，由国务院提出意见，国务院认为应当适用地方性法规的，应当决定在该地方适用地方性法规的规定；认为应当适用部门规章的，应当提请全国人民代表大会常务委员会裁决。

（4）部门规章之间、部门规章与地方政府规章之间具有同等效力，在各自的权限范围内施行。部门规章之间、部门规章与地方政府规章之间对同一事项的规定不一致时，由国务院裁决。

（5）同一机关制定的法律、行政法规、地方性法规、自治条例和单行条例、规章，特别规定与一般规定不一致的，适用于特别规定；新规定与旧规定不一致的，适用于新规定。

第二节 安全生产相关法律法规

道路运输从业人员不仅要学法、懂法，还要守法、用法。通过对道路运输安全相关的法律法规和行业标准的学习，对于规范道路运输行业、保障人民生命财产安全、改善行业发展环境具有重大而深远的意义。从业人员通过对法律法规进行学习，熟知相关的内容要求，来更好地规范约束自己的安全行为，同时用法律法规的相关规定来保护自己的合法权益不受侵害。安全生产相关法律法规及其内容简介见表1-1。

安全生产相关法律法规 表1-1

法律法规名称	内 容 简 介
中华人民共和国安全生产法	《中华人民共和国安全生产法》是为了加强安全生产监督管理，防止和减少生产安全事故，保障人民群众生命和财产安全，促进经济发展而制定。 由中华人民共和国第九届全国人民代表大会常务委员会第二十八次会议于2002年6月29日通过公布，自2002年11月1日起施行。 2014年8月31日第十二届全国人民代表大会常务委员会第十次会议通过全国人民代表大会常务委员会关于修改《中华人民共和国安全生产法》的决定，自2014年12月1日起施行

续上表

法律法规名称	内容简介
中华人民共和国道路交通安全法	2003年10月28日第十届全国人民代表大会常务委员会第五次会议通过，根据2007年12月29日第十届全国人民代表大会常务委员会第三十一次会议《关于修改〈中华人民共和国道路交通安全法〉的决定》第一次修正，根据2011年4月22日第十一届全国人民代表大会常务委员会第二十次会议《关于修改〈中华人民共和国道路交通安全法〉的决定》第二次修正，自2011年5月1日起施行。 该法旨在维护道路交通秩序，预防和减少交通事故，保护人身安全，保护公民、法人和其他合法权益，提高通行效率，而制定本法
中华人民共和国突发事件应对法	《中华人民共和国突发事件应对法》已由中华人民共和国第十届全国人民代表大会常务委员会第二十九次会议于2007年8月30日通过，以主席令69号公布，自2007年11月1日起施行。 该法旨在预防和减少突发事件的发生，控制、减轻和消除突发事件引起的严重社会危害，规范突发事件应对活动，保护人民生命财产和安全
中华人民共和国消防法	《中华人民共和国消防法》已由中华人民共和国第十一届全国人民代表大会常务委员会第五次会议于2008年10月28日修订通过，现将修订后的《中华人民共和国消防法》以中华人民共和国主席令第六号公布，自2009年5月1日起施行。 本法旨在为了预防火灾和减少火灾危害，加强应急救援工作，保护人身、财产安全，维护公共安全
中华人民共和国职业病防治法	《中华人民共和国职业病防治法》与于2001年10月27日第九届全国人民代表大会常务委员会第二十四次会议通过，根据2011年12月31日第十一届全国人民代表大会常务委员会第二十四次会议《关于修改〈中华人民共和国职业病防治法〉的决定》进行修正，自2011年12月31日起施行
中华人民共和国特种设备安全法	《中华人民共和国特种设备安全法》已由中华人民共和国第十二届全国人民代表大会常务委员会第三次会议于2013年6月29日通过，现予公布，自2014年1月1日起施行
中华人民共和国道路运输条例	《中华人民共和国道路运输条例》经2004年4月14日国务院第48次常务会议通过，2004年4月30日中华人民共和国国务院令第406号公布；根据2012年11月9日中华人民共和国国务院令第628号《国务院关于修改和废止部分行政法规的决定》修正。《中华人民共和国道路运输条例》分总则、道路运输经营、道路运输相关业务、国际道路运输、执法监督、法律责任、附则7章83条
生产安全事故报告和调查处理条例	《生产安全事故报告和调查处理条例》已经2007年3月28日国务院第172次常务会议通过，自2007年6月1日起施行。生产经营活动中发生的造成人身伤亡或者直接经济损失的生产安全事故的报告和调查处理，适用本条例。《国家安全监管总局关于修改〈《生产安全事故报告和调查处理条例》罚款处罚暂行规定〉部分条款的决定》已经2011年8月29日国家安全生产监督管理总局局长办公会议审议通过，自2011年11月1日起施行
中华人民共和国道路交通安全法实施条例	《中华人民共和国道路交通安全法实施条例》是根据《中华人民共和国道路交通安全法》制定，于2004年4月28日国务院第49次常务会议通过，2004年4月30日公布，以中华人民共和国国务院令第405号，自2004年5月1日起施行
工伤保险条例	为了保障因工作遭受事故伤害或者患职业病的职工获得医疗救治和经济补偿，促进工伤预防和职业康复，分散用人单位的工伤风险，《工伤保险条例》在2003年4月27日，以中华人民共和国国务院令第375号公布，并在2004年1月1日起施行。根据2010年12月20日国务院第136次常务会议通过《国务院关于修改〈工伤保险条例〉的决定》通过，现予公布，自2011年1月1日起施行
机动车交通事故责任强制保险条例	2006年3月21日中华人民共和国国务院令第462号公布，根据2012年3月30日《国务院关于修改〈机动车交通事故责任强制保险条例〉的决定》第一次修订，根据2012年12月17日《国务院关于修改〈机动车交通事故责任强制保险条例〉的决定》第二次修订，现公布《国务院关于修改〈机动车交通事故责任强制保险条例〉的决定》，自2013年3月1日起施行。 机动车交通事故责任强制保险，是指由保险公司对被保险机动车发生道路交通事故造成本车人员、被保险人以外的受害人的人身伤亡、财产损失，在责任限额内予以赔偿的强制性责任保险

续上表

法律法规名称	内容简介
道路交通事故处理程序规定	为了规范道路交通事故处理程序，保障公安机关交通管理部门依法履行职责，保护道路交通事故当事人的合法权益，《道路交通事故处理程序规定》（中华人民共和国公安部令第104号）已经2008年7月11日公安部部长办公会议通过，自2009年1月1日起施行
城市公共汽电车客运管理办法	为了优先发展城市公共交通，加强城市公共汽电车客运管理，规范城市公共汽电车客运市场秩序，维护乘客、经营者及从业人员的合法权益，《城市公共汽电车客运管理办法》已于2005年3月1日经第53次部常务会议讨论通过，以建设部令第138号发布，自2005年6月1日起施行
交通运输突发事件应急管理规定	为规范交通运输突发事件应对活动，控制、减轻和消除突发事件引起的危害，《交通运输突发事件应急管理规定》已于2011年9月22日经第10次部务会议通过，以交通运输部2011年第9号令发布，自2012年1月1日起施行
生产安全事故信息报告和处置办法	《生产安全事故信息报告和处置办法》已经2009年5月27日国家安全生产监督管理总局局长办公会议审议通过，现予公布，自2009年7月1日起施行

第三节 安全生产责任制和法律责任

一 安全生产责任制

1 定义

安全生产责任制是根据我国的安全生产方针“安全第一，预防为主，综合治理”和安全生产法规建立的各级领导、职能部门、技术管理人员、岗位作业人员在劳动生产过程中对安全生产层层负责的制度。安全生产责任制是企业岗位责任制的一个组成部分，是企业中最基本的一项安全制度，也是企业安全生产、劳动保护管理制度的核心。建立健全安全生产责任制，是将企业安全纳入企业运输生产活动的各个环节，实现全员参与、全面、全过程的安全管理，保证企业实现安全运营。

2 作用

（1）企业单位的各级领导人员在管理生产的同时，必须负责管理安全工作，认真贯彻执行国家有关劳动保护的法令和制度，在计划、布置、检查、总结、评比生产的时候，同时计划、布置、检查、总结、评比安全工作。

（2）企业单位中的生产、技术、设计、供销、运输、财务等各有关专职机构，都应该在各自业务范围内，对实现安全生产的要求负责。

（3）企业单位都应该根据实际情况加强劳动保护工作机构或专职人员的工作。劳动保护工作机构或专职人员的职责是：协助上级领导组织推动生产中的安全工作，贯彻执行劳动保护的法令、制度；汇总和审查安全技术措施计划，并且督促有关部门切实按期执行；组织和协助有关部门制订或修订安全生产制度和安全技术操作规程，对这些制度、规程的贯彻执行进行监督检查；经常进行现场检查，协助解决问题，遇有特别紧急的不安全情况时，有权指令先行停止生产，并且立即报告上级领导研究处理；总结和推广安全生产的先进经验；对职工进行安全生产的宣传教育；指导生产小组安全员工作；督促有关部门按规定及时分发和合理使用个人防护用品、保健食品和清凉饮料；参加审查新建、改建、大修工程的设计计划，并且参加工程验收和试运转工作；参加伤亡事故

的调查和处理，进行伤亡事故的统计、分析和报告，协助有关部门提出防止事故的措施，并且督促他们按期实现；组织有关部门研究执行防止职业中毒和职业病的措施；督促有关部门做好劳逸结合和女工保护工作。

（4）企业单位各生产小组都应该设有不脱产的安全员。小组安全员在生产小组长的领导和劳动保护干部的指导下，首先应当在安全生产方面以身作则，起模范带头作用，并协助小组长做好下列工作：经常对本组工人进行安全生产教育；督促他们遵守安全操作规程和各种安全生产制度；正确地使用个人防护用品；检查和维护本组的安全设备；发现生产中有不安全情况的时候，及时报告；参加事故的分析和研究，协助上级领导实现防止事故的措施。

（5）企业单位的职工应该自觉地遵守安全生产规章制度，不进行违章作业，并且要随时制止他人违章作业，积极参加安全生产的各种活动，主动提出改进安全工作的意见，爱护和正确使用机器设备、工具及个人防护用品。

安全生产责任制是企业岗位责任制的一个组成部分，根据“管理生产必须管安全”的原则，安全生产责任制综合各种安全生产管理、安全操作制度，对生产经营单位和企业各级领导、各职能部门、有关工程技术人员和生产工人在生产中应负的安全责任加以明确规定的制度，《中华人民共和国安全生产法》把建立和健全安全生产责任制作为生产经营单位和企业安全管理必须实行的一项基本制度，在第四条、第十八条、第十九条都做出了明确规定，要求生产经营单位的主要负责人要建立、健全本单位安全生产责任制，并对其负责。企业安全生产责任制的主要内容是，企业主要负责人是企业安全生产的第一责任人，对安全生产负全面责任；企业的各级领导和生产管理人员，在管理生产的同时，必须负责管理安全工作，在计划、布置、检查、总结、评比生产的时候，必须同时计划、布置、检查、总结、评比安全生产工作；有关的职能机构和人员，必须在自己的业务工作范围内，对实现安全生产负责；职工必须遵守以岗位责任制为主的安全生产制度，严格遵守安全生产法规、制度，不违章作业，并有权拒绝违章指挥，险情严重时有权停止作业，采取紧急防范措施。

二 安全生产主体责任概述

企业是生产经营活动的主体，也是安全生产工作责任的直接承担主体。《中华人民共和国安全生产法》第三条规定：安全生产工作应当以人为本，坚持安全发展，坚持安全第一、预防为主、综合治理的方针，强化和落实生产经营单位的主体责任，建立生产经营单位负责、职工参与、政府监管、行业自律和社会监督的机制。生产经营单位的主体责任是指生产经营单位依照法律、法规规定，应当履行的安全生产法定职责和义务。

企业是安全生产的责任主体是因为：第一，企业生产经营的目的是为了创造效益，那么企业在实现其生产利润的同时责无旁贷肩负着安全责任，企业法人、产业工人在抓好产品生产管理、效益的过程务必同时强调、实现自身安全操作；第二，“生产”与“安全”是如影相随，看是无形却有形，也就是安全这一关键问题其实贯穿于生产领域的全过程，两者其实是相伴而行的，而落实这些安全管理制度、落实各项防范措施首当其冲、毫无疑问的是由企业去完成；第三，政府本身没有参与生产经营，从管理层面上说，主要是履行监督管理企业安全生产的职责。因此说企业是安全生产第一责任人，是责任主体。

企业安全生产主体责任的内涵是指：企业是生产经营活动的主体，是安全生产工作责任的直接承担主体。企业安全生产主体责任，是指企业依照法律、法规规定，应当履行的安全生产法定职责和义务。企业承担安全生产主体责任是指企业在生产经营活动全过程中必须在以下方面履行义务，承担责任，接受未尽责的追究。

1 企业应承担的安全生产主体责任

（1）依法建立安全生产管理机构。

（2）建立健全安全生产责任制和各项管理制度。

（3）持续具备法律、法规、规章、国家标准和行业标准规定的安全生产条件。

（4）确保资金投入满足安全生产条件需要。

（5）依法组织从业人员参加安全生产教育和培训。

（6）如实告知从业人员作业场所和工作岗位存在的危险、危害因素、防范措施和事故应急措施，教育职工自觉承担安全生产义务。

（7）为从业人员提供符合国家标准或行业标准的劳动防护用品，并监督教育从业人员按照规定佩戴使用。

（8）对重大危险源实施有效的检测、监控。

（9）预防和减少作业场所职业危害。

（10）安全设施、设备（包括特种设备）符合安全管理的有关要求，按规定定期检测检验。

（11）依法制定生产安全事故应急救援预案，落实操作岗位应急措施。

（12）及时发现、治理和消除本单位安全事故隐患。

（13）积极采取先进的安全生产技术、设备和工艺，提高安全生产科技保障水平；确保所使用的工艺装备及相关劳动工具符合安全生产要求。

（14）保证新建、改建、扩建工程项目（以下简称建设项目）依法实施安全设施“三同时”。

（15）统一协调管理承包、承租单位安全生产工作。

（16）依法参加工伤社会保险，为从业人员缴纳保险费。

（17）按要求上报生产安全事故，做好事故抢险救援，妥善处理对事故伤亡人员依法赔偿等事故善后工作。

（18）法律、法规规定的其他安全生产责任。

2 企业安全生产主体责任主要包括的内容

（1）物质保障责任。包括具备安全生产条件；依法履行建设项目安全设施“三同时”的规定；依法为从业人员提供劳动防护用品，并监督、教育其正确佩戴和使用。

（2）资金投入责任：包括按规定提取和使用安全生产费用，确保资金投入满足安全生产条件需要；按规定存储安全生产风险抵押金；依法为从业人员缴纳工伤保险费；保证安全生产教育培训的资金。

（3）机构设置和人员配备责任：包括依法设置安全生产管理机构，配备安全生产管理人员；按规定委托和聘用注册安全工程师或者注册安全助理工程师为其提供安全管理服务。

（4）规章制度制定责任：包括建立健全安全生产责任制和各项规章制度、操作规程。

（5）教育培训责任：包括依法组织从业人员参加安全生产教育培训，取得相关上岗资格证书。

（6）安全管理责任：包括依法加强安全生产管理；定期组织开展安全检查；依法取得安全生产许可；依法对重大危险源实施监控；及时消除事故隐患；开展安全生产宣传教育；统一协调管理承包、承租单位的安全生产工作。

（7）事故报告和应急救援的责任。包括按规定报告生产安全事故；及时开展事故抢险救援；妥善处理事故善后工作。

（8）法律、法规、规章规定的其他安全生产责任。

（9）强化企业安全生产主体责任有十

分重要的意义。企业是社会经济活动中的建设者又是受益者，是安全生产中不容置疑的责任主体，在社会生产中负有不可推卸的社会责任。企业必须认识到安全生产是坚持科学发展观的内在要求，也是企业生存与发展的必然选择。增强安全生产主体责任，实现安全生产，是企业追求利益最大化的最终目的，是实现物质利益和社会效益的最佳结合。

三 主要负责人的安全职责及法律责任

1 主要负责人的安全职责

《中华人民共和国安全生产法》第十八条规定，生产经营单位的主要负责人对本单位安全生产工作负有下列职责：

（1）建立、健全本单位安全生产责任制；

（2）组织制定本单位安全生产规章制度和操作规程；

（3）组织制定并实施本单位安全生产教育和培训计划；

（4）保证本单位安全生产投入的有效实施；

（5）督促、检查本单位的安全生产工作，及时消除生产安全事故隐患；

（6）组织制定并实施本单位的生产安全事故应急救援预案；

（7）及时、如实报告生产安全事故。

2 主要负责人的法律责任

（1）生产经营单位不依法投入安全生产费用的法律责任。

生产经营单位不依照规定保证安全生产所必需的资金投入，从而导致生产经营单位不具备安全生产条件，对于有违法行为的，首先应由负责安全监督管理的部门责令其在规定的期限内纠正违法行为，提供生产经营单位应当具备的安全生产条件所必需的资金。

如果违法行为人在规定的期限内仍未改正的，责令生产经营单位停产停业整顿。责令停产停业，是指行政执法机关对违反行政管理秩序的企业事业单位，依法在一定期限内暂停其从事有关生产经营活动的行政处罚。

导致发生生产安全事故的，对生产经营单位的主要负责人给予其撤职处分，对个人经营的投资人处2万元以上20万元以下的罚款。

（2）生产经营单位主要负责人不履行安全生产管理职责的法律责任。

生产经营单位主要负责人不履行安全生产管理职责的，行政执法机关责其在规定期限内，依照规定履行其应尽的安全生产管理职责。在规定的期限内，生产经营单位的主要负责人仍然未按规定纠正违法行为，履行其职责的，对其处2万元以上5万元以下的罚款。

生产经营单位主要负责人未履行安全生产管理职责，导致发生生产安全事故的，给予其撤职处分。构成犯罪的，依照刑法有关规定追究刑事责任。

生产经营单位主要负责人依照规定受刑事处罚或者撤职处分的，自刑罚执行完毕或者受处分之日起，5年内不得担任任何生产经营单位的主要负责人。对重大、特别重大生产安全事故负有责任的，终身不得担任本行业生产经营单位的主要负责人。

（3）对生产经营单位主要负责人不立即组织抢救、擅离职守或者逃匿的处罚。

①予以降级、撤职的处分。具体给予降级还是撤职处分，则根据行为人的违法情节进一步确定，同时对该主要负责人处其上一年收入60%~100%的罚款。

②对于发生事故后逃匿的，由公安机关依照治安管理处罚法规定的程序处15日以下拘留。

③构成犯罪的，依照刑法有关规定追究刑事责任。

四 安全管理人员的安全职责和法律责任

1 安全生产管理人员安全职责

《中华人民共和国安全生产法》第二十二条规定，生产经营单位的安全生产管理机构以及安全生产管理人员履行下列职责：

（1）组织或者参与拟订本单位安全生产规章制度、操作规程和生产安全事故应急救援预案；

（2）组织或者参与本单位安全生产教育和培训，如实记录安全生产教育和培训情况；

（3）督促落实本单位重大危险源的安全管理措施；

（4）组织或者参与本单位应急救援演练；

（5）检查本单位的安全生产状况，及时排查生产安全事故隐患，提出改进安全生产管理的建议；

（6）制止和纠正违章指挥、强令冒险作业、违反操作规程的行为；

（7）督促落实本单位安全生产整改措施。

2 安全管理人员的法律责任

《中华人民共和国安全生产法》第二十三条规定，生产经营单位的安全生产管理机构以及安全生产管理人员应当恪尽职守，依法履行职责。

安全生产管理人员应依法履行安全生产管理职责，生产经营单位也要为安全生产管理人员依法履行职责提供便利，同事也要督促其依法履行职责。安全生产管理人员未依法履行安全生产管理职责的，有关部门应当责令其限期改正。

安全生产管理人员未履行本法规规定的安全生产管理职责而导致发生安全生产事故的，暂停或撤销其与安全生产有关的资格。生产经营单位可以依法暂停该安全管理人员负责安全管理工作，也可以依法对其进行撤换。安全生产管理人员构成犯罪的，依照刑法有关规定追究刑事责任。

附件1 《中华人民共和国安全生产法》

《中华人民共和国安全生产法》是为了加强安全生产监督管理，防止和减少生产安全事故，保障人民群众生命和财产安全，促进经济发展，制定本法。

由中华人民共和国第九届全国人民代表大会常务委员会第二十八次会议于2002年6月29日通过公布，自2002年11月1日起施行。

2014年8月31日第十二届全国人民代表大会常务委员会第十次会议通过全国人民代表大会常务委员会关于修改《中华人民共和国安全生产法》的决定，自2014年12月1日起施行。

第一章　总　　则

第一条　为了加强安全生产工作，防止和减少生产安全事故，保障人民群众生命和财产安全，促进经济社会持续健康发展，制定本法。

第二条　在中华人民共和国领域内从事生产经营活动的单位（以下统称生产经营单位）的安全生产，适用本法；有关法律、行政法规对消防安全和道路交通安全、铁路交通安全、水上交通安全、民用航空安全以及核与辐射安全、特种设备安全另有规定的，适用其规定。

第三条　安全生产工作应当以人为本，坚持安全发展，坚持安全第一、预防为主、综合治理的方针，强化和落实生产经营单位的主体责任，建立生产经营单位负责、职工参与、政府监管、行业自律和社会监督的机制。

第四条　生产经营单位必须遵守本法和其他有关安全生产的法律、法规，加强安全生产管理，建立、健全安全生产责任制和安全生产规章制度，改善安全生产条件，推进安全生产标准化建设，提高安全生产水平，确保安全生产。

第五条　生产经营单位的主要负责人对本单位的安全生产工作全面负责。

第六条　生产经营单位的从业人员有依法获得安全生产保障的权利，并应当依法履行安全生产方面的义务。

第七条　工会依法对安全生产工作进行监督。

生产经营单位的工会依法组织职工参加本单位安全生产工作的民主管理和民主监督，维护职工在安全生产方面的合法权益。生产经营单位制定或者修改有关安全生产的规章制度，应当听取工会的意见。

第八条　国务院和县级以上地方各级人民政府应当根据国民经济和社会发展规划制定安全生产规划，并组织实施。安全生产规划应当与城乡规划相衔接。

国务院和县级以上地方各级人民政府应当加强对安全生产工作的领导，支持、督促各有关部门依法履行安全生产监督管理职责，建立健全安全生产工作协调机制，及时协调、解决安全生产监督管理中存在的重大问题。

乡、镇人民政府以及街道办事处、开发区管理机构等地方人民政府的派出机关应当按照职责，加强对本行政区域内生产经营单位安全生产状况的监督检查，协助上级人民政府有关部门依法履行安全生产监督管理职责。

第九条　国务院安全生产监督管理部门

依照本法，对全国安全生产工作实施综合监督管理；县级以上地方各级人民政府安全生产监督管理部门依照本法，对本行政区域内安全生产工作实施综合监督管理。

国务院有关部门依照本法和其他有关法律、行政法规的规定，在各自的职责范围内对有关行业、领域的安全生产工作实施监督管理；县级以上地方各级人民政府有关部门依照本法和其他有关法律、法规的规定，在各自的职责范围内对有关行业、领域的安全生产工作实施监督管理。

安全生产监督管理部门和对有关行业、领域的安全生产工作实施监督管理的部门，统称负有安全生产监督管理职责的部门。

第十条　国务院有关部门应当按照保障安全生产的要求，依法及时制定有关的国家标准或者行业标准，并根据科技进步和经济发展适时修订。

生产经营单位必须执行依法制定的保障安全生产的国家标准或者行业标准。

第十一条　各级人民政府及其有关部门应当采取多种形式，加强对有关安全生产的法律、法规和安全生产知识的宣传，增强全社会的安全生产意识。

第十二条　有关协会组织依照法律、行政法规和章程，为生产经营单位提供安全生产方面的信息、培训等服务，发挥自律作用，促进生产经营单位加强安全生产管理。

第十三条　依法设立的为安全生产提供技术、管理服务的机构，依照法律、行政法规和执业准则，接受生产经营单位的委托为其安全生产工作提供技术、管理服务。

生产经营单位委托前款规定的机构提供安全生产技术、管理服务的，保证安全生产的责任仍由本单位负责。

第十四条　国家实行生产安全事故责任追究制度，依照本法和有关法律、法规的规定，追究生产安全事故责任人员的法律责任。

第十五条　国家鼓励和支持安全生产科学技术研究和安全生产先进技术的推广应用，提高安全生产水平。

第十六条　国家对在改善安全生产条件、防止生产安全事故、参加抢险救护等方面取得显著成绩的单位和个人，给予奖励。

第二章　生产经营单位的安全生产保障

第十七条　生产经营单位应当具备本法和有关法律、行政法规和国家标准或者行业标准规定的安全生产条件；不具备安全生产条件的，不得从事生产经营活动。

第十八条　生产经营单位的主要负责人对本单位安全生产工作负有下列职责：

（一）建立、健全本单位安全生产责任制；

（二）组织制定本单位安全生产规章制度和操作规程；

（三）组织制定并实施本单位安全生产教育和培训计划；

（四）保证本单位安全生产投入的有效实施；

（五）督促、检查本单位的安全生产工作，及时消除生产安全事故隐患；

（六）组织制定并实施本单位的生产安全事故应急救援预案；

（七）及时、如实报告生产安全事故。

第十九条　生产经营单位的安全生产责任制应当明确各岗位的责任人员、责任范围和考核标准等内容。

生产经营单位应当建立相应的机制，加强对安全生产责任制落实情况的监督考核，保证安全生产责任制的落实。

第二十条　生产经营单位应当具备的安全生产条件所必需的资金投入，由生产经营单位的决策机构、主要负责人或者个人经营的投资人予以保证，并对由于安全生产所必需的资金投入不足导致的后果承担责任。

有关生产经营单位应当按照规定提取和使用安全生产费用，专门用于改善安全生

产条件。安全生产费用在成本中据实列支。安全生产费用提取、使用和监督管理的具体办法由国务院财政部门会同国务院安全生产监督管理部门征求国务院有关部门意见后制定。

第二十一条　矿山、金属冶炼、建筑施工、道路运输单位和危险物品的生产、经营、储存单位，应当设置安全生产管理机构或者配备专职安全生产管理人员。

前款规定以外的其他生产经营单位，从业人员超过一百人的，应当设置安全生产管理机构或者配备专职安全生产管理人员；从业人员在一百人以下的，应当配备专职或者兼职的安全生产管理人员。

第二十二条　生产经营单位的安全生产管理机构以及安全生产管理人员履行下列职责：

（一）组织或者参与拟订本单位安全生产规章制度、操作规程和生产安全事故应急救援预案；

（二）组织或者参与本单位安全生产教育和培训，如实记录安全生产教育和培训情况；

（三）督促落实本单位重大危险源的安全管理措施；

（四）组织或者参与本单位应急救援演练；

（五）检查本单位的安全生产状况，及时排查生产安全事故隐患，提出改进安全生产管理的建议；

（六）制止和纠正违章指挥、强令冒险作业、违反操作规程的行为；

（七）督促落实本单位安全生产整改措施。

第二十三条　生产经营单位的安全生产管理机构以及安全生产管理人员应当恪尽职守，依法履行职责。

生产经营单位作出涉及安全生产的经营决策，应当听取安全生产管理机构以及安全生产管理人员的意见。

生产经营单位不得因安全生产管理人员依法履行职责而降低其工资、福利等待遇或者解除与其订立的劳动合同。

危险物品的生产、储存单位以及矿山、金属冶炼单位的安全生产管理人员的任免，应当告知主管的负有安全生产监督管理职责的部门。

第二十四条　生产经营单位的主要负责人和安全生产管理人员必须具备与本单位所从事的生产经营活动相应的安全生产知识和管理能力。

危险物品的生产、经营、储存单位以及矿山、金属冶炼、建筑施工、道路运输单位的主要负责人和安全生产管理人员，应当由主管的负有安全生产监督管理职责的部门对其安全生产知识和管理能力考核合格。考核不得收费。

危险物品的生产、储存单位以及矿山、金属冶炼单位应当有注册安全工程师从事安全生产管理工作。鼓励其他生产经营单位聘用注册安全工程师从事安全生产管理工作。注册安全工程师按专业分类管理，具体办法由国务院人力资源和社会保障部门、国务院安全生产监督管理部门会同国务院有关部门制定。

第二十五条　生产经营单位应当对从业人员进行安全生产教育和培训，保证从业人员具备必要的安全生产知识，熟悉有关的安全生产规章制度和安全操作规程，掌握本岗位的安全操作技能，了解事故应急处理措施，知悉自身在安全生产方面的权利和义务。未经安全生产教育和培训合格的从业人员，不得上岗作业。

生产经营单位使用被派遣劳动者的，应当将被派遣劳动者纳入本单位从业人员统一管理，对被派遣劳动者进行岗位安全操作规程和安全操作技能的教育和培训。劳务派遣单位应当对被派遣劳动者进行必要的安全生产教育和培训。

生产经营单位接收中等职业学校、高等

学校学生实习的，应当对实习学生进行相应的安全生产教育和培训，提供必要的劳动防护用品。学校应当协助生产经营单位对实习学生进行安全生产教育和培训。

生产经营单位应当建立安全生产教育和培训档案，如实记录安全生产教育和培训的时间、内容、参加人员以及考核结果等情况。

第二十六条　生产经营单位采用新工艺、新技术、新材料或者使用新设备，必须了解、掌握其安全技术特性，采取有效的安全防护措施，并对从业人员进行专门的安全生产教育和培训。

第二十七条　生产经营单位的特种作业人员必须按照国家有关规定经专门的安全作业培训，取得相应资格，方可上岗作业。

特种作业人员的范围由国务院安全生产监督管理部门会同国务院有关部门确定。

第二十八条　生产经营单位新建、改建、扩建工程项目（以下统称建设项目）的安全设施，必须与主体工程同时设计、同时施工、同时投入生产和使用。安全设施投资应当纳入建设项目概算。

第二十九条　矿山、金属冶炼建设项目和用于生产、储存、装卸危险物品的建设项目，应当按照国家有关规定进行安全评价。

第三十条　建设项目安全设施的设计人、设计单位应当对安全设施设计负责。

矿山、金属冶炼建设项目和用于生产、储存、装卸危险物品的建设项目的安全设施设计应当按照国家有关规定报经有关部门审查，审查部门及其负责审查的人员对审查结果负责。

第三十一条　矿山、金属冶炼建设项目和用于生产、储存、装卸危险物品的建设项目的施工单位必须按照批准的安全设施设计施工，并对安全设施的工程质量负责。

矿山、金属冶炼建设项目和用于生产、储存危险物品的建设项目竣工投入生产或者使用前，应当由建设单位负责组织对安全设施进行验收；验收合格后，方可投入生产和使用。安全生产监督管理部门应当加强对建设单位验收活动和验收结果的监督核查。

第三十二条　生产经营单位应当在有较大危险因素的生产经营场所和有关设施、设备上，设置明显的安全警示标志。

第三十三条　安全设备的设计、制造、安装、使用、检测、维修、改造和报废，应当符合国家标准或者行业标准。

生产经营单位必须对安全设备进行经常性维护、保养，并定期检测，保证正常运转。维护、保养、检测应当作好记录，并由有关人员签字。

第三十四条　生产经营单位使用的危险物品的容器、运输工具，以及涉及人身安全、危险性较大的海洋石油开采特种设备和矿山井下特种设备，必须按照国家有关规定，由专业生产单位生产，并经具有专业资质的检测、检验机构检测、检验合格，取得安全使用证或者安全标志，方可投入使用。检测、检验机构对检测、检验结果负责。

第三十五条　国家对严重危及生产安全的工艺、设备实行淘汰制度，具体目录由国务院安全生产监督管理部门会同国务院有关部门制定并公布。法律、行政法规对目录的制定另有规定的，适用其规定。

省、自治区、直辖市人民政府可以根据本地区实际情况制定并公布具体目录，对前款规定以外的危及生产安全的工艺、设备予以淘汰。

生产经营单位不得使用应当淘汰的危及生产安全的工艺、设备。

第三十六条　生产、经营、运输、储存、使用危险物品或者处置废弃危险物品的，由有关主管部门依照有关法律、法规的规定和国家标准或者行业标准审批并实施监督管理。

生产经营单位生产、经营、运输、储存、使用危险物品或者处置废弃危险物品，必须执行有关法律、法规和国家标准或者行

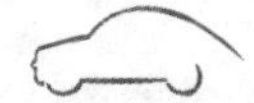

业标准，建立专门的安全管理制度，采取可靠的安全措施，接受有关主管部门依法实施的监督管理。

第三十七条　生产经营单位对重大危险源应当登记建档，进行定期检测、评估、监控，并制定应急预案，告知从业人员和相关人员在紧急情况下应当采取的应急措施。

生产经营单位应当按照国家有关规定将本单位重大危险源及有关安全措施、应急措施报有关地方人民政府安全生产监督管理部门和有关部门备案。

第三十八条　生产经营单位应当建立健全生产安全事故隐患排查治理制度，采取技术、管理措施，及时发现并消除事故隐患。事故隐患排查治理情况应当如实记录，并向从业人员通报。

县级以上地方各级人民政府负有安全生产监督管理职责的部门应当建立健全重大事故隐患治理督办制度，督促生产经营单位消除重大事故隐患。

第三十九条　生产、经营、储存、使用危险物品的车间、商店、仓库不得与员工宿舍在同一座建筑物内，并应当与员工宿舍保持安全距离。

生产经营场所和员工宿舍应当设有符合紧急疏散要求、标志明显、保持畅通的出口。禁止锁闭、封堵生产经营场所或者员工宿舍的出口。

第四十条　生产经营单位进行爆破、吊装以及国务院安全生产监督管理部门会同国务院有关部门规定的其他危险作业，应当安排专门人员进行现场安全管理，确保操作规程的遵守和安全措施的落实。

第四十一条　生产经营单位应当教育和督促从业人员严格执行本单位的安全生产规章制度和安全操作规程；并向从业人员如实告知作业场所和工作岗位存在的危险因素、防范措施以及事故应急措施。

第四十二条　生产经营单位必须为从业人员提供符合国家标准或者行业标准的劳动防护用品，并监督、教育从业人员按照使用规则佩戴、使用。

第四十三条　生产经营单位的安全生产管理人员应当根据本单位的生产经营特点，对安全生产状况进行经常性检查；对检查中发现的安全问题，应当立即处理；不能处理的，应当及时报告本单位有关负责人，有关负责人应当及时处理。检查及处理情况应当如实记录在案。

生产经营单位的安全生产管理人员在检查中发现重大事故隐患，依照前款规定向本单位有关负责人报告，有关负责人不及时处理的，安全生产管理人员可以向主管的负有安全生产监督管理职责的部门报告，接到报告的部门应当依法及时处理。

第四十四条　生产经营单位应当安排用于配备劳动防护用品、进行安全生产培训的经费。

第四十五条　两个以上生产经营单位在同一作业区域内进行生产经营活动，可能危及对方生产安全的，应当签订安全生产管理协议，明确各自的安全生产管理职责和应当采取的安全措施，并指定专职安全生产管理人员进行安全检查与协调。

第四十六条　生产经营单位不得将生产经营项目、场所、设备发包或者出租给不具备安全生产条件或者相应资质的单位或者个人。

生产经营项目、场所发包或者出租给其他单位的，生产经营单位应当与承包单位、承租单位签订专门的安全生产管理协议，或者在承包合同、租赁合同中约定各自的安全生产管理职责；生产经营单位对承包单位、承租单位的安全生产工作统一协调、管理，定期进行安全检查，发现安全问题的，应当及时督促整改。

第四十七条　生产经营单位发生生产安全事故时，单位的主要负责人应当立即组织抢救，并不得在事故调查处理期间擅离职守。

第四十八条　生产经营单位必须依法参加工伤保险，为从业人员缴纳保险费。

国家鼓励生产经营单位投保安全生产责任保险。

第三章　从业人员的安全生产权利义务

第四十九条　生产经营单位与从业人员订立的劳动合同，应当载明有关保障从业人员劳动安全、防止职业危害的事项，以及依法为从业人员办理工伤保险的事项。

生产经营单位不得以任何形式与从业人员订立协议，免除或者减轻其对从业人员因生产安全事故伤亡依法应承担的责任。

第五十条　生产经营单位的从业人员有权了解其作业场所和工作岗位存在的危险因素、防范措施及事故应急措施，有权对本单位的安全生产工作提出建议。

第五十一条　从业人员有权对本单位安全生产工作中存在的问题提出批评、检举、控告；有权拒绝违章指挥和强令冒险作业。

生产经营单位不得因从业人员对本单位安全生产工作提出批评、检举、控告或者拒绝违章指挥、强令冒险作业而降低其工资、福利等待遇或者解除与其订立的劳动合同。

第五十二条　从业人员发现直接危及人身安全的紧急情况时，有权停止作业或者在采取可能的应急措施后撤离作业场所。

生产经营单位不得因从业人员在前款紧急情况下停止作业或者采取紧急撤离措施而降低其工资、福利等待遇或者解除与其订立的劳动合同。

第五十三条　因生产安全事故受到损害的从业人员，除依法享有工伤保险外，依照有关民事法律尚有获得赔偿的权利的，有权向本单位提出赔偿要求。

第五十四条　从业人员在作业过程中，应当严格遵守本单位的安全生产规章制度和操作规程，服从管理，正确佩戴和使用劳动防护用品。

第五十五条　从业人员应当接受安全生产教育和培训，掌握本职工作所需的安全生产知识，提高安全生产技能，增强事故预防和应急处理能力。

第五十六条　从业人员发现事故隐患或者其他不安全因素，应当立即向现场安全生产管理人员或者本单位负责人报告；接到报告的人员应当及时予以处理。

第五十七条　工会有权对建设项目的安全设施与主体工程同时设计、同时施工、同时投入生产和使用进行监督，提出意见。

工会对生产经营单位违反安全生产法律、法规，侵犯从业人员合法权益的行为，有权要求纠正；发现生产经营单位违章指挥、强令冒险作业或者发现事故隐患时，有权提出解决的建议，生产经营单位应当及时研究答复；发现危及从业人员生命安全的情况时，有权向生产经营单位建议组织从业人员撤离危险场所，生产经营单位必须立即作出处理。

工会有权依法参加事故调查，向有关部门提出处理意见，并要求追究有关人员的责任。

第五十八条　生产经营单位使用被派遣劳动者的，被派遣劳动者享有本法规定的从业人员的权利，并应当履行本法规定的从业人员的义务。

第四章　安全生产的监督管理

第五十九条　县级以上地方各级人民政府应当根据本行政区域内的安全生产状况，组织有关部门按照职责分工，对本行政区域内容易发生重大生产安全事故的生产经营单位进行严格检查。

安全生产监督管理部门应当按照分类分级监督管理的要求，制定安全生产年度监督检查计划，并按照年度监督检查计划进行监督检查，发现事故隐患，应当及时处理。

第六十条　负有安全生产监督管理职责的部门依照有关法律、法规的规定，对涉及安全生产的事项需要审查批准（包括批准、

核准、许可、注册、认证、颁发证照等，下同）或者验收的，必须严格依照有关法律、法规和国家标准或者行业标准规定的安全生产条件和程序进行审查；不符合有关法律、法规和国家标准或者行业标准规定的安全生产条件的，不得批准或者验收通过。对未依法取得批准或者验收合格的单位擅自从事有关活动的，负责行政审批的部门发现或者接到举报后应当立即予以取缔，并依法予以处理。对已经依法取得批准的单位，负责行政审批的部门发现其不再具备安全生产条件的，应当撤销原批准。

第六十一条　负有安全生产监督管理职责的部门对涉及安全生产的事项进行审查、验收，不得收取费用；不得要求接受审查、验收的单位购买其指定品牌或者指定生产、销售单位的安全设备、器材或者其他产品。

第六十二条　安全生产监督管理部门和其他负有安全生产监督管理职责的部门依法开展安全生产行政执法工作，对生产经营单位执行有关安全生产的法律、法规和国家标准或者行业标准的情况进行监督检查，行使以下职权：

（一）进入生产经营单位进行检查，调阅有关资料，向有关单位和人员了解情况；

（二）对检查中发现的安全生产违法行为，当场予以纠正或者要求限期改正；对依法应当给予行政处罚的行为，依照本法和其他有关法律、行政法规的规定作出行政处罚决定；

（三）对检查中发现的事故隐患，应当责令立即排除；重大事故隐患排除前或者排除过程中无法保证安全的，应当责令从危险区域内撤出作业人员，责令暂时停产停业或者停止使用相关设施、设备；重大事故隐患排除后，经审查同意，方可恢复生产经营和使用；

（四）对有根据认为不符合保障安全生产的国家标准或者行业标准的设施、设备、器材以及违法生产、储存、使用、经营、运输的危险物品予以查封或者扣押，对违法生产、储存、使用、经营危险物品的作业场所予以查封，并依法作出处理决定。

监督检查不得影响被检查单位的正常生产经营活动。

第六十三条　生产经营单位对负有安全生产监督管理职责的部门的监督检查人员（以下统称安全生产监督检查人员）依法履行监督检查职责，应当予以配合，不得拒绝、阻挠。

第六十四条　安全生产监督检查人员应当忠于职守，坚持原则，秉公执法。

安全生产监督检查人员执行监督检查任务时，必须出示有效的监督执法证件；对涉及被检查单位的技术秘密和业务秘密，应当为其保密。

第六十五条　安全生产监督检查人员应当将检查的时间、地点、内容、发现的问题及其处理情况，作出书面记录，并由检查人员和被检查单位的负责人签字；被检查单位的负责人拒绝签字的，检查人员应当将情况记录在案，并向负有安全生产监督管理职责的部门报告。

第六十六条　负有安全生产监督管理职责的部门在监督检查中，应当互相配合，实行联合检查；确需分别进行检查的，应当互通情况，发现存在的安全问题应当由其他有关部门进行处理的，应当及时移送其他有关部门并形成记录备查，接受移送的部门应当及时进行处理。

第六十七条　负有安全生产监督管理职责的部门依法对存在重大事故隐患的生产经营单位作出停产停业、停止施工、停止使用相关设施或者设备的决定，生产经营单位应当依法执行，及时消除事故隐患。生产经营单位拒不执行，有发生生产安全事故的现实危险的，在保证安全的前提下，经本部门主要负责人批准，负有安全生产监督管理职责的部门可以采取通知有关单位停止供电、停止供应民用爆炸物品等措施，强制生产经营单位履行决定。通知应当采用书面形式，有关单位应当予以配合。

负有安全生产监督管理职责的部门依照前款规定采取停止供电措施，除有危及生产安全的紧急情形外，应当提前二十四小时通知生产经营单位。生产经营单位依法履行行政决定、采取相应措施消除事故隐患的，负有安全生产监督管理职责的部门应当及时解除前款规定的措施。

第六十八条　监察机关依照行政监察法的规定，对负有安全生产监督管理职责的部门及其工作人员履行安全生产监督管理职责实施监察。

第六十九条　承担安全评价、认证、检测、检验的机构应当具备国家规定的资质条件，并对其作出的安全评价、认证、检测、检验的结果负责。

第七十条　负有安全生产监督管理职责的部门应当建立举报制度，公开举报电话、信箱或者电子邮件地址，受理有关安全生产的举报；受理的举报事项经调查核实后，应当形成书面材料；需要落实整改措施的，报经有关负责人签字并督促落实。

第七十一条　任何单位或者个人对事故隐患或者安全生产违法行为，均有权向负有安全生产监督管理职责的部门报告或者举报。

第七十二条　居民委员会、村民委员会发现其所在区域内的生产经营单位存在事故隐患或者安全生产违法行为时，应当向当地人民政府或者有关部门报告。

第七十三条　县级以上各级人民政府及其有关部门对报告重大事故隐患或者举报安全生产违法行为的有功人员，给予奖励。具体奖励办法由国务院安全生产监督管理部门会同国务院财政部门制定。

第七十四条　新闻、出版、广播、电影、电视等单位有进行安全生产公益宣传教育的义务，有对违反安全生产法律、法规的行为进行舆论监督的权利。

第七十五条　负有安全生产监督管理职责的部门应当建立安全生产违法行为信息库，如实记录生产经营单位的安全生产违法行为信息；对违法行为情节严重的生产经营单位，应当向社会公告，并通报行业主管部门、投资主管部门、国土资源主管部门、证券监督管理机构以及有关金融机构。

第五章　生产安全事故的应急救援与调查处理

第七十六条　国家加强生产安全事故应急能力建设，在重点行业、领域建立应急救援基地和应急救援队伍，鼓励生产经营单位和其他社会力量建立应急救援队伍，配备相应的应急救援装备和物资，提高应急救援的专业化水平。

国务院安全生产监督管理部门建立全国统一的生产安全事故应急救援信息系统，国务院有关部门建立健全相关行业、领域的生产安全事故应急救援信息系统。

第七十七条　县级以上地方各级人民政府应当组织有关部门制定本行政区域内生产安全事故应急救援预案，建立应急救援体系。

第七十八条　生产经营单位应当制定本单位生产安全事故应急救援预案，与所在地县级以上地方人民政府组织制定的生产安全事故应急救援预案相衔接，并定期组织演练。

第七十九条　危险物品的生产、经营、储存单位以及矿山、金属冶炼、城市轨道交通运营、建筑施工单位应当建立应急救援组织；生产经营规模较小的，可以不建立应急救援组织，但应当指定兼职的应急救援人员。

危险物品的生产、经营、储存、运输单位以及矿山、金属冶炼、城市轨道交通运营、建筑施工单位应当配备必要的应急救援器材、设备和物资，并进行经常性维护、保养，保证正常运转。

第八十条　生产经营单位发生生产安全事故后，事故现场有关人员应当立即报告本单位负责人。

单位负责人接到事故报告后，应当迅速采取有效措施，组织抢救，防止事故扩大，减少人员伤亡和财产损失，并按照国家有关规定立即如实报告当地负有安全生产监督管理职责的部门，不得隐瞒不报、谎报或者迟报，不得故意破坏事故现场、毁灭有关证据。

第八十一条　负有安全生产监督管理职责的部门接到事故报告后，应当立即按照国家有关规定上报事故情况。负有安全生产监督管理职责的部门和有关地方人民政府对事故情况不得隐瞒不报、谎报或者迟报。

第八十二条　有关地方人民政府和负有安全生产监督管理职责的部门的负责人接到生产安全事故报告后，应当按照生产安全事故应急救援预案的要求立即赶到事故现场，组织事故抢救。

参与事故抢救的部门和单位应当服从统一指挥，加强协同联动，采取有效的应急救援措施，并根据事故救援的需要采取警戒、疏散等措施，防止事故扩大和次生灾害的发生，减少人员伤亡和财产损失。

事故抢救过程中应当采取必要措施，避免或者减少对环境造成的危害。

任何单位和个人都应当支持、配合事故抢救，并提供一切便利条件。

第八十三条　事故调查处理应当按照科学严谨、依法依规、实事求是、注重实效的原则，及时、准确地查清事故原因，查明事故性质和责任，总结事故教训，提出整改措施，并对事故责任者提出处理意见。事故调查报告应当依法及时向社会公布。事故调查和处理的具体办法由国务院制定。

事故发生单位应当及时全面落实整改措施，负有安全生产监督管理职责的部门应当加强监督检查。

第八十四条　生产经营单位发生生产安全事故，经调查确定为责任事故的，除了应当查明事故单位的责任并依法予以追究外，还应当查明对安全生产的有关事项负有审查批准和监督职责的行政部门的责任，对有失职、渎职行为的，依照本法第八十七条的规定追究法律责任。

第八十五条　任何单位和个人不得阻挠和干涉对事故的依法调查处理。

第八十六条　县级以上地方各级人民政府安全生产监督管理部门应当定期统计分析本行政区域内发生生产安全事故的情况，并定期向社会公布。

第六章　法律责任

第八十七条　负有安全生产监督管理职责的部门的工作人员，有下列行为之一的，给予降级或者撤职的处分；构成犯罪的，依照刑法有关规定追究刑事责任：

（一）对不符合法定安全生产条件的涉及安全生产的事项予以批准或者验收通过的；

（二）发现未依法取得批准、验收的单位擅自从事有关活动或者接到举报后不予取缔或者不依法予以处理的；

（三）对已经依法取得批准的单位不履行监督管理职责，发现其不再具备安全生产条件而不撤销原批准或者发现安全生产违法行为不予查处的；

（四）在监督检查中发现重大事故隐患，不依法及时处理的。

负有安全生产监督管理职责的部门的工作人员有前款规定以外的滥用职权、玩忽职守、徇私舞弊行为的，依法给予处分；构成犯罪的，依照刑法有关规定追究刑事责任。

第八十八条　负有安全生产监督管理职责的部门，要求被审查、验收的单位购买其指定的安全设备、器材或者其他产品的，在对安全生产事项的审查、验收中收取费用的，由其上级机关或者监察机关责令改正，责令退还收取的费用；情节严重的，对直接

负责的主管人员和其他直接责任人员依法给予处分。

第八十九条　承担安全评价、认证、检测、检验工作的机构，出具虚假证明的，没收违法所得；违法所得在十万元以上的，并处违法所得二倍以上五倍以下的罚款；没有违法所得或者违法所得不足十万元的，单处或者并处十万元以上二十万元以下的罚款；对其直接负责的主管人员和其他直接责任人员处二万元以上五万元以下的罚款；给他人造成损害的，与生产经营单位承担连带赔偿责任；构成犯罪的，依照刑法有关规定追究刑事责任。

对有前款违法行为的机构，吊销其相应资质。

第九十条　生产经营单位的决策机构、主要负责人或者个人经营的投资人不依照本法规定保证安全生产所必需的资金投入，致使生产经营单位不具备安全生产条件的，责令限期改正，提供必需的资金；逾期未改正的，责令生产经营单位停产停业整顿。

有前款违法行为，导致发生生产安全事故的，对生产经营单位的主要负责人给予撤职处分，对个人经营的投资人处二万元以上二十万元以下的罚款；构成犯罪的，依照刑法有关规定追究刑事责任。

第九十一条　生产经营单位的主要负责人未履行本法规定的安全生产管理职责的，责令限期改正；逾期未改正的，处二万元以上五万元以下的罚款，责令生产经营单位停产停业整顿。

生产经营单位的主要负责人有前款违法行为，导致发生生产安全事故的，给予撤职处分；构成犯罪的，依照刑法有关规定追究刑事责任。

生产经营单位的主要负责人依照前款规定受刑事处罚或者撤职处分的，自刑罚执行完毕或者受处分之日起，五年内不得担任任何生产经营单位的主要负责人；对重大、特别重大生产安全事故负有责任的，终身不得担任本行业生产经营单位的主要负责人。

第九十二条　生产经营单位的主要负责人未履行本法规定的安全生产管理职责，导致发生生产安全事故的，由安全生产监督管理部门依照下列规定处以罚款：

（一）发生一般事故的，处上一年年收入百分之三十的罚款；

（二）发生较大事故的，处上一年年收入百分之四十的罚款；

（三）发生重大事故的，处上一年年收入百分之六十的罚款；

（四）发生特别重大事故的，处上一年年收入百分之八十的罚款。

第九十三条　生产经营单位的安全生产管理人员未履行本法规定的安全生产管理职责的，责令限期改正；导致发生生产安全事故的，暂停或者撤销其与安全生产有关的资格；构成犯罪的，依照刑法有关规定追究刑事责任。

第九十四条　生产经营单位有下列行为之一的，责令限期改正，可以处五万元以下的罚款；逾期未改正的，责令停产停业整顿，并处五万元以上十万元以下的罚款，对其直接负责的主管人员和其他直接责任人员处一万元以上二万元以下的罚款：

（一）未按照规定设置安全生产管理机构或者配备安全生产管理人员的；

（二）危险物品的生产、经营、储存单位以及矿山、金属冶炼、建筑施工、道路运输单位的主要负责人和安全生产管理人员未按照规定经考核合格的；

（三）未按照规定对从业人员、被派遣劳动者、实习学生进行安全生产教育和培训，或者未按照规定如实告知有关的安全生产事项的；

（四）未如实记录安全生产教育和培训情况的；

（五）未将事故隐患排查治理情况如实记录或者未向从业人员通报的；

（六）未按照规定制定生产安全事故应

急救援预案或者未定期组织演练的；

（七）特种作业人员未按照规定经专门的安全作业培训并取得相应资格，上岗作业的。

第九十五条　生产经营单位有下列行为之一的，责令停止建设或者停产停业整顿，限期改正；逾期未改正的，处五十万元以上一百万元以下的罚款，对其直接负责的主管人员和其他直接责任人员处二万元以上五万元以下的罚款；构成犯罪的，依照刑法有关规定追究刑事责任：

（一）未按照规定对矿山、金属冶炼建设项目或者用于生产、储存、装卸危险物品的建设项目进行安全评价的；

（二）矿山、金属冶炼建设项目或者用于生产、储存、装卸危险物品的建设项目没有安全设施设计或者安全设施设计未按照规定报经有关部门审查同意的；

（三）矿山、金属冶炼建设项目或者用于生产、储存、装卸危险物品的建设项目的施工单位未按照批准的安全设施设计施工的；

（四）矿山、金属冶炼建设项目或者用于生产、储存危险物品的建设项目竣工投入生产或者使用前，安全设施未经验收合格的。

第九十六条　生产经营单位有下列行为之一的，责令限期改正，可以处五万元以下的罚款；逾期未改正的，处五万元以上二十万元以下的罚款，对其直接负责的主管人员和其他直接责任人员处一万元以上二万元以下的罚款；情节严重的，责令停产停业整顿；构成犯罪的，依照刑法有关规定追究刑事责任：

（一）未在有较大危险因素的生产经营场所和有关设施、设备上设置明显的安全警示标志的；

（二）安全设备的安装、使用、检测、改造和报废不符合国家标准或者行业标准的；

（三）未对安全设备进行经常性维护、保养和定期检测的；

（四）未为从业人员提供符合国家标准或者行业标准的劳动防护用品的；

（五）危险物品的容器、运输工具，以及涉及人身安全、危险性较大的海洋石油开采特种设备和矿山井下特种设备未经具有专业资质的机构检测、检验合格，取得安全使用证或者安全标志，投入使用的；

（六）使用应当淘汰的危及生产安全的工艺、设备的。

第九十七条　未经依法批准，擅自生产、经营、运输、储存、使用危险物品或者处置废弃危险物品的，依照有关危险物品安全管理的法律、行政法规的规定予以处罚；构成犯罪的，依照刑法有关规定追究刑事责任。

第九十八条　生产经营单位有下列行为之一的，责令限期改正，可以处十万元以下的罚款；逾期未改正的，责令停产停业整顿，并处十万元以上二十万元以下的罚款，对其直接负责的主管人员和其他直接责任人员处二万元以上五万元以下的罚款；构成犯罪的，依照刑法有关规定追究刑事责任：

（一）生产、经营、运输、储存、使用危险物品或者处置废弃危险物品，未建立专门安全管理制度、未采取可靠的安全措施的；

（二）对重大危险源未登记建档，或者未进行评估、监控，或者未制定应急预案的；

（三）进行爆破、吊装以及国务院安全生产监督管理部门会同国务院有关部门规定的其他危险作业，未安排专门人员进行现场安全管理的；

（四）未建立事故隐患排查治理制度的。

第九十九条　生产经营单位未采取措施消除事故隐患的，责令立即消除或者限期消除；生产经营单位拒不执行的，责令停产停

业整顿，并处十万元以上五十万元以下的罚款，对其直接负责的主管人员和其他直接责任人员处二万元以上五万元以下的罚款。

第一百条　生产经营单位将生产经营项目、场所、设备发包或者出租给不具备安全生产条件或者相应资质的单位或者个人的，责令限期改正，没收违法所得；违法所得十万元以上的，并处违法所得二倍以上五倍以下的罚款；没有违法所得或者违法所得不足十万元的，单处或者并处十万元以上二十万元以下的罚款；对其直接负责的主管人员和其他直接责任人员处一万元以上二万元以下的罚款；导致发生生产安全事故给他人造成损害的，与承包方、承租方承担连带赔偿责任。

生产经营单位未与承包单位、承租单位签订专门的安全生产管理协议或者未在承包合同、租赁合同中明确各自的安全生产管理职责，或者未对承包单位、承租单位的安全生产统一协调、管理的，责令限期改正，可以处五万元以下的罚款，对其直接负责的主管人员和其他直接责任人员可以处一万元以下的罚款；逾期未改正的，责令停产停业整顿。

第一百零一条　两个以上生产经营单位在同一作业区域内进行可能危及对方安全生产的生产经营活动，未签订安全生产管理协议或者未指定专职安全生产管理人员进行安全检查与协调的，责令限期改正，可以处五万元以下的罚款，对其直接负责的主管人员和其他直接责任人员可以处一万元以下的罚款；逾期未改正的，责令停产停业。

第一百零二条　生产经营单位有下列行为之一的，责令限期改正，可以处五万元以下的罚款，对其直接负责的主管人员和其他直接责任人员可以处一万元以下的罚款；逾期未改正的，责令停产停业整顿；构成犯罪的，依照刑法有关规定追究刑事责任：

（一）生产、经营、储存、使用危险物品的车间、商店、仓库与员工宿舍在同一座建筑内，或者与员工宿舍的距离不符合安全要求的；

（二）生产经营场所和员工宿舍未设有符合紧急疏散需要、标志明显、保持畅通的出口，或者锁闭、封堵生产经营场所或者员工宿舍出口的。

第一百零三条　生产经营单位与从业人员订立协议，免除或者减轻其对从业人员因生产安全事故伤亡依法应承担的责任的，该协议无效；对生产经营单位的主要负责人、个人经营的投资人处二万元以上十万元以下的罚款。

第一百零四条　生产经营单位的从业人员不服从管理，违反安全生产规章制度或者操作规程的，由生产经营单位给予批评教育，依照有关规章制度给予处分；构成犯罪的，依照刑法有关规定追究刑事责任。

第一百零五条　违反本法规定，生产经营单位拒绝、阻碍负有安全生产监督管理职责的部门依法实施监督检查的，责令改正；拒不改正的，处二万元以上二十万元以下的罚款；对其直接负责的主管人员和其他直接责任人员处一万元以上二万元以下的罚款；构成犯罪的，依照刑法有关规定追究刑事责任。

第一百零六条　生产经营单位的主要负责人在本单位发生生产安全事故时，不立即组织抢救或者在事故调查处理期间擅离职守或者逃匿的，给予降级、撤职的处分，并由安全生产监督管理部门处上一年年收入百分之六十至百分之一百的罚款；对逃匿的处十五日以下拘留；构成犯罪的，依照刑法有关规定追究刑事责任。

生产经营单位的主要负责人对生产安全事故隐瞒不报、谎报或者迟报的，依照前款规定处罚。

第一百零七条　有关地方人民政府、负有安全生产监督管理职责的部门，对生产安全事故隐瞒不报、谎报或者迟报的，对直接负责的主管人员和其他直接责任人员依法给予处分；构成犯罪的，依照刑法有关规定追究刑事责任。

第一百零八条　生产经营单位不具备本法和其他有关法律、行政法规和国家标准或者行业标准规定的安全生产条件，经停产停业整顿仍不具备安全生产条件的，予以关闭；有关部门应当依法吊销其有关证照。

第一百零九条　发生生产安全事故，对负有责任的生产经营单位除要求其依法承担相应的赔偿等责任外，由安全生产监督管理部门依照下列规定处以罚款：

（一）发生一般事故的，处二十万元以上五十万元以下的罚款；

（二）发生较大事故的，处五十万元以上一百万元以下的罚款；

（三）发生重大事故的，处一百万元以上五百万元以下的罚款；

（四）发生特别重大事故的，处五百万元以上一千万元以下的罚款；情节特别严重的，处一千万元以上二千万元以下的罚款。

第一百一十条　本法规定的行政处罚，由安全生产监督管理部门和其他负有安全生产监督管理职责的部门按照职责分工决定。予以关闭的行政处罚由负有安全生产监督管理职责的部门报请县级以上人民政府按照国务院规定的权限决定；给予拘留的行政处罚由公安机关依照治安管理处罚法的规定决定。

第一百一十一条　生产经营单位发生生产安全事故造成人员伤亡、他人财产损失的，应当依法承担赔偿责任；拒不承担或者其负责人逃匿的，由人民法院依法强制执行。

生产安全事故的责任人未依法承担赔偿责任，经人民法院依法采取执行措施后，仍不能对受害人给予足额赔偿的，应当继续履行赔偿义务；受害人发现责任人有其他财产的，可以随时请求人民法院执行。

第七章　附　则

第一百一十二条　本法下列用语的含义：

危险物品，是指易燃易爆物品、危险化学品、放射性物品等能够危及人身安全和财产安全的物品。

重大危险源，是指长期地或者临时地生产、搬运、使用或者储存危险物品，且危险物品的数量等于或者超过临界量的单元（包括场所和设施）。

第一百一十三条　本法规定的生产安全一般事故、较大事故、重大事故、特别重大事故的划分标准由国务院规定。

国务院安全生产监督管理部门和其他负有安全生产监督管理职责的部门应当根据各自的职责分工，制定相关行业、领域重大事故隐患的判定标准。

第一百一十四条　本法自2002年12月1日起施行。

附件2 《国务院安委会关于进一步加强安全培训工作的决定》（安委〔2012〕10号）

各省、自治区、直辖市人民政府，新疆生产建设兵团，国务院安委会各成员单位，各中央企业：

为提高企业从业人员安全素质和安全监管监察效能，防止和减少违章指挥、违规作业和违反劳动纪律（以下简称“三违”）行为，促进全国安全生产形势持续稳定好转，现就进一步加强安全培训工作作出如下决定：

一 加强安全培训工作的重要意义和总体要求

（一）重要意义。党中央、国务院高度重视安全培训工作，安全培训力度不断加大，企业职工安全素质和安全监管监察人员执法能力明显提高。但一些地区和单位安全培训工作仍然存在着思想认识不到位、责任落实不到位、实效性不强、投入不足、基础工作薄弱、执法偏轻偏软等问题，给安全生产带来较大压力。实践表明，进一步加强安全培训工作，是落实党的十八大精神，深入贯彻科学发展观，实施安全发展战略的内在要求；是强化企业安全生产基础建设，提高企业安全管理水平和从业人员安全素质，提升安全监管监察效能的重要途径；是防止“三违”行为，不断降低事故总量，遏制重特大事故发生的源头性、根本性举措。

（二）总体思路。深入贯彻落实科学发展观，认真落实党中央、国务院关于加强安全生产工作的决策部署，牢固树立“培训不到位是重大安全隐患”的意识，坚持依法培训、按需施教的工作理念，以落实持证上岗和先培训后上岗制度为核心，以落实企业安全培训主体责任、提高企业安全培训质量为着力点，全面加强安全培训基础建设，严格安全培训监察执法和责任追究，扎实推进安全培训内容规范化、方式多样化、管理信息化、方法现代化和监督日常化，努力实施全覆盖、多手段、高质量的安全培训，切实减少“三违”行为，促进全国安全生产形势持续稳定好转。

（三）工作目标。到“十二五”时期末，矿山、建筑施工单位和危险物品生产、经营、储存等高危行业企业（以下简称高危企业）主要负责人、安全管理人员和生产经营单位特种作业人员（以下简称“三项岗位”人员）100%持证上岗，以班组长、新工人、农民工为重点的企业从业人员100%培训合格后上岗，各级安全监管监察人员100%持行政执法证上岗，承担安全培训的教师100%参加知识更新培训，安全培训基础保障能力和安全培训质量得到明显提高。

二 全面落实安全培训工作责任

（四）认真落实企业安全培训主体责任。企业是从业人员安全培训的责任主体，要把安全培训纳入企业发展规划，健全落实以“一把手”负总责、领导班子成员“一岗双责”为主要内容的安全培训责任体系，建立健全机构并配备充足人员，保障经费需求，严格落实“三项岗位”人员持证上岗和从业人员先培训后上岗制度，健全安全培训档案。劳务派遣单位要加强劳务派遣工基本安全知识培训，劳务使用单位要确保劳务派

遣工与本企业职工接受同等安全培训。境内投资主体要指导督促境外中资企业依法加强安全培训工作。安全生产技术研发、装备制造单位要与使用单位共同承担新工艺、新技术、新设备、新材料培训责任。

（五）切实履行政府及有关部门安全培训监管和安全监管监察人员培训职责。地方各级政府要统筹指导相关部门加强本地区安全培训工作。有关主管部门要根据有关法律法规，组织实施职责范围内的安全培训工作，完善安全培训法规制度，统一培训大纲、考试标准，加强教材建设，严格管理培训机构，做好证件发放和复审工作，避免多头管理、重复发证；要强化安全培训监督检查，依法严惩不培训就上岗和乱办班、乱收费、乱发证行为；要组织培训安全监管监察人员。要将安全生产知识作为领导干部培训、义务教育、职业教育、职业技能培训等的重要内容。要减少对培训班的直接参与，由办培训向管培训、管考试、监督培训转变。

（六）强化承担安全培训和考试的机构培训质量保障责任。承担安全培训的机构是安全培训施教主体，担负保证安全培训质量的主要责任，要健全落实安全培训质量控制制度，严格按培训大纲培训，严格学员、培训档案和培训收费管理，加强师资队伍建设和资金投入，持续改善培训条件。承担安全培训考试的机构要严格教考分离制度，健全考务管理体系，建立考试档案，切实做到考试不合格不发证。

三 全面落实持证上岗和先培训后上岗制度

（七）实施高危企业从业人员准入制度。有关主管部门要结合实际，制定本行业领域从业人员准入制度。矿山和危险物品生产企业专职安全管理人员要至少具备相关专业中专以上学历或者中级以上专业技术职称、高级工以上技能等级，或者具备注册安全工程师资格。各类特种作业人员要具有初中及以上文化程度，危险化学品特种作业人员要具有高中或者相当于高中及以上文化程度。矿山井下、危险化学品生产单位从业人员要具有初中及以上文化程度。安全生产专业服务机构为企业提供安全技术服务时，要对企业安全培训情况进行审核。高危企业安全生产许可证发放、延期和安全生产标准化考评时，有关主管部门要审核企业安全培训情况。

（八）严格落实“三项岗位”人员持证上岗制度。企业新任用或者招录“三项岗位”人员，要组织其参加安全培训，经考试合格持证后上岗。取得注册安全工程师资格证并经注册的，可以直接申领矿山、危险物品行业主要负责人和安全管理人员安全资格证。对发生人员死亡事故负有责任的企业主要负责人、实际控制人和安全管理人员，要重新参加安全培训考试。要严格证书延期继续教育制度。有关主管部门要按照职责分工，定期开展本行业领域“三项岗位”人员持证上岗情况登记普查，建立信息库。要建立特种作业人员范围修订机制。

（九）严格落实企业职工先培训后上岗制度。矿山、危险物品等高危企业要对新职工进行至少72学时的安全培训，建筑企业要对新职工进行至少32学时的安全培训，每年进行至少20学时的再培训；非高危企业新职工上岗前要经过至少24学时的安全培训，每年进行至少8学时的再培训。企业调整职工岗位或者采用新工艺、新技术、新设备、新材料的，要进行专门的安全培训。矿山和危险物品生产企业逐步实现从职业院校和技工院校相关专业毕业生中录用新职工。政府有关部门要实施“中小企业安全培训援助”工程，推动大型企业和培训机构与中小企业签订培训服务协议；组织讲师团，开展培训下基层进企业活动。

（十）完善和落实师傅带徒弟制度。高危企业新职工安全培训合格后，要在经验丰

富的工人师傅带领下，实习至少2个月后方可独立上岗。工人师傅一般应当具备中级工以上技能等级，3年以上相应工作经历，成绩突出，善于“传、帮、带”，没有发生过“三违”行为等条件。要组织签订师徒协议，建立师傅带徒弟激励约束机制。

（十一）严格落实安全监管监察人员持证上岗和继续教育制度。市（地）及以下政府分管安全生产工作的领导同志要在明确分工后半年内参加专题安全培训。各级安全监管监察人员要经执法资格培训考试合格，持有效行政执法证上岗；新上岗人员要在上岗一年内参加执法资格培训考试；执法证有效期满的，要参加延期换证继续教育和考试。鼓励安全监管监察人员报考注册安全工程师等职业资格，在职攻读安全生产相关专业学历和学位。

四 全面加强安全培训基础保障能力建设

（十二）完善安全培训大纲和教材。有关主管部门要定期制定、修订各类人员安全培训大纲和考核标准，根据安全生产工作发展需要和企业安全生产实际，不断规范安全培训内容。鼓励行业组织、企业及培训机构编写针对性、实效性强的实用教材。要分行业组织编写企业职工安全生产应知应会读本、建立生产安全事故案例库和制作警示教育片。

（十三）加强安全培训师资队伍建设。承担安全培训的机构要建立健全安全培训专职教师考核合格后上岗制度，保证专职教师定期参加继续教育，积极组织教师参加国际学术交流。有关主管部门要加强承担安全培训的教师培训，定期开展教师讲课大赛，建立安全培训师资库。企业要建立领导干部上讲台制度，选聘一线安全管理、技术人员担任兼职教师。

（十四）加强安全培训机构建设。要根据实际需要，科学规划安全培训机构建设，控制数量，合理布局。支持大中型企业和欠发达地区建立安全培训机构，重点建设一批具有仿真、体感、实操特色的示范培训机构。要加强安全培训机构管理，定期公布安全培训机构名单和培训范围，接受社会监督。支持高等学校、职业院校、技工院校、工会培训机构等开展安全培训。

（十五）加强远程安全培训。开发国家安全培训网和有关行业网络学习平台，实现优质资源共享。建立安全培训视频课程征集、遴选、审核制度，建设课程“超市”，推行自主选学。实行网络培训学时学分制，将学时和学分结果与继续教育、再培训挂钩，与安全监管监察人员年度考核、提拔使用、评先评优挂钩。利用视频、电视、手机等拓展远程培训形式。

（十六）加强安全培训管理信息化建设。编制安全培训信息管理数据标准。开发安全培训信息管理系统。健全“三项岗位”人员、安全监管监察人员培训持证情况和考试题库、培训机构、考试机构、培训教师等数据库，实现全国安全培训数据共享。

五 全面提高安全培训质量

（十七）强化实际操作培训。制定特种作业人员实训大纲和考试标准。建立安全监管监察人员实训制度。推动科研和装备制造企业在安全培训场所展示新装备新技术。提高3D、4D、虚拟现实等技术在安全培训中的应用，组织开发特种作业各工种仿真实训系统。

（十八）强化现场安全培训。高危企业要严格班前安全培训制度，有针对性地讲述岗位安全生产与应急救援知识、安全隐患和注意事项等，使班前安全培训成为安全生产第一道防线。要大力推广“手指口述”等安全确认法，帮助员工通过心想、眼看、手指、口述，确保按规程作业。要加强班组长培训，提高班组长现场安全管理水平和现场安全风险管控能力。

（十九）建立安全培训示范视频课程体系。分行业建立"三项岗位"人员安全培训示范视频课程体系，上网发布，逐步实现优质培训资源社会共享。将示范课程作为教师培训的重要内容。建立示范课程跟踪评价制度，定期评选优质课程，给予荣誉称号或者适当资助。

（二十）加强安全培训过程管理和质量评估。建立安全培训需求调研、培训策划、培训计划备案、教学管理、培训效果评估等制度，加强安全培训全过程管理。制定安全培训质量评估指标体系，定期向全社会公布评估结果，并将评估结果作为安全培训机构考评的重要依据。

（二十一）完善安全培训考试体系。有关主管部门要按照职责分工，建立健全本行业领域安全培训考试制度，加强考试机构建设，严格教考分离制度。要建立健全安全资格考试题库，完善国家与地方相结合的题库应用机制。建立网络考试平台，加快计算机考试点建设，开发实际操作模拟考试系统。加强考试监督，严格考试纪律，依法严肃处理考试违纪行为。有关主管部门要统一本行业领域一般从业人员安全培训合格证书式样，规范考试发证管理。

六 加强安全培训监督检查

（二十二）加大安全培训执法力度。有关主管部门要把安全培训纳入年度执法计划，作为日常执法的必查内容，定期开展安全培训专项执法。要规范安全培训执法程序和方法，将抽查持证情况、抽考职工安全生产应知应会知识作为日常执法的重要方式。要加强对承担安全培训的机构管理，深入开展专项治理，促进安全培训机构健康发展。企业要建立安全培训自查自考制度，加大"三违"行为处罚力度。

（二十三）严肃追究安全培训责任。对应持证未持证或者未经培训就上岗的人员，一律先离岗、培训持证后再上岗，并依法对企业按规定上限处罚，直至停产整顿和关闭。对存在不按大纲教学、不按题库考试、教考不分、乱办班等行为的安全培训和考试机构，一律依法严肃处罚。对各类生产安全责任事故，一律倒查培训、考试、发证不到位的责任。对因未培训、假培训或者未持证上岗人员的直接责任引发重特大事故的，所在企业主要负责人依法终身不得担任本行业企业矿长（厂长、经理），实际控制人依法承担相应责任。

（二十四）建立安全培训绩效考核制度。制定安全培训工作绩效考核指标体系，做到定性与定量、内部考核与外部评议相结合。安全培训绩效考核结果要纳入安全生产综合考核内容。每年通报安全培训绩效考核结果。

七 切实加强对安全培训工作的组织领导

（二十五）把安全培训摆上更加突出位置。各级政府及有关主管部门、各企业要把安全培训工作纳入实施安全发展战略的总体布局。各级安委会要定期研究解决安全培训突出问题，有关主管部门主要负责同志要亲自抓、负总责，各级安委会办公室要牵头抓总，当好参谋，创新实践，整合资源，示范引领。要经常深入基层、企业开展安全培训调查研究。要支持工会、共青团、妇联、科协以及新闻媒体等参与、监督安全培训工作。

（二十六）保证安全培训投入。建立以企业投入为主、社会资金积极资助的安全培训投入机制。要将政府应当承担的安全培训经费纳入财政保障范围。企业要在职工培训经费和安全费用中足额列支安全培训经费，实施技术改造和项目引进时要专门安排安全培训资金。研究探索由开展安全生产责任险、建筑意外伤害险的保险机构安排一定资金，用于事故预防与安全培训工作。

（二十七）充分运用典型和媒体推动安

全培训工作。要总结推广政府有关主管部门加大安全培训监管力度、企业落实安全培训主体责任、培训机构提高安全培训质量的典型经验，以点带面推动工作。要定期公布安全培训问题企业和问题培训机构名单。要广泛宣传安全培训工作的重要地位和作用，宣传安全生产知识和技能，不断提高人民群众安全素质，努力形成全社会更加支持安全生产工作的氛围。

各省级安委会和国务院有关主管部门及各有关中央企业要根据本决定制定实施意见，并及时将实施意见和落实情况报告国务院安委会办公室。

国务院安委会

2012年11月21日

《安全生产培训管理办法》（国家安全生产监督管理总局第80号令）

《国家安全监管总局关于废止和修改劳动防护用品和安全培训等领域十部规章的决定》已经2015年2月26日国家安全生产监督管理总局局长办公会议通过，现予以公布，自2015年7月1日起施行。

局长　杨栋梁

2015年5月29日

第一章　总　　则

第一条　为了加强安全生产培训管理，规范安全生产培训秩序，保证安全生产培训质量，促进安全生产培训工作健康发展，根据《中华人民共和国安全生产法》和有关法律、行政法规的规定，制定本办法。

第二条　安全培训机构、生产经营单位从事安全生产培训（以下简称安全培训）活动以及安全生产监督管理部门、煤矿安全监察机构、地方人民政府负责煤矿安全培训的部门对安全培训工作实施监督管理，适用本办法。

第三条　本办法所称安全培训是指以提高安全监管监察人员、生产经营单位从业人员和从事安全生产工作的相关人员的安全素质为目的的教育培训活动。

前款所称安全监管监察人员是指县级以上各级人民政府安全生产监督管理部门、各级煤矿安全监察机构从事安全监管监察、行政执法的安全生产监管人员和煤矿安全监察人员；生产经营单位从业人员是指生产经营单位主要负责人、安全生产管理人员、特种作业人员及其他从业人员；从事安全生产工作的相关人员是指从事安全教育培训工作的教师、危险化学品登记机构的登记人员和承担安全评价、咨询、检测、检验的人员及注册安全工程师、安全生产应急救援人员等。

第四条　安全培训工作实行统一规划、归口管理、分级实施、分类指导、教考分离的原则。

国家安全生产监督管理总局（以下简称国家安全监管总局）指导全国安全培训工作，依法对全国的安全培训工作实施监督管理。国家煤矿安全监察局（以下简称国家煤矿安监局）指导全国煤矿安全培训工作，依法对全国煤矿安全培训工作实施监督管理。国家安全生产应急救援指挥中心指导全国安全生产应急救援培训工作。

县级以上地方各级人民政府安全生产监督管理部门依法对本行政区域内的安全培训工作实施监督管理。

省、自治区、直辖市人民政府负责煤矿安全培训的部门、省级煤矿安全监察机构（以下统称省级煤矿安全培训监管机构）按照各自工作职责，依法对所辖区域煤矿安全培训工作实施监督管理。

第五条　安全培训的机构应当具备从事安全培训工作所需要的条件。从事危险物品的生产、经营、储存单位以及矿山、金属冶炼单位的主要负责人和安全生产管理人员，特种作业人员以及注册安全工程师等相关人员培训的安全培训机构，应当将教师、教学和实习实训设施等情况书面报告所在地安全生产监督管理部门、煤矿安全培训监管

机构。

安全生产相关社会组织依照法律、行政法规和章程，为生产经营单位提供安全培训有关服务，对安全培训机构实行自律管理，促进安全培训工作水平的提升

第二章 安全培训

第六条 安全培训应当按照规定的安全培训大纲进行。

安全监管监察人员，危险物品的生产、经营、储存单位与非煤矿山、金属冶炼单位的主要负责人和安全生产管理人员、特种作业人员以及从事安全生产工作的相关人员的安全培训大纲，由国家安全监管总局组织制定。

煤矿企业的主要负责人和安全生产管理人员、特种作业人员的培训大纲由国家煤矿安监局组织制定。

除危险物品的生产、经营、储存单位和矿山、金属冶炼单位以外其他生产经营单位的主要负责人、安全生产管理人员及其他从业人员的安全培训大纲，由省级安全生产监督管理部门、省级煤矿安全培训监管机构组织制定。

第七条 国家安全监管总局、省级安全生产监督管理部门定期组织优秀安全培训教材的评选。

安全培训机构应当优先使用优秀安全培训教材。

第八条 国家安全监管总局负责省级以上安全生产监督管理部门的安全生产监管人员、各级煤矿安全监察机构的煤矿安全监察人员的培训工作。

省级安全生产监督管理部门负责市级、县级安全生产监督管理部门的安全生产监管人员的培训工作。

生产经营单位的从业人员的安全培训，由生产经营单位负责。

危险化学品登记机构的登记人员和承担安全评价、咨询、检测、检验的人员及注册安全工程师、安全生产应急救援人员的安全培训，按照有关法律、法规、规章的规定进行。

第九条 对从业人员的安全培训，具备安全培训条件的生产经营单位应当以自主培训为主，也可以委托具备安全培训条件的机构进行安全培训。

不具备安全培训条件的生产经营单位，应当委托具有安全培训条件的机构对从业人员进行安全培训。

生产经营单位委托其他机构进行安全培训的，保证安全培训的责任仍由本单位负责。

第十条 生产经营单位应当建立安全培训管理制度，保障从业人员安全培训所需经费，对从业人员进行与其所从事岗位相应的安全教育培训；从业人员调整工作岗位或者采用新工艺、新技术、新设备、新材料的，应当对其进行专门的安全教育和培训。未经安全教育和培训合格的从业人员，不得上岗作业。

生产经营单位使用被派遣劳动者的，应当将被派遣劳动者纳入本单位从业人员统一管理，对被派遣劳动者进行岗位安全操作规程和安全操作技能的教育和培训。劳务派遣单位应当对被派遣劳动者进行必要的安全生产教育和培训。

生产经营单位接收中等职业学校、高等学校学生实习的，应当对实习学生进行相应的安全生产教育和培训，提供必要的劳动防护用品。学校应当协助生产经营单位对实习学生进行安全生产教育和培训。

从业人员安全培训的时间、内容、参加人员以及考核结果等情况，生产经营单位应当如实记录并建档备查。

第十一条 下列从业人员应当由取得相应资质的安全培训机构进行培训：

（一）特种作业人员；

（二）井工矿山企业的生产、技术、通风、机电、运输、地测、调度等职能部门的

负责人。

前款规定以外的从业人员的安全培训，由生产经营单位组织培训，或者委托安全培训机构进行培训。

生产经营单位从业人员的培训内容和培训时间，应当符合《生产经营单位安全培训规定》和有关标准的规定。

第十二条 中央企业的分公司、子公司及其所属单位和其他生产经营单位，发生造成人员死亡的生产安全事故的，其主要负责人和安全生产管理人员应当重新参加安全培训。

特种作业人员对造成人员死亡的生产安全事故负有直接责任的，应当按照《特种作业人员安全技术培训考核管理规定》重新参加安全培训。

第十三条 国家鼓励生产经营单位实行师傅带徒弟制度。矿山新招的井下作业人员和危险物品生产经营单位新招的危险工艺操作岗位人员，除按照规定进行安全培训外，还应当在有经验的职工带领下实习满2个月后，方可独立上岗作业。

第十四条 国家鼓励生产经营单位招录职业院校毕业生。职业院校毕业生从事与所学专业相关的作业，可以免予参加初次培训，实际操作培训除外。

第十五条 安全培训机构应当建立安全培训工作制度和人员培训档案。安全培训相关情况，应当如实记录并建档备查。

第十六条 安全培训机构从事安全培训工作的收费，应当符合法律、法规的规定。法律、法规没有规定的，应当按照行业自律标准或者指导性标准收费。

第十七条 国家鼓励安全培训机构和生产经营单位利用现代信息技术开展安全培训，包括远程培训。

第三章 安全培训的考核

第十八条 安全监管监察人员、从事安全生产工作的相关人员、依照有关法律法规应当接受安全生产知识和管理能力考核的生产经营单位主要负责人和安全生产管理人员、特种作业人员的安全培训的考核，应当坚持教考分离、统一标准、统一题库、分级负责的原则，分步推行有远程视频监控的计算机考试。

第十九条 安全监管监察人员，危险物品的生产、经营、储存单位及非煤矿山、金属冶炼单位主要负责人、安全生产管理人员和特种作业人员，以及从事安全生产工作的相关人员的考核标准，由国家安全监管总局统一制定。

煤矿企业的主要负责人、安全生产管理人员和特种作业人员的考核标准，由国家煤矿安监局制定。

除危险物品的生产、经营、储存单位和矿山、金属冶炼单位以外其他生产经营单位主要负责人、安全生产管理人员及其他从业人员的考核标准，由省级安全生产监督管理部门制定。

第二十条 国家安全监管总局负责省级以上安全生产监督管理部门的安全生产监管人员、各级煤矿安全监察机构的煤矿安全监察人员的考核；负责中央企业的总公司、总厂或者集团公司的主要负责人和安全生产管理人员的考核。

省级安全生产监督管理部门负责市级、县级安全生产监督管理部门的安全生产监管人员的考核；负责省属生产经营单位和中央企业分公司、子公司及其所属单位的主要负责人和安全生产管理人员的考核；负责特种作业人员的考核。

市级安全生产监督管理部门负责本行政区域内除中央企业、省属生产经营单位以外的其他生产经营单位的主要负责人和安全生产管理人员的考核。

省级煤矿安全培训监管机构负责所辖区域内煤矿企业的主要负责人、安全生产管理人员和特种作业人员的考核。

除主要负责人、安全生产管理人员、特

种作业人员以外的生产经营单位的其他从业人员的考核，由生产经营单位按照省级安全生产监督管理部门公布的考核标准，自行组织考核。

第二十一条　安全生产监督管理部门、煤矿安全培训监管机构和生产经营单位应当制定安全培训的考核制度，建立考核管理档案备查。

第四章　安全培训的发证

第二十二条　接受安全培训人员经考核合格的，由考核部门在考核结束后10个工作日内颁发相应的证书。

第二十三条　安全生产监管人员经考核合格后，颁发安全生产监管执法证；煤矿安全监察人员经考核合格后，颁发煤矿安全监察执法证；危险物品的生产、经营、储存单位和矿山、金属冶炼单位主要负责人、安全生产管理人员经考核合格后，颁发安全合格证；特种作业人员经考核合格后，颁发《中华人民共和国特种作业操作证》（以下简称特种作业操作证）；危险化学品登记机构的登记人员经考核合格后，颁发上岗证；其他人员经培训合格后，颁发培训合格证。

第二十四条　安全生产监管执法证、煤矿安全监察执法证、安全合格证、特种作业操作证和上岗证的式样，由国家安全监管总局统一规定。培训合格证的式样，由负责培训考核的部门规定。

第二十五条　安全生产监管执法证、煤矿安全监察执法证、安全合格证的有效期为3年。有效期届满需要延期的，应当于有效期届满30日前向原发证部门申请办理延期手续。

特种作业人员的考核发证按照《特种作业人员安全技术培训考核管理规定》执行。

第二十六条　特种作业操作证和省级安全生产监督管理部门、省级煤矿安全培训监管机构颁发的主要负责人、安全生产管理人员的安全合格证，在全国范围内有效。

第二十七条　承担安全评价、咨询、检测、检验的人员和安全生产应急救援人员的考核、发证，按照有关法律、法规、规章的规定执行。

第五章　监督管理

第二十八条　安全生产监督管理部门、煤矿安全培训监管机构应当依照法律、法规和本办法的规定，加强对安全培训工作的监督管理，对生产经营单位、安全培训机构违反有关法律、法规和本办法的行为，依法作出处理。

省级安全生产监督管理部门、省级煤矿安全培训监管机构应当定期统计分析本行政区域内安全培训、考核、发证情况，并报国家安全监管总局。

第二十九条　安全生产监督管理部门和煤矿安全培训监管机构应当对安全培训机构开展安全培训活动的情况进行监督检查，检查内容包括：

（一）具备从事安全培训工作所需要的条件的情况；

（二）建立培训管理制度和教师配备的情况；

（三）执行培训大纲、建立培训档案和培训保障的情况；

（四）培训收费的情况；

（五）法律法规规定的其他内容。

第三十条　安全生产监督管理部门、煤矿安全培训监管机构应当对生产经营单位的安全培训情况进行监督检查，检查内容包括：

（一）安全培训制度、年度培训计划、安全培训管理档案的制定和实施的情况；

（二）安全培训经费投入和使用的情况；

（三）主要负责人、安全生产管理人员接受安全生产知识和管理能力考核的情况；

（四）特种作业人员持证上岗的情况；

（五）应用新工艺、新技术、新材料、新设备以及转岗前对从业人员安全培训的

情况；

（六）其他从业人员安全培训的情况；

（七）法律法规规定的其他内容。

第三十一条　任何单位或者个人对生产经营单位、安全培训机构违反有关法律、法规和本办法的行为，均有权向安全生产监督管理部门、煤矿安全监察机构、煤矿安全培训监管机构报告或者举报。接到举报的部门或者机构应当为举报人保密，并按照有关规定对举报进行核查和处理。

第三十二条　监察机关依照《中华人民共和国行政监察法》等法律、行政法规的规定，对安全生产监督管理部门、煤矿安全监察机构、煤矿安全培训监管机构及其工作人员履行安全培训工作监督管理职责情况实施监察。

第六章　法律责任

第三十三条　安全生产监督管理部门、煤矿安全监察机构、煤矿安全培训监管机构的工作人员在安全培训监督管理工作中滥用职权、玩忽职守、徇私舞弊的，依照有关规定给予处分；构成犯罪的，依法追究刑事责任。

第三十四条　安全培训机构有下列情形之一的，责令限期改正，处1万元以下的罚款；逾期未改正的，给予警告，处1万元以上3万元以下的罚款：

（一）不具备安全培训条件的；

（二）未按照统一的培训大纲组织教学培训的；

（三）未建立培训档案或者培训档案管理不规范的。

安全培训机构采取不正当竞争手段，故意贬低、诋毁其他安全培训机构的，依照前款规定处罚。

第三十五条　生产经营单位主要负责人、安全生产管理人员、特种作业人员以欺骗、贿赂等不正当手段取得安全合格证或者特种作业操作证的，除撤销其相关证书外，处3000元以下的罚款，并自撤销其相关证书之日起3年内不得再次申请该证书。

第三十六条　生产经营单位有下列情形之一的，责令改正，处3万元以下的罚款：

（一）从业人员安全培训的时间少于《生产经营单位安全培训规定》或者有关标准规定的；

（二）矿山新招的井下作业人员和危险物品生产经营单位新招的危险工艺操作岗位人员，未经实习期满独立上岗作业的；

（三）相关人员未按照本办法第十二条规定重新参加安全培训的。

第三十七条　生产经营单位存在违反有关法律、法规中安全生产教育培训的其他行为的，依照相关法律、法规的规定予以处罚。

第七章　附　则

第三十八条　本办法自2015年7月1日起施行。

第二篇

从业人员篇

第二章 营运车辆驾驶员安全知识

第一节 安全驾驶基本知识

本节中，驾驶员通过学习驾驶员生理和心理因素对安全驾驶的影响、安全文明驾驶知识等知识，养成安全、文明行车和遵守交通信号的意识，熟知安全驾驶中人的影响因素。

一 安全文明驾驶知识

1 安全驾驶

遵守交通信号灯、交通标志和标线（图2-1），严格控制车速和保持安全距离，在夜间22时至凌晨5时的行车速度不超过白天行车限速的80%。

a)减速让行

b)停车让行

c)会车让行

d)会车先行

e)干路先行

图2-1 交通标志标线

在夜间22时至凌晨6时，驾驶员不得在三级以下（含三级）山区公路达不到夜间安全通行要求的路段运行。

夜间会车应当在距相对方向来车150m以外改用近光灯，在窄路、窄桥与非机动车会车时应当使用近光灯。

超车要严格遵守相关规定，在确认安全超越的情况下，从前车的左侧超越。遇以下情况，驾驶员禁止超车：

（1）前方有平面交叉路口、人行横道、铁路道口时，路况较为复杂，驾驶员无法持续加速行驶。

（2）行经窄桥或前方车辆不让行时，无法保证超车时有足够的横向间距。

（3）通过弯道或者陡坡时，驾驶员视线受阻，无法预见到弯道或陡坡后侧的情况。

（4）前方车辆正在左转弯、掉头、超车，或者与对面来车有会车可能时，无法提供足够的超车距离。

在进入路口前，驾驶员应停车瞭望，让右方道路的来车先行。在交叉路口内，转弯的机动车应让直行的车辆先行，相对方向行驶的右转弯的机动车应让左转弯的车辆先行。

案例

交叉路口视距不足，未提前减速引发恶性事故

2014年11月19日7时24分，驾驶员戴某驾驶一辆重型自卸货车沿尚未交付使用的烟台蓬莱国际机场连接线由南向北行至刘家庄村路段，遇张某驾驶一辆小型面包车沿通村公路平小线自东向西冲上机场连接路，两车相互躲避过程中重型自卸货车重心发生偏移向右侧翻，车体砸压在小型面包车上，所载沙子将小型面包车掩埋，造成12人死亡、3人受伤。

案例中，新机场路与临时土路交叉路口处，由于临时土路坡度过大、安全视距不足，驾驶员戴某和张某均不能在安全距离内发现对方，而两名驾驶员驾车行至交叉路口处，未提前减速；当戴某发现对方小面包车后向左急打方向避让时，在离心力的作用下，车辆向右侧翻，压在小面包车左前顶部，倾倒的沙子将面包车掩埋，造成事故的发生。

在有障碍的路段，无障碍的一方有通行优先权，但有障碍的一方已驶入障碍路段而无障碍的一方未驶入时，应让有障碍的一方先行。

在狭窄的山区道路会车时，不靠山体的一方有通行优先权。在狭窄的山区坡路会车时，上坡的一方有通行优先权，但下坡的一方已行至中途而上坡的一方未上坡时，应让下坡的一方先行。

2 文明驾驶

遇行人占道行走或者遇横过道路的老年人时，要减速慢行或停车让行，注意观察行人动态，不得加速超越或持续鸣喇叭催促。

行经两侧有行人的积水路面时，要低速缓慢通过，以免泥水飞溅到路边的行人。

经过不允许鸣喇叭的路段，应严格控制车速、耐心跟行，严禁鸣喇叭；行经没有禁止鸣喇叭的路段时，尽可能少鸣喇叭。

遇到其他车辆不遵守让行规定时，及时减速让行或停车让行，做到“有理让无理”，保持平和心态，不开报复车、斗气车。

遇前方交叉路口交通阻塞时，依次停在路口以外等候，以免加剧交通拥堵。

二 驾驶员生理状况对安全驾驶的影响

疲劳、饮酒、疾病和服用药物等会导致驾驶员生理状况的变化，从而影响驾驶安全。

1 疲劳驾驶

疲劳驾驶是指驾驶员在休息不好或长时间连续驾车后，产生心理机能和生理机能的失调，而在客观上出现驾驶安全性下降的现象。疲劳驾驶会影响到驾驶员的注意、感觉、知觉、思维、判断、意志和操控能力等诸多方面，是导致交通事故的重要原因之一。

1 疲劳驾驶的表征

大多数驾驶员有过开车时犯困的经历。当感到困倦或者昏昏欲睡时，驾驶员可能还没有意识到自己已经处于危险的瞌睡状态。

驾驶员可用以下状态来判断是否处于疲劳状态：

（1）不停地打哈欠。

（2）眼睛不自主地闭上，而且注意力不能集中。

（3）大脑不能保持清醒，思维随意且不连续，反应变慢。

（4）不能回忆起最近几千米的驾驶情形。

（5）调整转向盘的次数减少，而且调整时的幅度很大。

（6）车辆在道路上不能直线行驶，思维不能控制操作动作。

（7）可能已经偏离车道，甚至差点和其他车辆相撞。

（8）不自觉地睡着几秒钟或更长时间，然后突然醒来。

如果符合上述症状之一，那么驾驶员可能正处于疲劳驾驶的危险中，应该及时采取措施来调整。

连续驾驶产生疲劳，客车失控造成重大安全事故

2014年8月25日，驾驶员马某（持有准驾车型为A1、A2的有效驾驶证，持有有效的道路运输从业资格证）驾驶一辆大客车（注册登记日期为2012年7月，检验有效期至2015年7月，使用性质为公路客运），从新疆乌鲁木齐市米东区车站开往宁夏固原市。8月26日12时14分左右，车辆行驶到连霍高速公路甘肃省酒泉市瓜州县境内时，驾驶员过度疲劳驾驶，导致车辆失控，突然向左冲破道路中央隔离护栏，驶入对向车道，与对向行驶的货车相撞，造成15人死亡，35人受伤。

据事后调查，马某从8月16日至26日驾驶客车往返新疆与宁夏5趟，行程达2万km，长期高强度驾驶大客车，睡眠严重不足，过度疲劳驾驶，导致车辆失控引发事故。

2 疲劳驾驶产生的原因

产生疲劳驾驶的原因是多方面的，主要与驾驶工作的复杂性、驾驶员的生活环境与生活习惯、驾驶环境（车内环境、行驶条件）、个体素质（年龄、性别、性格、身体条件和经验）等诸多因素相关：

（1）生活环境与生活习惯。避免饮食过饱或饥饿、按时就寝、保证足够时间的睡眠、保持安静的居住环境、保持家庭和睦，有利于保持良好的心态，提高睡眠质量，增强体力和精力，预防疲劳驾驶。

（2）驾驶环境。保持良好的车内环境，比如调整好座椅位置，车内通风良好、温度适宜，与同车人建立和谐的关系，尽量避免在午后、深夜和凌晨等时段行车，提前做好行车规划、安排好中途休息等，有利于预防疲劳驾驶。

（3）驾驶员个体素质。体力、耐久力差，急躁、情绪低落，操作生疏、驾驶经验少等，都容易导致驾驶员疲劳。因此，要积极调节心理状态、保持情绪稳定，加强学习，提高驾驶技能，积累经验。此外，患有阻塞性睡眠窒息、高血压和高血脂等生理疾病的人员，应及时就医治疗，这对于预防疲劳驾驶具有重要的作用。

2 饮酒

饮酒会影响驾驶员的中枢神经系统，导致视觉能力变差，注意力、判断能力下降，

反应变得迟钝，错误操作增多；还容易高估自己的能力，不理睬他人的劝告，行为变得草率，倾向于采取冒险的驾驶行为，极易引发交通事故。

3 疾病、药物

驾驶员在感冒、发烧等不适情况下开车，注意力和反应力会大大降低，动作不协调，动作准确性下降，会增加交通事故的发生概率。吸食、注射毒品或者服用镇定、止痛类药物后，驾驶员的反应也会变得迟钝，注意力分散，容易发生交通事故。

三 驾驶员心理因素对安全驾驶的影响

良好心理状态对事物的观察和判断具有积极的作用，表现为观察敏锐，反应迅速，判断准确，动作灵敏，操作正确，有利于车辆安全行驶。反之，不良的驾驶情绪将直接或间接地影响到驾驶员的判断与操控动作，妨碍安全行车。

1 常见不良驾驶心理

易发生事故的驾驶员往往具有特定的潜在心理特征，使其比一般驾驶员更容易发生事故。驾驶员了解常见的驾驶心理及其危害，有利于及时调节和纠正，防范事故发生。驾驶员常见不良心理的产生原因及表现见表2-1。

驾驶员常见不良心理的产生原因及表现 表2-1

不良心理	产生原因	表　现
过度兴奋	人逢喜事，中枢神经处于亢奋状态	轻率好动，忘乎所以，驾驶车辆动作飘飘然，判断不准确
麻痹大意	（1）道路顺直平坦； （2）路况、车况熟悉	粗心大意，心不在焉
过度自信	（1）骄傲自满，忘乎所以，对自身驾驶技术过度自信； （2）对险情估计不充分	长期驾驶车辆无事故，自恃技术高超，越障能力强，喜欢表现，开“英雄车”“逞能车”，特别是遇到一些危险情况、复杂路段等，常常冒险，高速通过
侥幸心理	自恃经验丰富，认为偶尔违法不会出事	（1）违反道路通行规定； （2）违法驾驶故障车； （3）酒驾
赌气与报复心理	遇其他车辆不遵守通行规则影响自己正常行驶	迁怒于对方，把车辆当成发泄自己怨气、实施报复的工具
沮丧厌烦	（1）道路条件差； （2）情绪受挫	中枢神经处于压抑状态，动作呆板、反应迟钝、操作不当
急躁心理	（1）交通拥堵； （2）赶时间开会或赴饭局； （3）家人生病	赶时间、超速、抢黄灯、曲线行驶、强行变道、夹塞等
注意力不集中	（1）与同车乘客聊天； （2）一边驾驶车辆一边打电话； （3）一边驾驶车辆一边吃零食	遇紧急情况反应迟钝，惊慌失措，手忙脚乱
恐慌心理	（1）目睹交通事故现场； （2）对车况、路况不熟悉； （3）通过险路、山路、事故多发路段	过度紧张，情绪失控，动作失调，操作失误，超高速行驶以舒缓恐慌心情

2 正确的驾驶心理

1 冷静心理

遇到外界环境的刺激时，驾驶员能够保持冷静，从而作出正确判断并采取相应的措施，对于保证行车安全非常重要。有些驾驶员在遇到行驶缓慢、交通拥堵、一路遇红灯等交通状况时，开始变得急躁，容易采取在路口抢行、强行变更车道、强行超车、频繁

变更车道及超速行驶等危险驾驶行为。

驾驶员应切记“十次肇事九次快，心情急躁事故来”。驾驶员要充分做好行车计划，包括规划行车路线、驾驶时间和休息时间。在行车过程中，驾驶员要告诫自己不冲动，听听喜欢的音乐，保持稳定的情绪，遵守交通通行规则。

2 自谦心理

无论安全行驶里程有多高，驾驶员必须始终保持谦虚谨慎的态度，这样才能正确认识自己的不足，发现潜在的风险，不断获得进步。有些驾驶员在连续安全行驶一定里程之后，就开始自我感觉驾驶技术已熟练，开车时满不在乎、我行我素，忽视行车中的安全隐患，对自身的不良驾驶习惯视而不见，听不进他人的提醒和忠告。往往在发生事故后，驾驶员才清醒地认识到这种不良心理的危害，但为时已晚。

驾驶员应切记“骄傲自大存隐患，自满心理害自己”。驾驶员应常怀自省之心、谦虚之心，不断总结行车经验，强化安全驾驶意识，扩展安全知识，提高安全驾驶技能。

3 谦让心理

人与人之间的和谐共处，贵在谦让。谦让是指在不伤害别人或危及社会的情况下，作出的合理让步。谦让是一种深厚的涵养，可以改善自己与他人、与社会的关系。行车中做到谦让，可以提升行车的安全、和谐。有些驾驶员很要强、不服输，总觉得自己的驾驶技能比谁都高，驾驶车辆时，盲目地争强好胜，出现超速抢行、强行超车、开“英雄车”等危险驾驶行为。

驾驶员应切记“争强好胜最危险，冒险行车事故多”。驾驶员的第一要务是确保车上乘客和货物的安全，在行车时，应沉着、稳重，严格执行既定的运输计划和安全操作规程，不抢行、不冒险，小心谨慎，安全行车。

4 宽容心理

宽容，是对他人的理解、容纳与尊重，是一种高尚情操的表现。忘却别人的错误，以宽容的心态对人，是一种利人利己、有益社会的良性循环。

行车中，有些驾驶员对他人的不良驾驶行为一点也不能容忍。例如：遇到前方车辆长时间骑压车道线行驶，前方慢行的车辆不让道，其他车辆强行加塞，对向来车占道行驶，夜间会车时对向来车不关闭远光灯等，立即气从心来，火冒三丈，产生不满或愤怒情绪。在这种心理的支配下，驾驶员会把注意力集中在报复他人上，采取强行超车、丝毫不让对方、挤加塞车辆、开远光灯对射等危险驾驶行为，而忽视了对周边交通情况的判断与处理。

驾驶员应切记“驾车心态放平缓，易怒终害人害己”。遇到惹怒自己的不愉快情况时，要从保障行车安全的角度多想想，克制自己的情绪，对他人多给予宽容，心平气和地谦让其他交通参与者。

5 警惕心理

行车中，交通环境不断发生变化，驾驶员保持警惕心理，才能对可能发生的危险情况保持敏锐的感觉。有些驾驶员在熟悉的道路、简单的交通环境条件下行车，容易放松警惕、粗心大意、心不在焉，以为很有把握。在处理道路交通情况时，自以为是，对道路上的安全风险失去警惕性，安全敏感性降低，疏忽关键的安全细节，容易出现紧急情况。

驾驶员应切记“全神贯注驾驶，沉着冷静避险”。在日常驾车中，要克服麻痹大意心理，严格遵守谨慎驾驶的黄金三原则，保持谨慎心态小心驾驶。

6 必然心理

道路交通安全法规是总结大量血淋淋的案例得出来的，驾驶员应当时刻认识到违法驾驶必然会引发交通事故。有些驾驶员自恃经验丰富、技术过硬，认为“事故不可能发生在我身上，也不可能因我而起”，心存侥幸地采取酒后驾驶、在交叉路口闯红灯、驾

驶"带病"车辆上路、侥幸通过危险路段等危险驾驶行为，为行车安全埋下极大的安全隐患。

驾驶员应切记"经验技术不自持，侥幸心理要克服"，要认识到交通事故与侥幸心理的必然联系，在任何时候、任何地方、任何情况下都应该严格遵守交通法规，严格遵守操作规程，规范驾驶行为。

7 自主心理

行车中，驾驶员应当结合自己的知识、经验和价值观，对事物作出正确的判断，发现违法、被禁止的行为不能盲从，发现危险的情形时主动采取行动来确保安全。相反的，从众心理和寄托心理是非常被动和危险的心理倾向。

从众心理是一种常见的心态，主要表现为心理上对他人的追随和迎合，对自己的宽慰和谅解。有些驾驶员在观察到其他交通参与者不遵守交通法律法规时，认为"法不责众"，就放松对自己的要求，开始尝试着冒险，甚至模仿他人采取违法的驾驶行为。例如：在拥堵路口、路段，看到一些驾驶员不按规定有序排队，采取抢行、加塞、占用应急车道等违法行为，自己也紧跟其后模仿通行。这种随众心理一旦演变成习惯，将会严重影响行车的安全。

有些驾驶员把自己的安全和顺利通行寄托在对方驾驶员身上，当自己采取占道行驶、抢行通过、越线会车等违法驾驶时，寄希望于对方驾驶员能先慢、先让和先停。一旦对方驾驶员采取措施不当或没有避让意识，后果会十分严重。

驾驶员应切记"驾车行驶要守法，从众心理后患大""寄托心理不可取，文明礼让更安全"。一方面，要加强道德修养，摈弃随众违规的驾驶陋习，自觉遵守交通法规，文明驾驶；另一方面，要时刻自我警醒，采取预见性驾驶，切勿将自己、车上乘客和货物的安全寄托于他人。

8 乐观心理

乐观心理是无论在什么情况下，也能保持良好的心态，相信坏事情总会过去，是一种最为积极的性格因素之一。持乐观心态的人，能够心平气和地对待当前的各种境遇，以积极的心态和行为来应对。

有些驾驶员在工作、家庭、生活、婚姻等方面出现问题或者不如意时，会出现思想负担过重、精神压力大、情绪低沉。在这种心理状态下，驾驶员的注意力不能集中到驾驶车辆上来，反应变得迟钝，遇到紧急情况时惊慌失措、手忙脚乱，极易发生交通事故。

驾驶员应切记"负担过重心情烦，精力分散易失措"。遇到烦心事时，多想想生活美好的一面，暂时忘记不愉快的事情，解除思想压力，卸下包袱，集中精力，安全驾驶。

3 安全驾驶心理调节方法

在生活和工作中，驾驶员采取措施做好自我心理调节，缓解心理压力，保持良好的精神状态和心理状态，有利于行车安全。

1 加强自身修养

驾驶员应该有良好的道德修养、正确的人生观和良好的思想素质，凡事要从大局出发，三思而后行，消除心理上的逆反心理，保持一种对国家和人民负责的高度安全责任感，真正做到"车行万里路，时刻保平安"。

性格内向的驾驶员往往内敛、处事小心谨慎，需要增强自信，加强与亲人、朋友、同事和领导的交流和沟通，敢于把自己不愉快的事情向亲人或知心朋友倾诉，及时向同事和领导反映内心所困惑的问题。

性格外向的驾驶员往往轻率、敢于冒险、情绪波动大，需要加强自身的涵养，一方面，提高心理承受力和应激力，善于转移注意力，经常用警示语进行自我提醒，如"我在开车，不能想别的"，"稍有疏忽就会伤害无辜"，"事故发生就在一瞬间"

等；另一方面，坦然对待道路上的各种违法现象和不良行为，理解对方，保持心态平衡，集中精力于安全行车。

当遭受挫折时，驾驶员应冷静看待外界的刺激，用幽默的方法调整心态，比如“吃亏是福”“破财免灾”“有失有得”等等来调节一下失衡的心理，

2 创造轻松、愉悦的生活和工作环境

驾驶员应加强人格修养，与亲人建立和谐的家庭关系，与同事建立有益的、愉快的合作关系，与领导建立有效的、支持性的关系；关心他人，善于合作，不为满足自己的需要而苛求于人，保持积极的心态。

平时要善于营造良好的生活氛围，注意丰富自己的文化生活，不断增加生活的情趣，多从事一些有益的业余文体活动，比如听音乐、看书、散步、慢跑，使情绪得以调适、情感得以升华，减轻心理压力。

驾驶员要注意改善休息环境，保证充足的睡眠，保持精力充沛，纠正不良生活习惯，消除精神和体力上的疲劳。

3 坚持学习，扩充知识

驾驶员要坚持学习，不断扩充自己的知识。经常参加安全教育和培训，分析典型交通事故案例，提高自我防范意识，增强守法的自觉性。例如，学习掌握道路运输风险防范知识，提高应急处置能力，在遇到险情时能够沉着、果断，处变不惊，采取相应的对策化险为夷，转危为安。

四 驾驶员的反应能力对安全驾驶的影响

从发现险情到采取制动操作的时间，称为驾驶员的反应时间。驾驶员反应时间的长短与其反应能力有关。驾驶员的反应能力差，则反应时间长；驾驶员的反应能力好，则反应时间短。

在行车过程中，驾驶员要不断观察和处理外界信息，反应能力显得尤为重要。遇到紧急情况时，反应快的驾驶员可以及时作出准确判断，而反应慢的驾驶员则往往会感到措手不及。因此，驾驶员反应越快，处理情况就越及时，行车安全就越有保障。

驾驶员的反应能力除了与年龄、驾驶技能、驾驶经验、观察能力有关外，还受到疲劳程度、情绪、车速、药物和酒精等其他因素的影响。车速越快，驾驶员需要的反应时间越长；当出现情绪波动、疲劳驾驶、饮酒后驾驶以及注意力分散时，驾驶员的反应能力会下降。因此，行车中要尽量排除这些因素的干扰。

第二节 预见性驾驶知识

预见性驾驶（也称之为防御性驾驶），是指驾驶员在行车过程中，对道路状况、交通情况和周围环境进行主动观察、分析和判断，对前方潜在的各种交通风险作出预先估计，并及时采取减速、停车或避让等预防措施，避免发生交通事故。预见性驾驶是驾驶态度、安全意识和驾驶技能的综合体现。一方面要求驾驶员规范操作，确保自己的车辆不会对其他交通参与者构成威胁；另一方面，要求驾驶员能够及时发现潜在的交通风险，提前采取措施避免出现交通事故。本节中，驾驶员通过学习行车中的风险与预见性驾驶知识，掌握各种行驶状态、典型道路环境、恶劣气象和高速公路、夜间等环境条件下的风险识别与预见性驾驶方法。

一 各种行驶状态下的预见性驾驶

1 跟车行驶

跟车行驶时，驾驶员未及时、准确地判明前方情况，与前车的安全距离保持不足，容易发生追尾事故。因此，驾驶员需要观察、判断前车的速度和行驶意图，除注意观察前车的速度和灯光信号外，还可以通过观察前方其他车辆的行驶状态变化来辅助判断。跟随大型汽车行驶时，与前车之间的距离越近，驾驶员的视野越窄，因此，需要适当增大安全距离来保证前方的驾驶视线。

安全提示

驾驶盲区

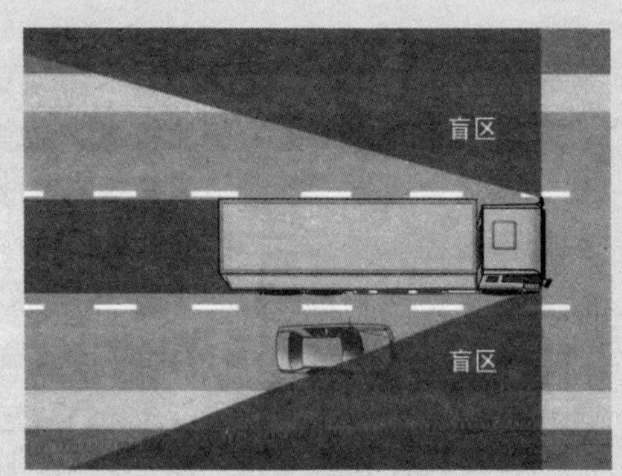

图2-2 驾驶盲区

大型车辆的驾驶室相对较高，且受立柱的影响，驾驶员即使借助后视镜观察，车辆侧面和后侧仍然会有观察不到的区域，称为盲区（图2-2）。在转弯、变更车道或超车等情况下，尤其是有小型车超越大型车辆并在贴近大型车的一瞬间（即大型车前轮到后轮之间的距离时），大型车辆的驾驶员难以察觉，因此，驾驶员必要时应侧头观察。

根据经验，与前车的安全距离应至少保持与当前行驶速度的数值相同（即当前车速为50km/h时，安全距离应至少为50m）或者至少保持当前速度下车辆3s所能行驶的距离。道路运输车辆的惯性普遍较大，尤其在满载情况下，需要的停车距离更长。

跟随小型汽车行驶时，由于小型汽车的制动效能高，驾驶员要注意适当增大跟车距离。在湿滑路段行驶时，轮胎与路面的附着力下降，车辆制动时的停车距离更长，因此需要与前车保持更大的安全距离。

行驶中如果不需要加速时，驾驶员应及时将右脚放置在制动踏板上，这样可以缩短反应时间，尤其在遇到紧急情况时会更加安全。

减速时，先轻踏制动踏板使制动灯变亮来提示后车，给后车驾驶员留出足够的反应时间，尽量避免紧急制动。

2 会车

会车地点选择不合适，以及车辆行驶速度和会车时方向控制不当，容易引发正面碰撞、刮擦、坠车等事故。

准备会车时，需要提前观察、作出判断对向来车的车型、行驶速度和装载情况，前方道路的路面宽度、道路条件，以及周边的行人、车辆等。

会车时，根据双方车辆及道路上的交通情况，提前降低行驶速度，选择合适的交会地点，靠道路右侧行驶，保持足够的横向安全间距。前方有障碍物或者遇窄桥、坡道、临崖路段、弯道时，要低速会车或停车会车，有条件的一方让对方先通过，必要时由专人指挥。

遇对向来车占道行驶时，提前降低行驶速度，鸣喇叭或闪灯提示对方，密切观察对向来车和后侧的动态情况，不可盲目避让。

案例

违法占用对方车道，剐撞后坠入河流

2014年8月18日10时50分左右，驾驶员都某驾驶一辆大客车，由拉萨向林芝方向行驶。大客车行驶至国道G318线4414km+799m处时，车辆占用道路左侧行驶，与对向行驶的一辆自卸大货车发生剐撞后，大客车失控向左前方冲出35.3m后撞断4根安全警示桩翻坠入道路左侧的尼洋河中，造成12人死亡、4人失踪、7人受伤。

案例中，驾驶员都某会车时违法占用道路左侧行驶，与对向行驶的一辆自卸大货车发生剐撞后，客车失控坠入河流。

3 超车

超车时，必须持续加速行驶一段距离（也称为超车距离），易与其他车辆形成交通冲突，因此，超车是一种危险的驾驶行为。在不具备条件的路段强行超车、前车不让超车时仍强行超越、从前车右侧超车或者超车时横向间距保持不足等，容易引起交通事故。

案例

弯道强行超车有危险，处置不当坠山崖

2013年2月1日，驾驶员王某驾驶一辆大客车，从古蔺县城开往古蔺县水口镇庙林村。16时58分左右，大客车行驶到省道S309线古蔺县石宝镇境内，在长上坡、连续弯道路段强行超越一辆同向行驶的重型货车时，发现对向来车，向右猛打方向，与对向行驶的小客车发生剐蹭后，冲出公路右侧土坎，翻坠于山崖下，造成11人死亡，18人受伤。

案例中，大客车驾驶员王某在长上坡、连续转弯路段强行超越前方重型货车，发现对向来车时，躲避不及，发生剐擦后猛打方向，导致大客车坠落山崖。

驾驶员要选择道路宽直、视线良好、超车道无车且道路两侧无影响超车的障碍物的路段进行超车，禁止在弯道、坡道、交叉路口等危险路段超车。

准备超车时，应与前车保持一定的安全距离，观察后侧情况，提前开启左转向灯，夜间还需变换远、近光灯示意；前车让超车且在不妨碍其他车道内车辆正常行驶的情况下，加速从前车左侧超越；超越过程中，随时注意前方和被超车的动态，与被超车辆保持足够的横向安全距离；在与被超车辆拉开一定的安全距离后，开启右转向灯，及时返回原车道。

行车中，当观察到后侧跟随行驶的车辆示意超车时，尤其自车占用快速行驶的车道时，只要条件允许，应及时减速靠右侧让行，给超车车辆预留出足够的超车空间。

遇对向来车强行超车时，提前降低行驶速度，鸣喇叭或闪灯提示对方，密切观察对向来车和后侧的动态情况，不可盲目避让。

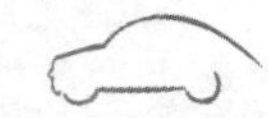

道路运输从业人员安全培训教材

4 变更车道

变更车道时，不观察车辆两侧和后方道路交通情况，不提前开启转向灯示意，突然强行变道，都是非常危险的行为，容易发生剐蹭、碰撞事故。

变更车道时，应至少提前3s开启转向灯提醒后方来车，同时，注意观察要变入车道内前后方车辆的情况，确认有足够的安全空间后，缓慢转向驶入相应的行车道。车辆变更到所需车道后，要及时关闭转向灯，以免给其他车辆造成错觉。

在交叉路口前变更车道时，在虚线区域按导向箭头指示驶入要变更的车道，进入路口实线区后不得变更车道。

当观察到后侧来车准备加速驶入自车行驶的车道时，应保持车速或适当减速让行，预留出足够的安全距离，让其安全变更车道。

遇前方道路有出入口时，应注意观察两侧车辆的动态，控制好车速，防止侧面的车辆突然变更车道。

5 转弯

车辆转弯时，行驶速度太快，容易出现以下危险：一是，轮胎失去附着力，车辆易发生侧滑，直接滑出路面，发生坠车事故；二是，轮胎虽然有附着力，但重心高的车辆因离心力的作用易发生侧翻事故。因此，驾驶员观察到转弯标志，尤其是急转弯和连续转弯标志时，应提前降低车速，缓慢转向，保持右侧车道行驶。

车辆转弯时，前内轮转弯半径与后内轮转弯半径之间存在偏差，因此，后轮并不是沿着前轮的轨迹行驶。大型车辆和汽车列车的车身较长，内轮差也就越大，驾驶铰接公交车的城市公共汽电车驾驶员和驾驶半挂列车的道路货物运输驾驶员在车辆转弯时更要加倍注意。车辆转弯时，如果只注意前轮通过，而没有给后轮留出足够的空间，就可能造成后内轮剐蹭行人、车辆或路侧的树木、电线杆等。因此，驾驶员要提前降低车速，选择好行驶路线，全面观察周边的情况。

通过右转弯路段时，驾驶员应提前降低车速，视线以右侧路肩为参照，适当靠近道路中心线行驶，以扩大视线范围，转小弯通过。通过左转弯路段时，应提前降低车速，视线以道路中心线为参照，靠近道路的右侧行驶，以扩大视线范围，转大弯通过。

在交叉路口右转弯时，驾驶员应提前降低车速，开启右转向灯，密切注意右侧情况，防止后侧跟行的车辆盲目地从右侧超越，引发剐蹭事故。不要试图先向左侧宽阔的地方转向，再进行右转弯操作，避免后侧跟行车辆的驾驶员误以为您准备左转弯，从而加速从右侧超越。如果必须借助对向车道来完成右转弯操作，驾驶员应密切注意对向车道内的来车，及时示意驾驶意图，让对方车辆先通过或者停车让行，但是不能盲目向后倒车让行。

在交叉路口左转弯时，驾驶员应提前降低车速，开启左转向灯，行驶到交叉路口的中心时再向左转方向，同时密切注意对向车道内直行或右转弯的车辆，注意避让。如果交叉路口有两条左转弯车道，驾驶员应选择靠右侧的左转弯车道进行左转弯操作，以增大转弯半径，使转弯过程顺利进行。

6 倒车

倒车时，车辆的后侧停放有车辆或有儿童在玩耍、有动物伏在车底、车顶有电线等，驾驶员如果观察不全面，就会面临危险。

倒车前，驾驶员需要下车检查车辆周边的情况，最好请有关人员指挥倒车。倒车时，利用后视镜找好参照物，保持较低的速度，同时通过后视镜观察车辆后方、两侧和上方的情况，发现影响倒车的障碍物时，及时避让或停车。

在高速公路、主干道行驶，错过出口时，禁止倒车逆行。

案例

高速路口违法倒车，引发追尾事故

2013年8月2日上午10时左右，驾驶员尹某驾驶一辆大客车沿温丽高速行驶，客车行至丽水段往金华方向转长深高速匝道口富岭互通处，尹某因错过了高速路出口，于是将客车停在行车道上，然后在车内部分乘客的指挥下开始倒车，导致被后面驶来的半挂牵引车追尾并发生两车侧翻事故，驾驶员和10余名乘客被甩出车外，造成1人死亡、22人受伤。

案例中，驾驶员尹某因在高速公路行车道内违法停车和违法倒车，引发追尾事故。

7 掉头

在交叉路口或某个路段掉头时，过往的车辆、行人及路侧的设施会给掉头带来危险。驾驶员要尽量选择交通流量小、道路较宽、能一次完成掉头的地段和路口进行掉头，减少对正常通行的车辆和行人的影响。严禁在人行横道线、铁路道口、窄路、弯道、桥梁、隧道、涵洞、高速公路和有禁止掉头标志的路段掉头。

在设有隔离设施、允许掉头的路段或路口掉头时，提前开启左转向灯，向左侧变更车道，确认安全后按交通标志的指向完成掉头。在无隔离设施、允许掉头的路段掉头时，要提前开启左转向灯，仔细观察道路上的交通情况，必要时停车进行观察，确认安全后再进行掉头。

掉头时，每一次前进或后倒过程中，都要认真观察车辆后侧及两侧道路的交通情况并确认安全，充分考虑车辆的前端和后端及距障碍物的距离，以防发生意外。

8 起步与停车

由于要接送乘客，出租汽车起步和停车特别频繁，而很多交通事故就是发生在起步和停车这一瞬间。因此，出租汽车驾驶员需要特别注意：

（1）车辆起步和停车前时一定要提前开启转向灯。

（2）起步前，首先确认周围没有影响安全起步的人、物或障碍，特别要注意查看盲区周围的情况；其次要确保车内乘客全部坐好后，再平稳起步，避免在乘客未关闭车门前起步造成伤害。

（3）停车时尽量靠近道路右侧边缘，引导乘客从右侧车门上、下车。尤其是在乘客下车时，驾驶员要用右侧后视镜，提醒乘客注意后方情况，避免与同方向非机动车和行人发生碰撞。

停车时不采取必要的安全措施，一方面会造成溜车；另一方面，会引起后侧来车驾驶员的错误判断，尤其在夜间、雾天等视线不良的情况下。此外，停车位置选择不当，比如雨天在路边松软路基上停车，没有注意到路侧的低空障碍物，都会引发危险。

以下路段停车时，存在安全隐患：

（1）设有禁停标志、标线的路段，机动车道与非机动车道、人行道之间设有隔离设施的路段以及人行横道、施工地段；

（2）高速公路、交叉路口、铁路道口、急弯路、宽度不足4m的窄路、桥梁、陡坡、隧道以及距离上述地点50m以内的路段；

（3）公共汽车站、急救站、加油站、消防栓或者消防队（站）门前以及距离上述地点30m以内的路段。

案例

随意靠边停车换人，引发追尾事故

2016年农历正月初二，全国上下都笼罩在节日的气氛中。下午14时30分左右，叶先生驾驶小轿车带着妻子管女士由宁波驶往江西探望岳父母。当车辆行驶至甬金高速公路嵊州境内时，叶先生感到疲劳，在高速公路的路肩上停车换人。叶先生和管女士先后下车，叶先生坐进了副驾驶室，管女士从右侧下车后绕到车辆的左侧，打开车门，还没来得及进驾驶室，被后面驶来的大客车追尾相撞。巨大的撞击力将管女士撞出了十几米远，两车黏合在一起继续前行了近百米才停住，还撞上了右侧的边护栏。管女士当场身亡，叶先生也受伤不轻，被送到重症监护室抢救。

案例中，叶先生随意在高速公路的一个下坡转弯路段临时停车，在停车后的短短30s内，驾驶员王某驾驶一辆大客车行经事故路段，在欠身拿香蕉吃时，带动了左手握着的转向盘，致使车辆向右偏，驶入硬路肩，与叶先生的车辆发生追尾碰撞。

临时停车时，驾驶员应采取以下安全措施：

（1）要选择路基坚实、不影响其他车辆和行人安全通行的路段停车。

（2）临时停车时，应拉紧驻车制动，开启危险报警闪光灯（夜间开启示廓灯），正确摆放危险警告标志。

（3）在坡路临时停车应拉紧驻车制动，用掩木垫在轮胎下（上坡掩在轮胎后侧、下坡掩在轮胎前侧），挂好挡位（上坡挂低速挡、下坡挂倒挡），并向车后安全的一侧转动转向盘，以防车辆向路侧溜车造成坠车危险。

二 典型道路环境下的预见性驾驶

1 通过立交桥、桥涵和漫水桥

立交桥或桥涵往往有限高或限宽要求，车辆驶近该路段时，驾驶员应注意限高和限宽标志，保证车辆的安全空间，必要时绕道行驶，避免撞垮桥体或被卡在桥涵里。当车辆高度与桥梁或者天桥的高度很接近时，驾驶员应先下车探查，确认安全后再低速缓慢通过。

桥体有最大承重能力设计，大型货车和汽车列车驾驶员需要引起注意，超过桥体总质量限值或轴重限值的规定时，应绕道行驶，避免造成桥体垮塌。

案例

货车违规上高架，致上海市出现大面积拥堵

2016年5月23日凌晨0时30分许，一辆满载预制管桩及钢管的半挂汽车列车违法驶上有上海市交通主动脉之称的南北高架的中环路高架，在上海中环真华路至万荣路之间的路段，货车撞击桥体后发生侧翻，车辆上装载的电线杆翻落桥面，导致中环高架路段主桥面翘起损毁，桥面最大高差处约40cm，现场车辆无法通

行，还造成当天上海早高峰交通大面积拥堵。技术专家分析，完成高架桥的修复工作预计需要2周左右的时间。

高架高速道路的限制载重在15t以内，现场勘查发现，肇事货车所载的30多根预制管桩共计100多吨，远远超过了高架桥的限制载重。根据《中华人民共和国刑法》第一百一十九条规定，破坏交通工具、交通设施、电力设备、燃气设备、易燃易爆设备，造成严重后果的，处十年以上有期徒刑、无期徒刑或者死刑。过失犯前款罪的，处三年以上七年以下有期徒刑；情节较轻的，处三年以下有期徒刑或拘役。肇事驾驶员已被警方控制，不仅面临高额的经济赔偿，还可能涉嫌“过失损坏交通设施罪”，将受到刑事处罚。

立交桥引桥通常有一定的坡度，因交通拥堵需要临时停车时，容易发生溜车的危险，尤其在雪天、雨天等路面湿滑时。因此，在立交桥上行驶时，驾驶员应与前车保持足够的安全间距，停车时拉紧驻车制动。

车辆在跨度较大的高架桥或跨海大桥上行驶时，会遇到强烈的横风影响。驾驶员应控制好车速和握稳转向盘，并与侧面的车辆保持足够的横向间距。

雨季或大暴雨后，城市地下疏水系统不良容易导致桥涵路面积水。遇桥涵路面积水时，应先探明积水深度再通行，必要时选择其他路线改道而行，不要盲目涉水行驶。

通过漫水桥、险桥等危险地段时，驾驶员应先停车观察，确认安全后，组织旅客下车步行过桥，车辆在引导下低速通过；如果洪水或河水漫过桥面情况严重时，应及时向单位报告，绕道行驶，不得冒险通过。

车辆行经渡口前，应先组织旅客下车，按渡口工作人员指挥，进入行人通道上船；车辆按渡口工作人员指挥，依次平稳上船，并驶入制定的位置等待过渡；过渡后，待旅客上车核实人数后，再继续行驶。

2 通过隧道

车辆进入较长的隧道时，隧道内的光线骤然变暗，驾驶员会有一个暗适应的过程。因此，驶入隧道前，驾驶员应提前降低车速，开启近光灯，适当增加与前车的安全间距。

车辆在双向行驶的隧道内行车时，对向来车的远光灯会使驾驶员造成炫目。驾驶员应及时调整视线，避开灯光的直接照射。

注意观察隧道内行人和非机动车的动态，在隧道内禁止停车、倒车和超车，车辆出现故障需要临时停车时，应尽可能将车辆移至专门的避险区域，并采取必要的安全措施。

隧道多依山而建，车辆在隧道出口处可能会受强烈横风的影响。车辆驶出隧道出口时，驾驶员应适当控制车速和握稳转向盘，避免横风引起车辆侧滑或侧翻。

3 通过铁路道口

铁路道口是比较特殊的平面交叉路口，路面不平整，机动车、行人及非机动车等混行。通过铁路道口时，驾驶员不注意观察，盲目抢行，是造成铁路道口事故多发的重要原因。

铁路道口有无人看守和有人看守之分。在无人看守的道口前通常设置有警告标志，在路口停车还是继续行驶完全由驾驶员决定；在有人看守的道口则配置有管理人员、红色信号灯、警铃和栏杆等，对道口的通行进行统一的管理。

通过铁路道口时，驾驶员应注意以下3个方面：

（1）通过无人看守的铁路道口时，应做到“一停、二看、三通过”。驶入道口

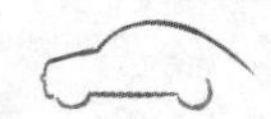

前，应减速降挡，必要时停车观察道口内的情况，尤其注意是否有火车驶来。确认安全后，用低速挡安全通过，中途尽量不换挡，以避免发动机熄火影响正常通行或滞留在道口内。遇道口前方堵车时，应停在道口外停车等候，禁止在道口内停车。

（2）通过有人看守的铁路道口时，应服从道口管理人员的指挥。在栏杆开始下降时，禁止强行闯杆，与火车抢行。

（3）汽车在铁路道口内发生故障或事故时，应先撤离人员，告知看守人员采取必要的管控措施后，再进行处置。

4 山区道路行车

山区道路等级相对较低，路面狭窄，视野不开阔，多坡路和弯道，路侧安全防护设施不完备，驾驶员应降低车速，增大跟车距离，尽量避免超车，防止发生车辆失控、翻车、坠崖等事故。在雨季或者久旱暴雨后，车辆与道路右侧路基保持合适的距离，防止路基松塌造成危险。

大型车辆或汽车列车转弯时往往需要较大的空间，而山区急转弯和连续转弯路段较多，大型车辆通过较为困难，往往需要占道行驶。因此，驾驶员在进入弯道前应提前减速，开启危险报警闪光灯，鸣喇叭提示，夜间还可通过变换远近光灯提醒对向来车；转弯路段视线受阻时，应由随行人员下车指挥，安全通过（图2-3）。

图2-3 大型车辆山区道路转弯

上坡时，驾驶员要提前观察道路交通标志标线，预测坡度、坡长，判断需用的挡位及速度，在坡前500m处轻微加速，在坡路时保持加速踏板位置，尽量靠汽车惯性冲到坡顶。感觉车辆无法冲到坡顶时，驾驶员要迅速降挡，保持发动机动力上坡，避免坡路途中停车或熄火。重载车辆上陡坡时，驾驶员要提前换入低挡位，使车辆保持足够的驱动力，避免中途换挡或出现熄火溜车。

下长坡时，车速会因车辆惯性而越来越快，连续使用行车制动，会使制动器因温度升高而使制动效果急剧下降。因此，应将变速器操纵杆置于合适的挡位（坡度越大，挂挡位越低），充分利用发动机阻力制动、缓速器辅助制动和排气辅助制动，根据速度情况间歇性使用行车制动器制动控制车速，同时控制好行驶方向和安全距离，禁止空挡滑行和关闭发动机行驶。

案例

下长坡空挡行驶，车速失控坠坡底

2013年2月1日晚21时50分，驾驶员姜某驾驶一辆大客车，由河北廊坊市文安县驶往甘肃庆阳市宁县，行至甘肃庆阳市宁五公路（宁县至陕西黄陵县五里墩，县乡公路，三级路面）2km+200m处右转弯下坡路段时，驶出弯道外侧，撞击路侧波形梁护栏后，坠入29.2m深的坡下林地，随后起火烧毁，造成18人死亡、32人受伤。

案例中，驾驶员姜某行经不熟悉路段的县乡陡坡转弯路段，使用空挡行驶，导致车辆行驶速度过快（该路段设计速度为40km/h，经事故鉴定，车辆肇事前的行驶速度为59～67km/h），车辆驶出弯道外侧，发生坠车事故。

重载车辆连续下长坡时，每行驶一段距离，驾驶员应停车检查制动器的状况，对制动器采取必要的降温措施。

遇前方有注意落石标志或者通过经常发生塌方、泥石流的山区路段时，尤其是在久旱暴雨后，驾驶员应注意观察前方路侧边坡是否有异常情况，确认安全后尽快通过，不要在此区域停车。

案例

驾驶员发现险情及时倒车，大客车躲过山体塌方

2016年7月8日晚20时15分，驾驶员黄某驾驶一辆搭载42名乘客的大客车沿川藏线行驶，当车辆行驶至四川雅安市天全县小河乡境内“火夹沟”路段时，黄某发现前方右侧山崖上不断有落石，立即停车，仔细观察右侧山坡上的情况，发现山上的树木在摇晃，像山体塌方的前兆，于是赶紧往后倒车，结果在倒车的过程中，整片山崖“轰轰轰”往下滑，完全覆盖住了路面，塌方堆积体离大客车仅10多米远。据分析，此次山体塌方可能是受连日强降雨影响。

5 城乡接合部行车

为了便于民众出行，一些快速通道经过城乡接合部时，往往设有平面交叉路口，变为开放式的交通。这些区域的交通管理相对薄弱，群众的安全意识普遍较差，经常会出现抢行或突然横穿道路的情形，行车秩序较差，危险因素增多。

进入城乡接合部时，要考虑各种危险因素，行车中注意观察路边的行人、非机动车、农用车、大型货车和路边的摊位等，控制好车速。遇行人或者非机动车突然横穿道路时，要及时减速或停车避让。

6 乡村道路行车

乡村道路建设为农村客货运输的快速发展提供了前提条件。但是，道路等级较低、路面窄、道路交通参与者安全意识薄弱等特点增加了行车风险。

乡村道路的等级相对较低，路窄，照明条件差，缺乏养护，夏季容易形成扬尘，雨天容易出现泥泞坑洼、路基松软，驾驶员应注意以下几个方面：

（1）行车时，尽量靠近道路中心线行驶，避免塌陷。

（2）在转弯时，应注意行驶轨迹，避免后轮碾压松软路基。

（3）窄路会车时，应选择路基坚实的地方；两车横向间距较小时，安排专人指挥通过。

（4）路面扬尘影响驾驶视线时，驾驶员应保持低速和合适的车距，必要时开启车灯和鸣喇叭示意。

（5）夜间行驶时，应开启远光灯，注意判断前方路况，保持合适的行车速度。

乡村道路交通情况复杂，常常会遇到行人、人力车、农用车和摩托车等。行人特别是儿童安全意识较差，他们即使看到车辆驶来，也可能会突然强行横穿道路。人力车、摩托车等交通参与者往往没有接受过专业培训，缺乏安全意识和交通安全常识，不遵守交通规则，疏于车辆安全检查和维护保养。驾驶员应注意以下几个方面：

（1）遇到摩托车、农用车时，保持适当的车速和安全间距，会车时主动减速让行或停车让行，尽量避免超车。

（2）遇行人尤其是儿童时，驾驶员应注意观察他们的动态，适当降低车速，随时做好停车准备。

（3）遇到畜力车或大群牛羊时，保持

车距跟行或停车等它们先通过，不要鸣喇叭或加速，以免使动物受到惊吓（图2-4）。

图2-4　遇到畜力车

（4）遇到农村赶集时，往往会出现摊位占道、人员拥挤和交通拥堵，交通环境恶劣，驾驶员应保持低速慢行或者耐心停车等待，调整好情绪。

三　高速公路预见性驾驶

高速公路不同于普通公路之处，在于其具有整个路段封闭、有固定的出入口、车道多且设有中央分隔带和立体交叉、行驶速度高、通行能力大等特点，为车辆快速、安全、舒适、连续运行和提高运输能力提供了有利的条件。但车辆在高速公路行驶措施不当，容易发生追尾、翻车、爆胎、撞护栏、失火等事故。

驾驶员没有充分加速就驶入高速公路行车道，与车道内正常行驶的车辆速度不一致，会干扰后方来车的正常通行。此外，从匝道越过导流线直接驶入高速公路时，因车辆的行驶方向与车道方向形成夹角，产生驾驶盲区，驾驶员无法观察到高速公路车道内的交通情况，极易引发追尾事故。因此，驾驶员应在加速车道内充分加速至60km/h以上（与行车道内车流的速度相适应），同时观察前侧和左侧的交通情况，确认安全后，向左平缓变更车道驶入行车道。

案例

违法驶入高速公路，遇对方疲劳驾驶发生追尾

2012年8月26日凌晨2时左右，驾驶员闫某驾驶一辆运载甲醇危险化学品的重型半挂货车（实载35.22t，核载33.5t）从服务区出发后，以21km/h的速度低速越过出口匝道导流线，驶入高速公路的中间车道。此时，驾驶员陈某驾驶一辆卧铺大客车（乘载39人，核载39人）以77km/h（限速80km/h）的速度沿高速公路由北向南在中间车道行驶至服务区路段，陈某因疲劳驾驶（连续驾驶时间达4h22min，在凌晨2时至5时期间未按规定停车休息），在未采取任何制动措施的情况下，正面追尾碰撞重型半挂货车，导致大量甲醇泄漏，并发生爆燃起火，造成大客车内36人死亡、3人受伤。

案例中，驾驶员闫某驾驶重型半挂货车从匝道驶入高速公路时，未充分加速而是以低速直接驶入高速公路，妨碍了在高速公路内正常行驶的机动车，与后续来车形成交通冲突；驾驶员陈某因疲劳驾驶，判断能力和反应能力下降，在遇紧急情况时未能采取安全措施，导致追尾碰撞事故。

高速公路两侧的护栏并不能完全防止行人、动物等闯入，此外，行车道内可能会有遗洒物，容易形成突发情况。在高速公路行车，应注意观察前方情况，控制车速，保持足够的安全距离。遇雨、雪、雾等天气条件时，应当适当减速行驶，增大安全间距。

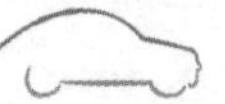

大型车辆的行驶速度相对较慢，不得长时间占用左侧快速车道行驶，而应在右侧慢速车道内行驶，并注意与其他车辆之间保持足够的安全间距，避免发生交通冲突。正常情况下，当车速为100km/h时，纵向安全间距为100m以上；车速为70km/h时，纵向安全间距为70m以上。遇大风、雨、雪、雾等天气条件时，应当减速行驶，纵向安全间距应适当加大1～1.5倍。长时间高速行驶后，驾驶员对车速的感觉变得迟钝，常常会低估车速。因此，驾驶员可间断性地查看车速表来确认车速。

在高速公路上行车，应避免在行车道内或者随意在路侧停车，更不可在高速公路停车上下乘客。当车辆出现故障必须停车时，应尽可能选择港湾式紧急停车带停车，将乘客疏散至来车方向护栏外侧，在车后摆放危险警告标志，开启危险报警闪光灯。

案例

高速公路停车下客，被后车追尾致重大伤亡

2016年7月3日，驾驶员卢某驾驶一辆中型客车从成都搭载18名乘客驶往西昌。7月4日凌晨2时05分，车辆行驶至京昆高速西（昌）攀（枝花）漫水湾至礼州方向的一处路段（该路段没有设置应急车道）时，因一名叫冷某的男乘客家住附近，于是卢某将车停在靠护栏侧的行车道上，准备让冷某就近下车。冷某下车后准备到后备厢取行李。此时，后方驶来的一辆重型货车与客车发生追尾碰撞，货车车头及客车尾部被撞得严重变形，并导致冷某当场死亡、7人重伤、10人轻伤。

高速公路属于封闭道路，非紧急情况下，禁止在路上停车。事故调查表明，卢某驾驶中型客车两度违规在高速路上停车下客，最终在第二次停车下客时，后方驶来的货车驾驶员张某因避让不及，导致惨剧的发生。此外，根据规定，凌晨2时至5时，营运客车禁止在高速公路上行驶，必须强制停运休息。卢某涉嫌非法营运，将面临法律的惩罚。

四 夜间预见性驾驶

在夜间行驶时，有很多潜在的危险因素。没有照明设施的道路容易让驾驶员迷失方向，驾驶员的视野仅限于车灯能够照射到的地方，夜间行车对视力的压力更大。驾驶员很难像白天一样快速地辨识危险，很多危险情况等到驾驶员看到时已经来不及反应了。

夜间行车会遇到突发情况，比如骑自行车人或行人突然冒出来，安全的驾驶方法是低速行驶，注意观察动态变化，保持足够的安全距离。

车灯发出的强光会使迎面来车或者同车道的前车驾驶员炫目，因此，在会车或跟车行驶时，当与其他车辆距离150m时应及时变换使用近光灯。

当驾驶员看到比较耀眼的灯光时，眼睛会出现短暂性失明，而恢复正常视觉需要一段时间，这是很危险的，特别是年龄大的驾驶员对耀眼的灯光特别敏感。在夜间行车遇对面来车有强光照射时，驾驶员应减速，握稳方向，将视线转移到右侧路面，不要直视对方车辆灯光；当后侧跟随车辆的灯光产生炫目时，应及时调整后视镜的位置。

在夜间特别是在午夜以后或者长时间行车后，驾驶员往往容易疲劳且警觉敏锐性降低。如果驾驶员在驾驶时感到困倦，安全的方法就是将车辆停靠在安全区域休息。

 小知识

夜间灯光使用与驾驶视线

夜间行驶主要靠车辆的灯光照明，使用近光灯时，驾驶员能看到前方大约80m远的区域，而使用远光灯时，则能看到前方大约150m远的区域。在照明条件不良且与周边车辆距离150m以外时，尽量使用远光灯（图2-5）。

开启近光灯

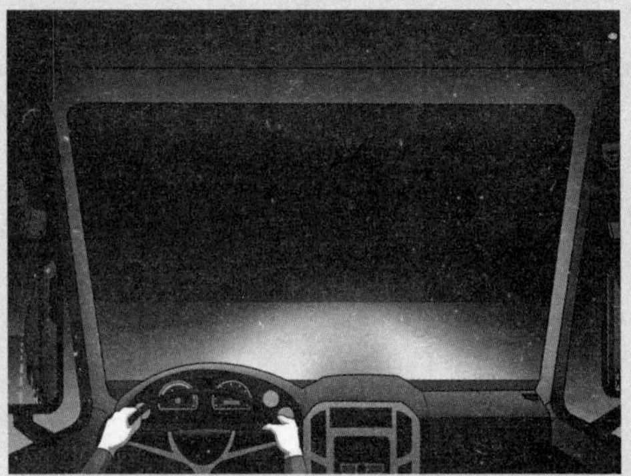
开启远光灯

图2-5　开启远近光灯

五 恶劣气象条件下的预见性驾驶

1 雾天行车

在恶劣天气中，雾天是最为危险的，尤其是在高速公路上行驶时。浓雾不仅会降低能见度，而且还会使驾驶员看到的物体变形，使声音的传播能力减弱。雾天最好的办法就是把车辆停靠到休息区，等到能见度转好后再继续行驶。

雾天行车，驾驶员可采取以下6个方面的安全措施：

（1）由于视线受阻，驾驶员无法按照平时的方法预见危险，应保持低速，与前车保持更大的安全距离，关掉车内收音机，降下车窗，听周围的声音来辅助判断。转弯时，做好随时制动准备，并用喇叭提醒他人。

（2）在高速公路上行驶，遇到浓雾时，应该保持足够远的间距，以能够看见前车后部的雾灯为宜。如果能看见前车的车辆本身，则距离太近了。

（3）汽车远光灯遇雾会反光，使驾驶员产生炫目，因此，雾天行驶时应开启近光灯、示廓灯、前后位灯和危险报警闪光灯等，同时鸣喇叭使其他车辆和行人能够注意到。后雾灯光线极强，容易使后车驾驶员产生炫目。因此，在能见度低于200m时，开启前雾灯；在能见度低于50m时，才开启后雾灯。

（4）如果发现后车的跟车距离很近时，不要因感到压力而提高车速，而应与前车之间保持更大的距离，避免因前车紧急制动而发生多车追尾事故。在正常情况下，用制动减速提醒后车是一种很好的驾驶方式，但是在雾天就不同了，后车可能会立即采取紧急制动而引发险情。因此，尽量通过松抬加速踏板来降低车速，扩大与前车的距离。

（5）雾天骑压道路中心线是非常危险的行为，可能会与对面来车迎面相撞。靠右侧车道行驶会好得多，同时注意停在路侧的

车辆。除非确实有必要，否则不要将车辆停在路边。

（6）雾天行车时，随时注意前方是否发生车祸，还要注意路上是否有消防车、警车和救护车。如果高速公路上出现堵塞，这些车辆也许会被迫在紧急车道上行驶，驾驶员应引起注意，安全避让。

小知识

遇"团雾"时的安全行车

受局部地区微气候环境的影响，有时候会在局部范围内出现浓雾，也称为团雾。高速公路昼夜温差大，公路附近污染颗粒多，如秋季焚烧秸秆、汽车尾气排放等，更有利于行成团雾。团雾突发性强、能见度极低、预测预报难、区域性很强，对行车安全具有很大的威胁。

在高速公路行驶中观察到前方视线受阻有团雾发生时，不可就地停车，避免发生追尾事故；应立即减速，开启近光灯、示廓灯、前后位灯和危险报警闪光灯等，就近选择道路出口缓慢驶出或进入附近服务区暂避，等待团雾消散再行驶；如果不能驶离高速公路，应选择港湾式紧急停车带停车，开启危险报警闪光灯，按规定摆放危险警告标志，安全疏散车内乘员。

2 雨天行车

雨天，驾驶员的视线和路面状况都会发生变化，骑自行车人和行人也会变得忙乱，从而影响驾驶安全。

刚开始下雨时，行人和骑自行车人会变得忙乱，可能会突然横穿道路。穿好雨衣或打雨伞的人，可能听不清汽车靠近的声音或喇叭声，视线只盯着路面，忽略了对周边情况的观察；为了避开水坑，可能会突然改变方向，甚至占用行车道。因此，驾驶员应尽量避让，给骑自行车人和行人多留余地。

雨天行车时，保持较好的驾驶视线非常关键，正确使用刮水器和车灯非常重要。遇到雷暴雨时，即使刮水器开得很快，还是无法清除雨水，此时，应在安全区域停车，等雨小了再继续行驶。雨天行车时，风挡玻璃和车窗容易形成水雾，影响驾驶视线，驾驶员可以通过开启通风装置和车窗加热装置来消除水雾。

车辆轮胎具有排水功能，但是车速越快、轮胎纹路越浅，轮胎排水能力越低，从而在胎面与路面之间形成一层水膜，出现"水滑"现象，导致车辆失控。因此，雨天要控制行驶速度，适当增大安全距离，改变行驶方向、制动或加速时动作要轻缓，避免车辆发生侧滑。

雨天，尤其是连续下雨或者久旱暴雨之后，路侧会因雨水冲刷和浸透变得松软，车辆在上面行驶会出现路面下沉的危险。因此，要选择道路中间坚实的路面，避免太靠近路侧行驶。

暴雨过后，低洼区域或者道路排水系统不畅的路面容易形成积水。行车经过水淹路面时，要先观察判断水深情况，不要贸然在积水中行驶。

3 冰雪天气行车

严寒低温条件下，柴油、冷却液等液体容易冻结，路面易结冰，附着系数下降，车辆行驶稳定性变差。入冬后，尤其是第一场雪后，驾驶员安全防范意识不足，容易发生追尾、侧翻事故。

进入冬季，应随车携带防滑链、垫木和

粗沙等。在冰冻道路上行驶时，为防止车轮产生空转和侧滑，应尽早安装防滑链，并控制车速不超过50km/h（图2-6）；通过冰雪覆盖的路段后，应及时卸下防滑链，减少对轮胎、路面的损害。

图2-6　安装防滑链

在冰雪路面上行驶时，驾驶员应保持匀速慢行，注意观察前方足够远的情况，需要减速时，充分利用发动机阻力降低车速，避免急转方向、急加速和急减速，以防发生侧滑。注意观察占道的行人和骑自行车人以及扫雪车和融雪车的动态，提前让出空间，避免盲目超越。

路面被雪覆盖难以辨识时，尤其是在乡村道路上，不要靠近路侧行驶，而应沿着前面的车辙行驶（车辙结冰时注意防止侧滑），根据道路两旁的树木、电线杆等参照物判断行驶路线，保持低速行驶。

4 高温天气行车

高温天气条件下，驾驶员入睡晚，睡眠不足，且驾驶室温度又高，在饮水不充分出现脱水症状时，驾驶员容易产生驾驶疲劳。因此，应注意保持心态平稳，心情舒畅；保持室内通风，适时休息，补充足够的饮水；利用早晚凉爽时段出行，尽量避开中午前后的高温出行。

高温天气，汽车的电路、油路等管路容易软化，出现短路和漏油等情况，容易引起汽车自燃。因此，进入夏季时，驾驶员应全面检查车辆的技术状况，尤其是电路、油路等管路的状况。

在高温天气，人们习惯于在清晨和傍晚外出散步和纳凉，因此，在这些时段行车时应密切关注非机动车和行人的动态，通过市区、村镇或桥梁时，要减速慢行，注意道路或桥两侧的人群，随时做好停车准备。

高温天气行车，尤其是车辆重载或在山区道路长时间低速行车时，要注意观察冷却液温度表，确保冷却液温度保持在85～95℃的正常范围内，防止发动机过热。如果温度超过了安全温度的上限，应尽快安全停车检查，并作降温处理。驾驶员要等冷却液温度降下来后，再用棉纱或手套垫着打开散热器盖，防止冷却水沸腾烫伤（图2-7）。

图2-7　小心烫伤

在高温天气条件下高速行驶时，车辆轮胎产生很高的热量，这些热量不能及时散出去，容易导致爆胎甚至轮胎起火，驾驶员应定期检查轮胎的状况。胎压会随着温度升高

而增大，当发现轮胎因过热而气压上升时，应设法将车停到阴凉处或树荫下，让轮胎自然降温、降压，不可用放气或泼冷水方法来降低轮胎气压和温度。

第三节 临危避险驾驶知识

行车过程中，由于客观条件的突然变化引发紧急情况时，能否有效地规避危险和逃生，尽最大努力减轻损失，取决于驾驶员的应急措施是否及时、恰当和有效。本节中，驾驶员通过学习紧急、突发情况的处理原则、常见危险情形下的避险驾驶知识，掌握发动机突然熄火、转向失控、制动失效、轮胎漏气及爆裂等车辆故障的应急处置方法，掌握车辆侧滑、侧翻、起火等紧急情况的应急处置方法，在遇到险情时能够临危不慌，冷静地采取行之有效的方法应对。

一 临危处理原则

在行车途中会遇到各种紧急情况，若处置得当，可以减轻或消除事故的危害；反之，可能会加大事故损失。为了防止处置不当加重事故后果，驾驶员在处理危险情况时应遵循以下原则：

1 沉着冷静，准确分析判断

险情的出现一般都比较突然，此时，驾驶员能保持沉着冷静，迅速准确进行分析判断，是果断采取正确避险措施的前提，这样可以规避险情或者将损失降到最低。

2 立即减速，有效控制行驶方向

遇有行人、牲畜突然横穿道路，或者前方行车道内有遗撒物时，驾驶员首先要采取制动减速措施，握稳转向盘，控制好行驶方向，切莫急打方向，或者在制动的同时打方向。研究表明，大客车重心较高，急转向时，瞬间的离心力非常大，无论是在干燥路面还是湿滑路面，都容易发生侧滑或侧翻。车速越高、转向越急，发生侧滑或侧翻的危险也越大，尤其是在转向时制动，更容易发生侧滑或侧翻。

案例

高速时急转方向，车辆失控致车损人亡

2012年12月9日上午11时左右，驾驶员于某驾驶一辆大客车从河南省商丘市前往郑州市，行驶至310国道民权县南华大道442km处（行驶速度为86km/h），为避让同方向向左转弯行驶的一辆两轮电动自行车，于某在踩制动踏板的同时向左猛转方向，致使大客车与张某驾驶的电动自行车相撞并失控，大客车坠入左前方池塘，造成客车内11名乘客死亡，电动自行车驾驶员张某抢救无效死亡，22人受伤。

案例中，驾驶员于某在高速状态下为避让同向行驶的电动自行车，在制动的同时急转方向，导致车辆失控驶离道路。

3 及时向外传递危险信号

紧急情况发生时，驾驶员在采取避险措施的同时，要向周边的交通参与者传递危险信号，比如开启危险报警闪光灯、鸣喇

叭、交替变换远光灯或挥手示意等，使其他交通参与者引起注意，同时采取正确的应对措施。

4 先避人后避物，就轻处理

人的生命是最宝贵的。在危急情况下，驾驶员要遵循“生命至上”的原则，尽可能操控车辆向情况简单或人员较少的一侧避让，尽量避开损失较重或危害较大的一方，宁可财产遭受损失，也要确保人员的生命安全，以减轻事故的损失和后果。

小知识

紧急避险造成损害的法律规定

根据《中华人民共和国民法通则》的规定：因紧急避险造成损害的，由引起险情发生的人承担民事责任。如果危险是由自然原因引起的，紧急避险的人不承担民事责任或只承担适当的民事责任。

因紧急避险采取措施不当或者超过必要的限度，造成不应有的损害的，紧急避险人应当承担适当的民事责任。

5 先他人后自己

在遇紧急情况危及人员生命时，驾驶员要展现出良好的职业道德和高尚的情操，尽可能把生的希望留给更多的人。

案例

危难时刻首先想到乘客的安全

2012年杭州最美驾驶员吴斌的故事感动了全中国人，之后，四川、山东、江苏等全国各地不断涌现出驾驶员在最后时刻正确处置挽救乘客生命的感人故事。2013年，在成德南高速三台段就发生了一起感人故事。

2013年3月31日晚19时左右，驾驶员袁某驾驶一辆搭载34名乘客的大客车从成都驶往苍溪。客车在成德南高速上行驶，车速保持在90km/h左右。当客车行驶至三台路段时，突然一块石头飞来，砸破挡风玻璃后，砸中了袁某的左眼，瞬间满脸鲜血直流。在这瞬间，袁某发现车辆的左前方是悬崖，紧急关头，袁某连续两次进行制动，并向右缓打方向，逐渐减速的客车撞断护栏后，右车轮驶入一个小坑内停下。剧烈的冲撞将袁某从前挡风玻璃向前抛出2m远，满脸鲜血直流的袁某清醒后，强忍剧痛，赶紧又爬回车内，熄火并指挥乘客用安全锤砸开车窗玻璃安全逃生（车门变形无法打开）。待乘客全部撤离后，袁某昏倒在车内前排乘客座位上。袁某被送到医院后，经检查，左眼球被严重砸伤。经过及时抢救，保住了性命，但袁某的左眼眼球将被摘除。

接受记者采访时，袁某说道：“我们是客车驾驶员，出事了肯定是要先救乘客。加之平时公司重视安全教育，我们对如何紧急处置都很熟悉。”

二 发动机突然熄火

车辆在行驶途中，由于供油中断或电路断火，使发动机突然停止工作，若一时无法再次起动，将车辆停在行车道上易引发追尾事故（停留在高速公路上更加危险）。当发生这种情况时，应采取以下应急处理措施：

（1）连续踩踏2～3次加速踏板，转动点火开关，尝试再次起动；若起动成功，应先将车驶向路边停车检查，待查明原因、排除隐患后，再继续行驶。

（2）若多次尝试起动仍然失败，应开启危险报警闪光灯，利用惯性操控车辆缓慢驶向路边安全停车，检查熄火原因，及时排除故障。

安全提示

行驶途中发动机突然熄火，会导致转向助力失效，转向变得沉重。此外，在车辆靠边之前不要随意制动，以免把可利用的惯性能量浪费掉，失去继续滑行、靠边停车的机会。

三 转向失控

转向突然失去控制，致使驾驶员无法掌控方向，极其危险。此时，驾驶员要沉着冷静，判明险情程度，采取有效应急措施，切不可惊慌失措，贻误时机，使险情加剧。

1 转向突然失控

转向突然失控时，驾驶员的应急操作方法如下：

（1）立即松抬加速踏板，减挡减速，同时打开危险报警闪光灯、交替变光、鸣喇叭或打手势等，对道路上其他通行的车辆及行人发出警示信号。

（2）如果车辆和前方道路情况允许保持直线行驶时，驾驶员可均匀而用力拉紧驻车制动进行辅助制动。当车速明显降低时，再轻踩制动踏板，使车辆缓慢平稳地停下。

（3）当未配备ABS的车辆偏离直线行驶方向，事故已经无可避免时，驾驶员应果断地连续踏制动踏板，使车辆尽快减速停车，减轻车辆撞击时的力度。

2 转向阻力突然增大

对于装有转向助力的车辆，驾驶员突然发现转向困难时，应尽快减速，靠右行驶，选择安全地点停车，并查明原因。

如果车辆还可以实现转向时，在保证安全的前提下，谨慎驾驶，低速前进，尽快到附近修理厂修好后再行驶。

四 制动失效

车辆行驶中，可能由于制动系统管路破裂导致制动气压不足或者出现制动热衰退等原因，突然出现制动失灵、失效现象，这对行车安全构成极大威胁。因此，驾驶员掌握制动失效的应急处理方法，可有效地减少和杜绝交通事故的发生。

1 无坡路段制动突然失效

在无坡路段出现制动失灵、失效时，驾驶员的应急操作方法如下：

（1）要沉着冷静，握稳转向盘，立即松抬加速踏板，利用发动机阻力制动。

（2）观察、判断周边的交通情况，缓慢、小幅调整转向盘，控制行驶方向；开启危险报警闪光灯或者鸣喇叭等，传递危险信号。

（3）利用“强制降挡”和逐渐拉紧驻车制动等方法减速停车。在高速状态下，不可一次拉紧驻车制动，避免因驻车制动盘“抱死”引发车辆甩尾，同时损坏传动机件。装有辅助制动装置的车辆，还可充分利

用辅助制动装置减速。

（4）当车速得到有效控制后，应尽快选择紧急停车带、港湾或其他较为平坦、宽阔的地段安全停车，并对车辆进行检修。

安全提示

出现制动失效后，无论车速降低与否，要始终操纵转向盘控制好行驶方向，规避撞车是首要的应急措施。只有在道路交通情况确保暂时不会发生撞车事故时，方可腾出手来抢挡、拉紧驻车制动。

2 下坡路制动突然失效

在下坡路段出现制动失灵、失效时，驾驶员除了按照无坡路段制动失效的应急处置方法操作外，还应观察周边的地形条件，充分利用紧急避险车道、坡道或天然障碍物帮助减速停车。

在不得已的情况下，应果断地利用车厢靠向路旁的安全护栏、岩石或树林碰擦，甚至用前保险杠小角度斜向碰擦山坡坡体，迫使车辆停住，以求减小损失。采取车厢碰擦减速措施时，驾驶员应注意以下事项：

（1）提醒乘客系好安全带，采取防冲击姿势，即乘客可以尽可能地往前弯曲，并将头靠在前座座椅上，并把手放在后脑勺上。手掌交叠、手指不要扣住，手肘塞在两侧，头尽可能地低于座椅。

（2）在采取应急减速措施尝试使车辆降速后，再采取碰擦措施，尽量避免在高速情况下直接进行碰擦。

（3）尽量选择在平直、开阔的路段，不宜选择弯道处、临崖和临水侧护栏进行碰擦。

五 轮胎漏气或爆胎

轮胎突然出现故障是安全行车的一大隐患，一般有轮胎漏气、爆胎等情形。驾驶员有必要掌握轮胎出现故障时的应急措施，最大限度地减少轮胎故障的发生、降低其危害程度。

1 轮胎漏气

行驶中车辆一侧轮胎出现漏气时，驾驶员会感到车身倾斜、颠簸或者摆动，并随时间的加长，异常程度会加重，控制车辆不灵便。

发现轮胎漏气时，驾驶员应紧握转向盘，开启危险报警闪光灯，慢慢制动减速，将车辆尽快驶离行车道，停放在路边安全地点。在车辆驶离行车道时，不要采用紧急制动，以免造成倾翻或因后车因制动不及时而发生追尾事故。

2 轮胎爆裂

车辆行驶中（特别是高速行驶）发生爆胎时，往往伴有“砰”的爆炸声，车辆会出现明显的振动。车辆一侧为单轮胎的后轮爆胎时，会感觉到车体突然下沉，但方向一般不会失控。车辆前轮胎爆裂时，转向盘会随之以极大的力量向爆胎一侧偏转，影响驾驶员对行驶方向的控制，危险较大。驾驶员操控不当，容易发生碰撞、偏离车道、翻车等事故。

当意识到车轮爆胎时，驾驶员应观察周边交通情况，松抬加速踏板，双手紧握转向盘，控制车辆保持直线行驶，开启危险报警闪光灯。若已有转向，也不要过度矫正，应在控制住方向的情况下，轻踏制动踏板（禁止紧急制动），使车辆缓慢减速，平稳地将车辆停靠在路侧，采取安全措施后，对车轮进行检查、处理。更换使用备胎后，要就近将车辆送到修理厂进行维修。

安全提示

发生爆胎时，切忌慌乱中向相反方向急转转向盘或急踏制动踏板，尽量采用抢挡的方法，利用发动机阻力制动使车辆减速；尚未控制住车速前，不要冒险使用行车制动器停车，以免车辆横甩发生更大的险情。

六 车辆侧滑

车辆在泥泞、湿滑的路面上快速行驶、紧急制动、急加速或猛转方向时，易发生侧滑，甚至会导致行驶方向失控，而向路边倾翻、坠车或与其他车辆、行人发生碰撞等事故。行车中，以下情形容易引发车辆侧滑：

（1）车速过快。车辆高速行驶时，轮胎与地面之间的摩擦力下降，易引发侧滑。

（2）紧急制动。瞬间过大的制动力容易使车轮抱死，轮胎附着力降低，引发侧滑。对于汽车列车而言，牵引车与挂车之间的制动不协调，也容易引起侧滑。

（3）急加速。在冰面或湿滑路面急加速时，驱动轮突然提供过大的动力，易引发侧滑。

（4）猛转方向。高速状态下急转方向时，超过车辆的转向平衡能力，从而引发侧滑。

车辆发生侧滑时，驾驶员应采取以下应急处置措施：

（1）当制动、转向或擦撞引起车辆侧滑时，应立即松抬制动踏板，并迅速向侧滑的一方转动转向盘，及时回转方向进行调整，修正方向后继续行驶。因转向或擦撞引起的侧滑，不可使用行车制动。此外，车辆发生侧滑时，不要使用驻车制动，尤其对于半挂汽车列车，这种操作将会导致更加严重的后果。

（2）当未配备ABS系统的车辆的前轮发生侧滑时，驾驶员应及时将危险警示信息传递出去，并果断地连续踩踏、放松制动踏板，平稳制动，尽快减速停车。

（3）客车或者货车单车发生侧滑时，通常是以旋转的方式，而半挂汽车列车在侧滑时，牵引车与挂车之间会形成折叠的形状。因此，驾驶汽车列车施加强制动力时，要注意通过后视镜观察挂车的运行情况。

安全提示

车轮往哪边侧滑，就往哪边转向，不可转错方向，否则，会加剧侧滑的危险。

七 车辆倾翻

车辆倾翻一般都有先兆预感。侧向倾翻时，车身先慢慢倾斜，由于离心力的作用，驾驶员身体有向外飘起来的感觉，车身倾斜超过一定角度后才会完全翻车；纵向倾翻时，车辆先前倾，驾驶员会有车头下沉或车尾翘起的感觉，然后才会翻车。当感到将要倾翻时，驾驶员应果断采取应急处理措施。

1 稳住身体

感到车辆要侧翻时，驾驶员双手应紧握转向盘，双脚钩住踏板，背部紧靠座椅靠背，尽力稳住身体，随车体一起侧翻。

车辆倾翻力度较大或向深沟连续翻滚时，驾驶员的身体应迅速向座椅前下方躲缩，抓住转向盘或踏板等将身体稳住，避免

身体滚动受伤或被甩出车外。

2 安全跳车

车辆侧翻有可能跳车逃生时，驾驶员应迅速解开安全带，向翻车相反方向跳车；切不可顺着翻车方向跳出，防止跳出车外又被翻滚的车辆碾压。落地前双手抱头，蜷缩双腿，顺势翻滚，自然停止，不要伸展手腿去强行阻止滚动，以免加剧损伤。

感到不可避免地要被抛出车外时，驾驶员应在被抛出车厢的瞬间，猛蹬双腿，增加向外抛出的力量，助势跳出车外；落地时，力争双手抱头顺势向惯性力的方向多滚动一段距离，以躲开车体，增大离开危险区的距离。

八 车辆自燃

车辆行驶中，发动机温度过高、电路老化短路、油路连接处松动、轮胎摩擦过热、碰撞后燃油大量泄漏或者载运危险物品等诸多因素会诱发火灾。车辆发生火灾时，如果能够采取积极有效的自救措施，选择正确的方式迅速逃离现场，就可以化被动为主动，赢得更多的逃生机会。

1 组织人员安全疏散

车辆起火时，一般都会有先兆，如闻到车内有胶皮味或发现发动机罩边隙处冒烟等。车辆起火会伴随产生大量的有毒浓烟，车厢内温度升高，氧气浓度下降，旅客的生理机能也随着时间的推移逐渐下降。因此，当发现车辆自燃时，驾驶员应立即靠边安全停车，打开车门组织乘客安全疏散。当仪表盘处的车门开关失效时，可通过操纵设置在车门附近的应急阀（打开阀盖，按箭头指示方向旋转该阀）手动开启车门。

标有“安全出口”或者“EXIT”标志的车窗为应急窗，车窗附近配备有安全锤。车内人员可按照车窗玻璃上的引导性敲击标志，对其所指示的部位进行敲击。如没有标志，一般是先用力敲击玻璃的边缘和四角，再猛力敲击其中部，即可破窗而出（图2-8）。

图2-8 破窗而出

小知识

车辆自燃逃生时的危险因素

车辆起火时，烟雾中有大量一氧化碳和其他有害气体，由于乘客舱内空间狭小密闭，浓烟中一氧化碳的浓度很高，且烟气的流动方向就是火焰蔓延的途径，烟雾和火焰会随着人的叫喊吸入呼吸道，从而导致严重的呼吸道和肺脏损伤，最终致使人窒息而死亡。资料显示，在含有一氧化碳浓度达1.3%的空气中，人们呼吸2～3次就会失去知觉，呼吸1～3min就会死亡，火灾中被浓烟熏呛致死人数是烧死人数的4～5倍。

车内人员在逃生时，要注意以下事项：

（1）保持冷静，就近选择正确的逃生方法和路线，保持逃生秩序，抓紧时间逃离险境，切勿惊慌失措。挤压踩踏、盲目乱窜和盲目跳车都会影响逃生和增加受伤概率。

（2）俯身低姿行走，车内浓烟使得视

线不清，可抓住前方乘客的衣角跟随逃离，同时要用衣物或毛巾（湿毛巾效果更好）捂住口鼻，不要盲目呼喊，防止烟雾和有毒气体进入呼吸道，造成呼吸道损伤或窒息。

（3）当火焰逼近、无法躲避时，可用身体猛压火焰，冲出一条生路。冲出时，应当及早脱去着火的衣帽或请他人协助用厚重的衣物压灭火苗，注意保护裸露的皮肤。

2 控制初期火势

人员安全疏散后，应尽快采用灭火器给油箱和燃烧部位降温灭火，控制火势蔓延，避免爆炸，同时拨打“119”报警电话请求救援。应对不同情况采取不同措施：

（1）如果是发动机舱内着火，应迅速关闭发动机，尽量不打开发动机罩，从车身通气孔、散热器及车底侧进行灭火。

（2）如果客车车厢内冒烟或出现火苗时，应对准起火部位开展灭火措施，尽量在初期阶段就扑灭火情。

（3）如果货车装运的货物着火时，尤其是危险物品着火时，驾驶员应先将车辆驶离闹市区、加油站、服务区、高压电线、灌木丛及其他易燃易爆物品存放区，安全停车后，迅速报警，再用灭火器对准起火部位开展灭火。灭火时不要打开货厢门，否则会因进入氧气而导致火势迅速蔓延。

小知识

灭火器的正确使用方法

车辆上通常配备有干粉灭火器，主要用于扑救石油、有机溶剂等易燃液体、可燃气体和电气设备的初期火灾。干粉灭火器的开启方法为压把法，即将灭火器提到距火源适当距离后，先上下颠倒几次，使筒内的干粉松动，然后让喷嘴对准燃烧最猛烈处的火焰根部，拔去保险销，压下压把，灭火剂便会喷出灭火。

灭火时，操作人员要站在上风位置，一手握住灭火器手柄，一手握住灭火器喷管，按下手柄，将软管对准火焰根部喷射，由近及远，左右扫射，快速推进，直至把火焰全部扑灭。

第四节 事故现场应急处置与伤员救护知识

发生交通安全事故，尤其是乘客受到伤害时，驾驶员能够及时进行现场处置，对伤员开展科学的救护，可以预防二次事故的发生，降低事故损害程度。本节中，驾驶员通过学习事故现场应急处置与伤员救护知识，了解常用救护方法，掌握事故现场的应急处置和报告程序、自救与互救原则和危重伤员的应急措施。

一 事故现场应急处置

1 立即停车，防范二次事故

在道路上发生交通事故时，驾驶员应立即停车，拉紧驻车制动，关闭发动机并切断电源，开启危险报警闪光灯，正确摆放危险警告标志，必要时在斜对角的两侧轮胎下垫三角垫木。在夜间或雨雾等视线不良天气条

件下，还要开启示廓灯和后位灯。

小知识

事故现场自行协商处理

与机动车或非机动车发生财产损失事故，当事人对事实及成因无争议的，可以自行协商处理损害赔偿事宜。车辆可以移动的，当事人应当在确保安全的原则下对现场拍照或者标划事故车辆现场位置后，立即撤离现场，将车辆移至不妨碍交通的地点，再进行协商。当事人自行协商达成协议的，填写道路交通事故损害赔偿协议书，并共同签名。

摆放危险警告标志主要是提示后方来车注意避让，对预防二次事故有重要的意义，要注意以下几个方面：

（1）在一般道路上，应在事故车辆来车方向50m（成年人约80步）至100m处放置危险警告标志；在城市快速路、高速公路上，应在事故车辆来车方向150m以外放置危险警告标志；夜间摆放危险警告标志的距离可以适当增加。

（2）如果事故车辆的停放位置占用了对向车道，则应在事故车辆前方和后方的合适位置同时摆放危险警告标志。

（3）在坡道、弯道等驾驶视线不良的路段，应在车辆前侧和后侧的合适位置同时摆放危险警告标志，提醒两侧来车引起注意。

2 疏散现场人员

客车在道路上发生交通事故时，要立即将旅客转移到道路以外的安全地带，尽量避免旅客滞留在道路上。在高速公路上发生事故时，驾驶员应将人员疏散到来车方向150m、高速公路护栏以外的安全区域，切不可向下游疏散人员或让人员滞留在高速公路行车道上。

如果现场有扩大事故的因素，如事故车辆装有易燃、易爆、剧毒、放射性物质等危险物品，车辆起火以及出现易燃气体和液体泄漏时，驾驶员应立即设法疏散围观人群，隔离现场，尽可能采取降温、灭火等措施进行应急处置，必要时设法将危险车辆驶离现场（图2-9）。

图2-9　远离事故现场

遇隧道内发生交通事故，出现车辆起火或易燃、易爆气体和液体泄漏时，应组织乘客沿远离事故车辆或者距隧道出入口较近的方向逃生，同时，利用隧道内标有“安全通道”标志的逃生通道逃生。

3 报警

遇有人员伤亡事故或与道路危险货物运输车辆发生碰撞产生泄漏、起火等情况，驾驶员应立即拨打122、120或119等报警、救援电话（图2-10），说明事故情况、事故危害，并在现场采取一切可能的警示措施，积极配合有关部门进行处置。

图2-10 事故后报警

报警时，需要说明的有关信息主要包括：

（1）报警人的姓名、联系方式；

（2）发生道路交通事故时间、地点；

（3）人员伤亡情况；

（4）车辆类型、车辆牌号，是否载有危险物品、危险物品的种类等；

（5）涉嫌交通肇事逃逸的，说明肇事车辆的车型、颜色、特征及其逃逸方向、逃逸驾驶员的体貌特征等有关情况。

小知识

事故现场需要报警的情形

道路交通事故有下列情形之一的，应当立即报警并保护现场等候处理，不得驶离：

（1）造成人员死亡、受伤的；

（2）发生财产损失事故，当事人对事实或者成因有争议的，以及虽然对事实或者成因无争议，但协商损害赔偿未达成协议的；

（3）机动车无号牌、无检验合格标志、无保险标志的；

（4）载运爆炸物品、易燃易爆化学物品以及毒害性、放射性、腐蚀性、传染病病原体等危险物品车辆的；

（5）碰撞建筑物、公共设施或者其他设施的；

（6）驾驶员无有效机动车驾驶证的；

（7）驾驶员有饮酒、服用国家管制的精神药品或者麻醉药品嫌疑的；

（8）当事人不能自行移动车辆的。

报警时，准确提供事故地点的位置信息，对于救援人员及时赶到现场实施救助非常关键。驾驶员可以利用道路里程碑、道路指示标志或者利用手机微信定位功能等获取事故地点位置信息。

4 开展自救与互救

事故现场有人员伤亡的，驾驶员应立即抢救受伤人员，及时将轻微伤员和其他人员疏散到安全地带。因抢救受伤人员变动现场的，应当标记伤员的原始位置。

5 事故现场的保护

对于重大交通事故，驾驶员在警察赶到现场前可先采取必要的措施对事故现场进行保护，记录事故现场的情况：

（1）需要标划现场的交通事故，驾驶员在标定机动车停车位置时，可用石笔或粉笔在车辆的每个车轮外延中心垂直于地面上标划“T”形线。如果是多车轮的车辆，只需标划前后四个车轮即可。

（2）驾驶员可使用相机或者手机，从车辆前方、侧面和后方的不同角度，对事故相关车辆的位置、受损部位及受损程度等做好拍摄记录。

（3）遇有雨天、雪天或刮风等自然现象可能会对现场重要痕迹、物证造成破坏时，驾驶员可用塑料布、席子等将现场的尸体、血迹、制动印痕和其他散落物等遮盖起来。

在繁华或者重要路段发生事故时，驾驶员要服从执勤交通警察的指挥，及时将车辆移离现场，以恢复交通秩序。

二 伤员救护知识

1 伤员救护的基本原则

1 正确判断伤情

在事故现场发现伤员时，应先对伤员的处境和伤情进行全面检查和判断，比如，是否有重物压在伤员的身上，是否有异物插入伤员的体内，伤员是否出现昏迷、呼吸中断等症状，伤员是否出血、骨折等。对于意识清醒的伤员，应询问哪里疼痛和不适，初步判断受伤部位，以便选择正确的急救方法。

2 科学施救，避免造成二次伤害

抢救人员要沉着、仔细，根据伤员的处境和伤情，科学实施救护。从车体中移出伤员时，动作要轻柔，尽可能移开压在伤员身上的物品，而不要强行拉拽伤员的肢体；不要随意拔出插入伤员体内的异物；正确搬运伤员，避免因搬运不当造成伤员的伤势加重。

3 选择安全的场所实施救护

尽快将伤员救离事故现场，尽量选择广场和空地等开阔区域，在救护车能够接近的安全地方和夜间有照明的地方实施抢救，不能在弯道、坡道或交叉路口等危险区域实施抢救。应尽可能用救护车运送伤员，使伤员平卧，减少运送途中的二次损伤。

4 先救命，后治伤

在等待专业救护人员赶赴事故现场时，应先抢救存在昏迷、休克、呼吸中断等症状的重伤员，再护理一般的伤员，对伤员进行伤口包扎、固定等处理。

2 危重伤员的抢救措施

1 对昏迷不醒伤员的抢救

可能引起昏迷不醒的原因有天气炎热、缺氧、中毒、中暑、暴力刺激大脑等。对昏迷失去知觉的伤员，在抢救时要先检查伤员的呼吸情况，并保持伤员侧卧位，以保证其呼吸畅通，防止窒息。

2 对呼吸中断伤员的抢救

伤员呼吸中断的症状表现为无呼吸声音和无呼吸运动。伤员呼吸中断后，应立即进行抢救，否则会由于缺氧而危及生命。

抢救时，先让伤员仰卧，面部向上；救助人员位于伤员的头旁，用两个手指抬起伤员下颌，同时用另一只手将伤员的前额下按，使下颏与耳垂线垂直于地面，保持伤员呼吸气道的开放畅通，清理气道和口中可能存在的异物。如果伤员仍不能呼吸，应立即进行口对口的人工呼吸。

3 对大量失血伤员的抢救

如果伤员失血过多，将会出现生命危险，应立即对伤员采取伤口加压止血和包扎措施。失血过多往往会产生休克，所以流血止住后，应继续采取一些防止休克的措施。

4 对休克伤员的抢救

休克症状表现为：面色苍白、四肢发凉、额部出汗、口吐白沫、显得焦躁不安、脉搏跳动变得越来越快和虚弱，最后脉搏几乎摸不出来。这些症状有时会部分出现，有时会同时出现。休克时间过长，可能使伤员死亡，应及时采取以下急救措施：

（1）将伤员安置到安静的环境；

（2）抬起伤员腿部直到处于垂直状态，使休克停止；

（3）采取保暖措施，以防止体热损耗；

（4）反复检查呼吸和脉搏；

（5）迅速呼救，及时送往医院。

5 对烧伤伤员的抢救

烧伤伤员的症状为：皮肤发红、起泡、感觉疼痛。内部组织受损的烧伤，可引起呼吸困难、休克、烧伤性疾病等危险，应采取以下急救措施：

（1）迅速扑灭衣服上的明火，脱掉烧着的衣服；

（2）全身燃烧时，可用冷水对燃烧部位进行喷洒；

（3）用消过毒的纱布或清洁的被单覆盖烧伤创面；脸部烧伤时，不要用水冲洗，也不要覆盖；

（4）适量饮用淡盐水（一杯水中放一匙食盐），防止脱水休克；

（5）不可轻易使用粉剂、油剂、油膏等敷于皮肤灼伤创面；

（6）反复检查呼吸和脉搏，防止休克。

6 对中毒伤员的抢救

为防止伤员继续中毒，应迅速将中毒的伤员送到有通风良好的地方并迅速呼救。让昏迷不醒的中毒伤员保持侧卧位。反复检查呼吸和脉搏，伤员呼吸停止时，应进行适当的人工呼吸。

7 对头部损伤伤员的抢救

如果伤员受伤不严重，神志清醒，呼吸、脉搏正常，可进行伤部止血，包扎处理后，扶伤员靠墙或树坐下，找一块垫子将头和肩垫好。若伤员受伤严重并出现昏迷，要保持呼吸道通畅，密切注意呼吸和脉搏。

在进行救护转移时，护送人员扶助伤员呈半侧卧状，头部用衣物垫好，略加固定，再进行转移。

8 对骨折伤员的处置

不要移动伤员身体的骨折部位，防止伤员休克。出现关节损伤（扭伤、脱臼、骨折）的伤员，应避免活动，不要改变损伤时瞬间的位置、姿势，更不能自行复位；安放到固定位置后，保持损伤骨节的静止。骨折处有出血时，应先止血和消毒包扎伤口，然后固定。对于大腿、小腿和脊椎骨折，一般应就地固定，不要随便移动伤员。把骨折伤员搬移至担架时，要遵循医护工作人员的指导。由三名以上救护人员分别用手托住伤员的肩、背、腰臀部和双下肢，颈椎骨折的伤员还应有一人专门托住伤员的头部，在统一口令下，协同将伤员搬至硬质担架上，并使伤员头向后，以便于后面抬的人观察其病情变化。

三 危险货物运输事故应急措施

危险货物道路运输是一项专业性强且复杂的工作。由于危险货物所具有的易燃、易爆、腐蚀、毒害等特性，一旦在发生运输事故若没有得到及时并且正确的处置，不仅会造成人员伤亡、货物损失，甚至还会扩大到污染附近区域的水土资源和生态环境，造成不可挽回的巨大损失。对于危险货物道路运输驾驶员来说，各类危险货物运输事故应急处理措施尤为重要，在不同情况下，可将许多已发事故消灭在初发状态。

1 爆炸品

1 运输前的准备工作

（1）运输爆炸品的专用车辆应为罐式车辆或者货厢为整体封闭结构的厢式货车。总质量大于2000kg的爆炸品运输车辆的发动机应为压燃式，车辆发动机燃料系统应符合《机动车运行安全技术条件》（GB 7258—2012）的规定，车辆排气装置应具备熄灭排气火花的功能。

（2）装车前应检查运输危险货物车辆的车厢，车厢底板应平坦完好，铺设阻燃导静电胶板。将货厢清扫干净，罐体清洗

干净，排除异物，厢或罐体内不得有酸、碱、氧化剂等与所装爆炸品性质相抵触的残留物。

（3）检查运输危险货物的车辆配备的消防器材，发现问题应立即更换或修理。驾驶室内应配备一个干粉灭火器，在车辆两边应配备与所装载介质性能相适应的灭火器各一个。

（4）进入易燃、易爆危险货物装卸作业区应禁止随身携带火种、关闭随身携带的手机等通信工具和电子设备、严禁吸烟、穿着不产生静电的工作服和不带铁钉的工作鞋。车辆应装设导静电拖地带。

2 运输爆炸品的安全要求

为了保证爆炸品的运输安全，在运输过程中应按以下要求进行：

（1）按规定装载，装载量不得超过额定负荷。押运人应负责监装、监卸，数量应点收点交清楚。密封式车厢装货总高度不得超过1.5m；没有外包装的金属桶（一般装的是硝化棉或发射药）只能单层摆放，以免压力过大或撞击摩擦引起爆炸；在任何情况下雷管和爆炸药都不得同车装运或两车同时在同一场地进行装卸。

（2）汽车运输爆炸品时，其运输时间、路线应事先报请当地公安部门批准，按公安部门指定的时间、路线限速行驶，不得擅自改变行驶路线，以利于加强运行安全管理。车上无押运人员不得单独行驶，押运人员必须熟悉所装货物的性能和作业注意事项等。车上严禁搭乘无关人员和危及安全的其他物资。

（3）行车中驾驶员必须集中精力，严格遵守交通法规和操作规程，同时注意观察，保持行车平稳。多部车辆列队运输行驶时，跟车距离至少保持50m以上，一般情况下不得超车、强行会车，非特殊情况下不准紧急制动。

（4）运输途中不得随意停车，更不得在人口聚集地、交叉路口、火源附近停车。运输过程中需要停车住宿或遇有无法正常运输的情况时，应向当地公安部门报告将车停放在有利于安全防护的地方，停车时要始终有人看守。

2 气体

1 运输前的准备工作

（1）运输驾驶员应根据所装气体的性质穿戴防护用品，必要时需要戴好防毒面具；运输大型气瓶或罐式集装箱，在起重机下操作时必须戴好安全帽。

（2）瓶装气体应尽可能直立运输，直立运输应符合《气瓶直立道路运输技术要求》（GB/T 30685—2014）要求。钢瓶装气体采用集束装置、集装篮运输可使用厢式车辆、栏板式车辆、平板车辆或专用车辆等运输；使用平板车辆运输时，应在地板上设置带锁止的固定装置。散装气瓶应使用厢式车辆、栏板式车辆或专用车辆运输。

（3）运输大型气瓶（如液氯、制冷剂等），车上必须配备防止钢瓶滚动的紧固装置，如插桩、垫木、紧绳器等。

（4）运输车辆应具备固定气瓶的相应装置，厢式车辆厢体应通风良好，散装直立气瓶高出栏板部分不应大于气瓶高度的四分之一。

（5）运输氧气、液氯等氧化性较强的气体，应认真检查货厢是否清洁，必须保证货厢内无油脂及含油脂的残留物，如油棉纱团等。

（6）罐车装卸作业时应按照指定位置停车，熄灭发动机，实施手制动。

（7）运输各种易燃气体（如液化石油气等）受压罐车，应检查管道接头、仪表、泄压阀等安全装置的情况良好，并接通导除静电装置。

2 运输气体的安全要求

（1）夏季运输除另有限运规定外，当罐内液温达到40℃时，还必须配有罐体遮阳或用冷水喷淋降温等设施，防止罐体暴晒。

（2）运输易燃、易爆气体应远离热

源、火源，如锅炉房或明火场所。

（3）运输大型气瓶，行车途中应尽量避免紧急制动，防止气瓶因惯性力作用冲出车厢平台造成事故；车辆转弯前应减速，以防止急转弯或车速过快时所装载的气瓶因离心力作用而被抛出车厢外。

3 易燃液体

1 运输前的准备工作

（1）大多数易燃液体的蒸气对人体健康具有危害性，因此驾驶员在作业前或作业中，应加强集装箱、封闭式车厢的排气通风，以使易燃蒸气能有效地扩散，特别是在夏季，高温诱发空气中有害蒸气浓度加大，更应加强通风。

（2）易燃液体蒸气与空气能形成爆炸性混合气体，遇明火会发生燃烧爆炸，因此在运输作业现场必须严禁烟火，作业现场应划定警戒区，一般半径30m内不得有热源或明火，车辆应停靠稳妥，熄灭发动机，实施手制动，接好导除静电装置。

（3）驾驶员不得随身携带火种（如火柴、打火机），应穿着不产生静电的工作服和不带铁钉的工作鞋。

（4）根据所装货物的包装情况（如化学试剂、油漆等小包装物品），备好防散失用具。

2 运输易燃液体的安全要求

（1）运输易燃液体，车上人员不准吸烟，车辆不得接近明火及高温场所。装运易燃液体的罐车行驶时，导除静电装置应接地良好。

（2）装运易燃液体的车辆，严禁搭乘无关人员，途中应经常检查车上货物的装载情况，如捆扎是否松动，包装件有否渗漏。发现异常情况时应及时采取有效措施。

（3）夏季高温季节，当天天气预报气温在30℃以上时，应按照作业地规定的作业时间运输。若必须运输时，车上应有有效的遮阳设施，封闭式货厢应保持车厢通风良好。

（4）应将车厢后门、侧门锁牢后方可运行车辆，不准敞开车门行驶。严禁超载运输。装有重瓶的车辆在停车时，应将车厢顶部的天窗全部敞开并锁好窗销，不准将天窗关闭。

（5）低沸点或易聚合等易燃液体受热后，常会发生容器膨胀或“鼓桶”现象，特别是夏季更应注意。如发现其包装容器内装物膨胀（鼓桶）现象时，不得继续运输。

4 易燃固体、易于自燃的物质、遇水放出易燃气体的物质

1 运输前的准备工作

（1）运输作业现场要远离明火、高温场所，遇湿易燃物品车厢必须干燥、无积水。

（2）驾驶员不得随身携带火种（如火柴、打火机），不得穿着易产生静电的工作服和工作鞋。

（3）对易升华（如精萘、樟脑等）或易挥发出易燃、有害及刺激性气体的货物，作业现场应保持良好通风，防止中毒和燃烧爆炸。

（4）雨雪天运输遇湿易燃物品时，车辆必须具备有效的防水设备，不具备条件的车辆不得运输。

2 运输易燃固体、易于自燃的物质、遇水放出易燃气体的物质的安全要求

（1）行车时，要注意防止外来明火飞到货物中，要避开明火高温场所；

（2）行车中应定时停车检查所装货物的堆码、捆扎和包装情况，尤其是要注意防止包装渗漏等隐患的发生。

5 氧化性物质和有机过氧化物

1 运输前的准备工作

（1）运输前应认真检查车厢，不得有任何酸类及煤屑、木屑、硫黄、磷等可燃物的残留物，车厢必须干净。

（2）运输需控温的有机过氧化物，应检查车辆控温、制冷系统的运行状态，确保其运转正常。

② 运输氧化性物质和有机过氧化物的安全要求

（1）根据所装货物的特性和道路情况，严格控制车速，防止货物剧烈震动、摩擦。

（2）需控温的有机过氧化物在运输途中应定时检查制冷设备的运转情况，发现故障应及时排除。

（3）中途停车时，应远离热源和火种场所，临时停靠或途中住宿过夜，车辆应有专人看管。

（4）车辆重载若发生故障，在维修时应严格控制明火作业，驾驶员不得离开车辆，要随时注意周围环境是否安全，发现问题应及时采取措施。

6 毒性物质和感染性物质

① 运输前的准备工作

（1）根据所装运货物的毒性、状态、包装情况，必须携带好劳动防护用品（如工作服、手套、防毒口罩或面具）及防散失、防雨等工、属具。

（2）进入作业现场对刚开启的仓库、集装箱、封闭式车厢要先通风排气，驱除积聚的有毒气体。

（3）在运输作业现场，人尽量站立在上风处，不能在低洼处久留，不能在货物上坐卧、休息，作业过程中不能进食、吸烟、饮水。工作前、工作后严禁饮酒。

② 运输毒性物质和感染性物质的安全要求

（1）要平稳驾车，勤加瞭望，定时停车检查包装件的捆扎情况，谨防捆扎松动、货物丢失。装运有机毒害品，行车中应避开高温、明火场所。

（2）防止毒害品丢失是行车中要注意的最重要的事项。如果丢失不能找回，落到不了解其性能的群众手里，或被犯罪分子利用，就可能酿成重大事故。因此，发生丢失而又无法找回时，必须立即向货物丢失的当地公安部门报案。

（3）装运过毒害品的车辆未清洗、消毒前，严禁装运食品或鲜活动物。

（4）感染性物品运输后，车辆应到指定的地点集中清洗消毒。

7 腐蚀性物质

① 运输前的准备工作

（1）运输前应认真检查货物包装和容器封口情况，严禁运输无外包装的任何易碎品容器。

（2）作业时应站立在上风处，防止有毒烟雾、气体对人身的伤害；罐装后，应将进料口紧密封严，防止行车中车辆晃动，造成腐蚀品从盖口溅出，伤及周围人员和车辆。

② 运输腐蚀性物质的安全要求

（1）装载有易碎容器包装的腐蚀品时，驾驶员要平稳驾驶，密切注意路面情况，上下桥隧、过铁路道口等，路面条件差、颠簸振动大而不能确保易碎容器完好时，应缓慢通行。

（2）运输途中应每隔一定时间停车检查车上货物情况，发现包装破漏要及时处理，防止漏出物损坏其他包装，酿成重大事故。

8 杂项危险物质和物品

本类货物系指在运输过程中呈现的危险性质不包括在其他8类危险货物中的物品。其运输前的准备工作、运输的安全要求、灭火方法和撒漏处理等要求，应按照《安全标签》和《安全技术说明书》的要求进行。

第三章 机动车驾驶培训教练员安全知识

第一节 教练员理论培训安全教育

一 汽车主要安全装置介绍

教练员要使学员掌握车辆的基本构成，尤其要使学员了解汽车的主要安全装置。

汽车的安全装置主要有安全头枕、安全带、安全气囊、防抱死制动系统、儿童安全锁、仪表装置、照明与信号装置等。

安全头枕：座椅上安全头枕的主要作用是汽车被追尾时，有效保护驾乘人员的颈椎。调整安全头枕的高度时，应保持头枕中心与后脑中心平齐，才能发挥保护作用。

安全带：座椅安全带的作用是在汽车发生碰撞或紧急制动时，固定驾乘人员位置，减轻对驾乘人员的伤害。驾乘人员在汽车行驶前，应系好安全带，在遇到意外危险情况时可避免受到致命伤害。

安全气囊：安全气囊是一种辅助保护装置。汽车发生碰撞时，安全气囊迅速膨胀，在驾乘人员与仪表盘之间形成气垫，从而减轻人体受伤害的程度。

认为有安全气囊就不必系安全带的观念是十分错误的，因为气囊引爆时会对驾乘人员头部和颈部造成严重伤害，对儿童则可能是致命的。车辆发生正面碰撞时，只有安全气囊加上安全带的双重保护才能发挥对驾乘人员的保护作用。

二 道路通行规则介绍

教练员要使学员熟练掌握道路交通信号的种类和作用，各类道路条件下的通行规则，以及变更车道、跟车与限制超车、会车规定、避让行人和非机动车、掉头与倒车的规定。

教练员还应向学员介绍相关法律法规：驾驶机动车上道路行驶，要严格遵守交通安全法律法规，按照通行规则行驶。任何违反道路交通安全法的行为，都属于违法行为。驾驶机动车在道路上违反道路通行规则，就必须接受相应的处罚。对违法驾驶造成重大交通事故构成犯罪的驾驶员，将依法追究其刑事责任。造成事故后逃逸构成犯罪的驾驶员，将被吊销驾驶证且终生不得重新取得驾驶证。对未取得驾驶证驾驶机动车的人，将依法追究法律责任。

1 道路交通信号

全国实行统一的道路交通信号。道路交通信号包括交通信号灯、交通标志、交通标线和交通警察的指挥手势。

1 交通信号灯

交通信号灯有红、黄、绿三种颜色。红

灯亮表示禁止通行，绿灯亮表示准许通行，黄灯亮表示警示。

驾驶机动车在路口直行遇到红色信号灯亮时，要停在路口停止线以外。右转弯时在不妨碍被放行车辆、行人通行的情况下，可以通行。

路口绿色信号灯亮时，准许车辆通行。但是，转弯车辆不能妨碍被放行的直行车辆、行人通行。

路口黄色信号灯亮时，已经越过停止线的车辆可以继续通行，没有越过停止线的车辆不得进入路口，更不得加速抢行通过交叉路口。

黄色闪光警告信号灯持续闪烁时，要减速注意瞭望，确认安全后通过。

绿色箭头灯亮的车道，允许车辆按箭头指示方向通行；红色叉形灯亮或红色箭头灯亮的车道，禁止车辆进入；驾驶机动车要选择绿色箭头灯亮的车道行驶。

方向指示信号灯绿色箭头灯亮时，允许车辆按箭头指示方向，分别选择左转弯、直行、右转弯车道行驶。

方向指示信号灯红色箭头灯亮时，箭头指示方向的路口，禁止车辆通行。

铁路道口两个红灯交替闪烁或一个红灯亮时，车辆要停在路口停止线以外等待，不得加速通过道口。

铁路道口红灯熄灭时，允许车辆通行，但不得加速通过道口。

② 交通标志

交通标志有警告标志、禁令标志、指示标志、旅游区标志、道路施工安全标示、指路标志、辅助标志7种。

③ 交通标线

交通标线按功能可分为指示标线、禁止标线、警告标线3种。

④ 交通警察手势信号

交通警察手势信号有停止信号、直行信号、左转弯信号、左转弯待转信号、右转弯信号、变道信号、减速慢行信号、示意车辆靠边停车信号8种。

2 灯光喇叭使用规定

驾驶机动车向左转弯、向左变更车道、准备超车、驶离停车地点或者掉头时，应提前开启左转向灯。

驾驶机动车向右转弯、向右变更车道、超车完毕驶回原车道、靠路边停车时，应提前开启右转向灯。

驾驶机动车在雨、雪、沙尘、冰雹等低能见度情况下行驶时，应开启前照灯、示廓灯和后位灯，但同方向行驶的后车与前车近距离行驶时，不得使用远光灯。

驾驶机动车在雾天行驶时，应开启雾灯、危险报警闪光灯、前照灯、示廓灯和后位灯， 但同方向行驶的后车与前车近距离行驶时，不得使用远光灯。

夜间驾驶机动车在没有路灯、照明不良的情况下行驶时，应开启远光灯、示廓灯和后位灯，但同方向行驶的后车与前车近距离行驶时，不得使用远光灯。

夜间驾驶机动车在通过急弯、坡路、拱桥、人行横道以及在没有交通信号灯控制的路口或者超车时，应交替使用远近光灯示意；在窄路、窄桥会车或遇行人、非机动车时，应使用近光灯。

驾驶机动车驶近急弯、坡道顶端等影响安全视距的路段以及超车或者遇有紧急情况时，应减速慢行，鸣喇叭示意。

驾驶机动车在道路上发生故障或者发生交通事故，妨碍交通又难以移动时，应按照规定开启危险报警闪光灯，并在车后50～100m处设置警告标志，夜间还应当同时开启示廓灯和后位灯。

驾驶机动车从匝道驶入高速公路，应开启左转向灯，在不妨碍已在高速公路内车辆正常行驶的情况下驶入加速车道。

驾驶机动车驶离高速公路时，应提前开启右转向灯，在不妨碍已在高速公路内车辆正常行驶的情况下驶入减速车道，降低车速后驶入匝道。

驾驶机动车在高速公路遇雾、雨、雪、沙尘、冰雹天气，能见度小于200m时，应开启雾灯、近光灯、示廓灯、前后位灯，能见度小于100m时，应开启雾灯、近光灯、示廓灯、前后位灯、危险报警闪光灯。

3 道路通行规定

道路划分为机动车道、非机动车道和人行道的路段，机动车、非机动车和行人实行分道行驶。在没有划分车道的道路上，机动车在道路中间通行。

道路上施划专用道标线的路段，在专用车道内，只准许规定的车辆通行，其他车辆不准进入专用车道行驶。

例如城市道路施划的公交专用车道，在规定时间内，除公交车辆等依法可以通行的车辆外，其他车辆不得通行。

驾驶机动车遇到交通警察现场指挥时，要按照交通警察的指挥通行。遇有交通信号灯和交通警察指挥不一致时，按照交通警察的指挥通行。

道路同方向划有两条以上机动车道的路段，左侧为快速车道，右侧为慢速车道。在快速车道行驶的机动车，按照快速车道规定的速度行驶，未达到快速车道规定的行驶速度的车辆，在慢速车道行驶。

驾驶机动车上道路行驶，不得超过限速标志标明的最高时速。在没有限速标志的路段，应当保持安全车速。

驾驶机动车行经漫水路或者漫水桥时，要停车察明水情，确认安全后，低速通过。

驾驶机动车行经渡口时，要服从渡口管理人员指挥，按照规定的地点依次待渡。驾驶机动车上下渡船时，要低速慢行。

4 交叉路口通行

驾驶机动车通过交叉路口，要遵守交通信号，按照交通信号灯、交通标志、交通标线或者交通警察的指挥通过。

驾驶机动车通过黄色闪光警告信号灯持续闪烁的路口时，要减速慢行，确认安全后通过。

驾驶机动车通过没有交通信号灯、交通标志、交通标线或者交通警察指挥的交叉路口时，要减速慢行，并让行人和优先通行的车辆先行。

驾驶机动车通过划有导向车道的路口前，按所需行进方向在虚线区驶入导向车道通行。进入导向车道实线区后，不得变更车道。

机动车通过有交通信号灯控制的交叉路口向左转弯时，靠路口中心点左侧转弯。转弯前开启转向灯，夜间行驶还需开启近光灯。

驾驶机动车在没有方向指示信号灯的交叉路口左转弯时，要让对面直行的车辆先行。

驾驶机动车在没有方向指示信号灯的交叉路口左转弯时，相对方向行驶的右转弯机动车让左转弯车辆先行。

驾驶机动车通过交通信号绿灯亮的交叉路口直行时，让已在路口内转弯的车辆先行。

驾驶机动车通过没有交通信号灯控制，也没有交通警察指挥的交叉路口右转弯时，让相对方向行驶的左转弯车辆先行。

驾驶机动车通过没有交通信号灯、交通标志、交通标线控制，也没有交通警察指挥的交叉路口，在进入路口前，应减速慢行或停车瞭望，让右方道路的来车先行。

驾驶机动车通过没有交通信号灯控制，也没有交通警察指挥的交叉路口时，有交通标志、交通标线控制的，一定要遵守让行规定让优先通行的一方先行。

驾驶机动车遇有前方交叉路口阻塞时，要依次停在路口以外等候，不能进入路口或从前车两侧绕行。

驾驶机动车在车道减少的路口，遇有前方机动车停车排队等候或者缓慢行驶的，要每车道一辆依次交替驶入车道减少的路口。

驾驶机动车通过有交通信号控制的环形交叉路口时，准备进入环形路口的车辆让已

在路口内的机动车先行。

5 限速通行

驾驶机动车上道路行驶，不得超过限速标志、标线标明的速度。车速超过规定时速50%，处200元以上2000元以下罚款，并处吊销机动车驾驶证。

驾驶机动车在没有限速标志、标线和道路中心线的城市道路上行驶时，最高速度为30km/h。

驾驶机动车在没有限速标志、标线和道路中心线的公路上行驶时，最高速度为40km/h。

驾驶机动车在没有限速标志、标线，且同方向只有一条机动车道的城市道路行驶时，最高速度为50km/h。

驾驶机动车在没有限速标志、标线，且同方向只有一条机动车道的公路上行驶时，最高速度为70km/h。

驾驶机动车在高速公路行驶时，最高车速不得超过120km/h，最低车速不得低于60km/h。当限速标志标明的车速与车道行驶速的规定不一致时，按照限速标志标明的车速行驶。

驾驶小型载客汽车在高速公路上行驶时的最高车速不得超过120km/h，其他机动车不得超过100km/h。

驾驶机动车在同方向有2条车道的高速公路左侧车道行驶时，车速不能低于100km/h。

驾驶机动车在同方向有3条车道的高速公路最左侧车道行驶时，车速不能低于110km/h；在中间车道行驶时，车速不能低于90km/h。

驾驶机动车进出非机动车道，通过铁路道口、急弯路、窄路、窄桥，在冰雪、泥泞的道路上行驶，掉头、转弯、下陡坡，最高行驶速度都不得超过30km/h。

驾驶机动车遇雾、雨、雪、沙尘、冰雹、结冰天气，要降低行驶速度，能见度在50m以内时，最高行驶速度不得超过30km/h。

驾驶机动车在雨天经过积水路面时，特别注意减速慢行。行经两侧有行人或者非机动车且有积水的路面，要减速慢行。

6 变更车道

驾驶机动车在道路上变更车道，不能影响其他车辆正常行驶。在道路同方向划有2条以上机动车道的路段，变更车道的机动车不得影响相关车道内正常行驶的机动车的正常行驶。

遇有交通警察发出变道手势信号时，要及时按交通警察手势方向变更车道，腾空指定的车道，并减速慢行。

7 跟车与限制超车

驾驶机动车与同车道行驶的前车应注意保持足以采取紧急制动措施的安全距离，否则一旦前车采取紧急制动，容易发生追尾事故。

驾驶机动车超车时，提前开启左转向灯，变换使用远、近光灯或者鸣喇叭提示前车。在确认有充足的安全距离后，从前车的左侧超越，在与被超车辆拉开必要的安全距离后，开启右转向灯，驶回原车道。

驾驶机动车不得在铁路道口、交叉路口、窄桥、弯道、陡坡、隧道、人行横道、市区交通流量大的路段等没有超车条件的路段超车。

驾驶机动车在慢速车道内行驶，需要超越同车道行驶的前车时，可以借用快速车道行驶。但不能超越正在左转弯、掉头、超车的前车。

驾驶机动车从左侧超车时，无法保证与正常行驶前车的横向安全间距，或发现与对面来车有会车可能时，要主动放弃超车。

驾驶机动车遇到前方同车道行驶的执行紧急任务的警车、消防车、救护车、工程救险车时，不得超车。

驾驶机动车在没有道路中心线或者同方向只有一条机动车道的道路上，遇到后车发出超车信号时，在条件许可的情况下，降低车速，靠右让路。

8 会车

驾驶机动车在没有中心隔离设施或者没有中心线的道路上，遇相对方向来车时，要减速靠右行驶，并与其他车辆、行人保持必要的安全距离。

驾驶机动车在有障碍的路段遇对面来车时，有障碍的一方让无障碍的一方先行；但有障碍的一方已驶入障碍路段而无障碍的一方未驶入时，有障碍一方先行。

驾驶机动车在狭窄的坡路遇对面来车时，上坡的一方先行；但下坡的一方已行至中途而上坡的一方未上坡时，下坡的一方先行；在没有道路中心线的狭窄山路会车，不靠山体的一方先行。

驾驶机动车夜间遇对面来车时，在距相对方向来车150m以外改用近光灯，在窄路、窄桥与非机动车会车时，使用近光灯。

9 铁路道口通行

驾驶机动车通过有交通信号控制或者管理人员指挥的铁路道口时，要按照交通信号或者管理人员的指挥通行。

驾驶机动车通过没有交通信号控制或者管理人员指挥的铁路道口时，要减速或者停车观察，确认安全后以不超过30km/h的速度通过。

驾驶机动车通过道路与铁路平面交叉的道口，有两个红灯交替闪烁或者一个红灯亮时， 要将车停在停止线以外等待，等红灯熄灭时通行。若铁路道口没有停止线，要停在距离道口50m以外。

10 缓慢、拥堵路段通行

驾驶机动车在车道减少的路段，遇有前方机动车停车排队等候或者缓慢行驶时，要每车道一辆依次交替驶入车道减少的路段。

驾驶机动车遇有前方车辆停车排队等候或者缓慢行驶时，要依次排队行驶，不得从前方车辆两侧穿插或者超越行驶，不得借道超车、占用对面车道、穿插等候的车辆。

驾驶机动车遇有前方交叉路口对面交通阻塞时，要依次停在路口外等候。不得在人行横道、网状线区域内停车等候。

11 避让行人和非机动车

驾驶机动车通过没有交通信号控制的交叉路口时，要减速慢行，让行人先行。在没有方向指示信号灯的交叉路口转弯时，要让直行的行人先行。

驾驶机动车行经人行横道时，要减速行驶；遇行人正在通过人行横道时，要停车让行人先行；不得在人行横道区域内停车等候。

驾驶机动车在没有交通信号灯和交通标志、标线的道路遇行人横过道路时，要及时减速或停车避让。

驾驶机动车在居民居住区、单位院内，要低速行驶，注意避让行人；有限速标志时，按照限速标志行驶。

12 倒车与掉头

驾驶机动车掉头时，要严格控制车速，仔细观察道路前后方情况，确认安全。在有禁止掉头或者禁止左转弯标志、标线的地点以及在铁路道口、人行横道、桥梁、急弯、陡坡、隧道或容易发生危险的路段，不得掉头。

驾驶机动车在没有禁止掉头或者没有禁止左转弯标志、标线的地点可以掉头，但不得妨碍正常行驶的其他车辆和行人的通行。

驾驶机动车倒车时，要查明车后情况，确认安全后倒车。不得在铁路道口、交叉路口、单行路、桥梁、急弯、陡坡或者隧道中倒车。

三 违法行为处罚介绍

教练员要使学员掌握主要交通安全违法行为情形、法律责任的基本知识、驾驶机动车禁止行为。

驾驶员违反道路交通安全法律、法规的规定，发生重大交通事故，构成犯罪的，将被依法追究刑事责任，并由公安机关交通管理部门吊销机动车驾驶证。造成交通事故后逃逸的，由公安机关交通管理部门吊销机

动车驾驶证，且终生不得重新取得机动车驾驶证。

对道路交通安全违法行为的处罚种类包括：警告、罚款、暂扣或者吊销机动车驾驶证、拘留。

1 违反交通信号处罚

机动车驾驶员违反道路交通安全法律、法规关于道路通行规定的，处警告或者20元以上200元以下罚款。

2 酒后、吸毒、服药驾驶处罚

机动车驾驶员有饮酒、醉酒、服用国家管制的精神药品或者麻醉药品嫌疑时，必须接受测试，检验。对饮酒、服用国家管制的精神药品或者麻醉药品的驾驶员，依法予以处罚。驾驶员饮酒后驾驶机动车，处暂扣6个月机动车驾驶证，并处1000元以上2000元以下罚款。因饮酒后驾驶机动车被处罚，再次饮酒后驾驶机动车的，处10日以下拘留，并处1000元以上2000元以下罚款，吊销机动车驾驶证。

醉酒驾驶机动车的，由公安机关交通管理部门约束至酒醒，吊销机动车驾驶证，依法追究刑事责任；5年内不得重新取得机动车驾驶证。

机动车驾驶员饮酒后或者醉酒驾驶机动车发生重大交通事故，构成犯罪的，将被依法追究刑事责任，并由公安机关交通管理部门吊销机动车驾驶证，终生不得重新取得机动车驾驶证。

3 机动车驾驶证违法处罚

未取得机动车驾驶证、机动车驾驶证被吊销或者机动车驾驶证被暂扣期间驾驶机动车的，公安机关交通管理部门依法处以200元以上2000元以下罚款，并处15日以下拘留。

将机动车交由未获得机动车驾驶证或者机动车驾驶证被吊销、暂扣的人驾驶的，公安机关交通管理部门依法处以200元以上2000元以下罚款，并处吊销机动车驾驶证。

4 涉机动车号牌违法处罚

驾驶未悬挂机动车号牌的机动车上道路行驶，故意遮挡、污损或者不按规定安装机动车号牌的，公安机关交通管理部门依法处警告或者20元以上200元以下罚款。

5 简易程序处罚

对违法行为人处以警告或者200元以下罚款，适用简易程序。简易程序处罚可以由一名交通警察作出。交通警察按照简易程序当场作出行政处罚的，告知当事人道路交通安全违法行为的事实、处罚的理由和依据，并将行政处罚决定书当场交付被处罚人。

6 违法取得车辆登记、驾驶证的处理

以欺骗、贿赂等不正当手段取得机动车登记的，收缴机动车登记证书、号牌、行驶证， 由登记地公安机关交通管理部门撤销机动车登记。

以欺骗、贿赂等不正当手段取得驾驶许可的，收缴驾驶证，由驾驶证核发地公安机关交通管理部门撤销机动车驾驶许可。

7 扣留车辆

有以下情形之一的，扣留车辆：

伪造、变造或者使用伪造、变造的机动车号牌以及使用其他车辆的机动车号牌的，公安机关交通管理部门予以收缴，扣留该机动车，并处2000元以上5000元以下罚款。伪造、变造或者使用伪造、变造机动车号牌的还要处15日以下拘留，构成犯罪的，将被依法追究刑事责任。

上道路行驶的机动车未悬挂机动车号牌，未放置检验合格标志、保险标志，或者未随车携带机动车行驶证、驾驶证的，公安机关交通管理部门依法扣留车辆。

有伪造、变造或者使用伪造、变造的机动车登记证书、号牌、行驶证、检验合格标志、保险标志、驾驶证或者使用其他车辆的机动车登记证书、号牌、行驶证、检验合格标志、保险标志嫌疑的，公安机关交通管理部门依法扣留车辆。

未按照国家规定投保机动车交通事故责

任强制保险的，公安机关交通管理部门依法扣留车辆。

机动车有被盗抢、拼装、达到报废标准嫌疑的，公安机关交通管理部门可以依法扣留车辆。

8 扣留机动车驾驶证

有以下情形之一的，扣留机动车驾驶证：

饮酒后驾驶机动车、行驶超过规定时速50%、在1个记分周期内累积记分达到12分的驾驶员，公安机关交通管理部门依法扣留机动车驾驶证。

驾驶有拼装或者达到报废标准嫌疑的机动车上道路行驶的驾驶员，公安机关交通管理部门依法扣留机动车驾驶证。

将机动车交由未取得机动车驾驶证或者机动车驾驶证被吊销、扣留的人驾驶的，公安机关交通管理部门依法扣留机动车驾驶证。

四 交通事故处理

教练员要使学员了解道路交通事故现场处置方法。

1 事故现场报警和处置

在道路上发生交通事故时，驾驶员要立即停车，保护现场；在确保安全的原则下，立即组织车上人员疏散到路外安全地点，避免发生次生事故。因抢救受伤人员变动现场的，要标明位置。

驾驶员在道路交通事故造成人员死亡、受伤或碰撞建筑物、公共设施或者其他设施时， 要保护现场并立即报警。

发生道路交通事故，驾驶员有饮酒、服用国家管制的精神药品或者麻醉药品嫌疑时，要保护现场并立即报警。

发生道路交通事故，驾驶员使用无效机动车驾驶证或者驾驶无号牌、无检验合格标志、无保险标志机动车时，要保护现场并立即报警。

驾驶机动车在高速公路上发生交通事故无法正常行驶时，驾驶员要求助救援车、清障车拖曳、牵引所驾驶车辆。

2 自行协商事故处理

在道路上发生仅造成轻微财产损失、未造成人身伤亡的交通事故， 当事人对事实及成因无争议时，可以即行撤离现场，将车辆移至不妨碍交通的地点，恢复交通，自行协商处理损害赔偿事宜。移动车辆时，当事人要在确保安全的原则下对现场拍照或者标划事故车辆现场位置。

3 事故现场的强制撤离

交通警察使用简易程序处理道路交通事故时，固定现场证据后， 责令当事人撤离现场，恢复交通。对应该自行撤离现场而未撤离的当事人，可责令撤离现场，对造成交通堵塞的驾驶员处200元罚款。

第二节 教练员实际操作培训安全教育

一 学员安全管理

（1）要求学员做到：遵守训练时间、服从训练安排、爱护教学设施设备。

（2）禁止学员有以下行为：

①饮酒后参加训练；

②身体不适时参加训练；

③穿高跟鞋、拖鞋和裙子，戴手套和有色眼镜训练；

④带与训练无关人员一起进入训练区域训练；

⑤在车内抽烟，接打电话；

⑥私自起动或操作教练车及其他教学设备。

二 场地训练安全

（1）训练前采取必要的安全措施，并随时检查。

（2）将学员安排到指定的安全区域等候，并要求学员不得随便走动。

（3）训练中注意避让过往车辆以及相邻训练车辆。

（4）不得在训练场道内逆行。

（5）选择安全地点换人训练。

（6）训练时将车速控制在40km/h 以下。

三 实际道路驾驶训练安全

（1）严格遵守道路交通安全法律法规。

（2）必须随车指导。

（3）选择安全地点更换学员。

（4）训练时将车速控制在60km/h 以下。

（5）礼让其他车辆和行人。

四 教学安全保护规范

教学安全保护是指教练员指导学员驾驶训练遇到危险情况时，教练员通过适时提示学员完成或亲自完成一系列操纵动作，保障教学安全的行为。指导学员训练时，教练员担负着保障教学安全的重要责任。安全保护过多不利于学员独立练习，影响训练效果，但如果安全保护不及时，会影响汽车行驶安全，因此，适时、恰当地实施安全保护对保证教学工作圆满顺利地完成至关重要。

1 教学安全保护方式

根据教练员采取措施的不同，教学安全保护主要包括两种形式：

（1）教练员通过口令或手势指导学员修正操作错误或者应对险情，这种安全保护方式通常在学员已具备基本的车辆操控能力和道路交通情况比较简单的情形下使用（图3-1）。

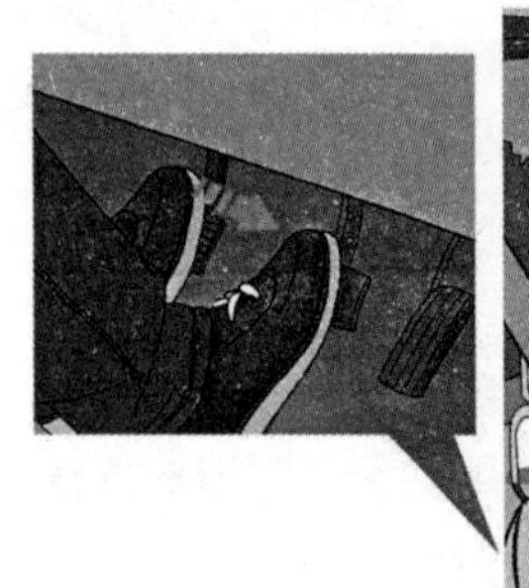

图3-1　教练员通过口令或手势指导学员

（2）教练员直接干预汽车的操控，确保汽车行驶安全。这种安全保护方式通常是在学员出现严重操作错误和处置突发紧急情况时使用（图3-2）。

教练员直接干预过多，会使学员感到不知所措，甚至手忙脚乱，影响其技能的发挥和提高。而适时使用口令或手势提示，可使学员内心感觉自己仍然是驾驶的主体，需要靠自己的及时调整来应对情况，有利于学员快速提高驾驶技术。

2 教学安全保护要领

（1）保持正确的教学姿势。教练员正确的驾驶姿势：端坐于副驾驶座位中间的位置，上身保持正直，系好安全带；两眼目视前方，适时通过后视镜观察周边的交通情况，用余光注视学员的动作；右手握于车门扶手，左手放于变速器操纵杆后方（即学员与教练员之间的座位上）；右脚放在副制动踏板下方，做好随时应对紧急情况的准备。

图3-2 教练员直接干预汽车的操控

（2）对辅助安全装置的操作方法。在驾驶训练中，教练员主要通过操控转向盘、副制动踏板来控制教练车。由于教练员的位置偏于正常驾驶位置，操纵装置的操作方法不同于自己驾驶时的操作方法，见表3-1。

教练车辅助安全操纵装置的操作方法　　表3-1

操纵装置	操作方法	实施安全保护的时机
转向盘	（1）由左手操纵，以推拉转向盘的方式为主； （2）推拉时，握于转向盘上方； （3）扶握转向盘时，握于转向盘右侧中间	（1）训练初期，以扶握转向盘协助学员保持行驶方向为主； （2）训练中期，应尽量利用语言或手势指导学员操控转向盘，体会控制行驶方向的方法； （3）遇到紧急情况时，可通过减速、推拉转向盘，协助学员控制行驶方向
副制动踏板	（1）由右脚操纵，以强制踩踏、松抬制动踏板的方式为主； （2）强制制动时，用右脚前脚掌下踏；强制放松时，用脚面上撬制动踏板	（1）遇有紧急情况时，教练员可根据情况强制踩踏制动踏板加强制动，同时，应注意扶握转向盘，控制行驶方向； （2）如果学员制动力过大，教练员可用脚面上撬制动踏板，减小制动

3 安全教学注意事项

（1）在驾驶训练前，教练员应当告知学员必要的训练安全注意事项。教学中，要求学员将车速和跟车距离控制在自己有把握的安全保护范围内，并且保持汽车沿着正确的行驶路线前进。如果汽车行驶方向、速度和跟车距离控制不当，且超过教练员实施安全保护所能控制的范围，应果断地采取有效措施，以防意外。

（2）训练初期，学员因技术生疏、操纵失误，容易出现转向错误、错把加速踏板当制动踏板等现象，教练员应针对实际情况采取相应的预防措施；在训练后期，尤其是进步快的学员容易出现麻痹、骄傲心理，训练车速快，教练员也容易高估学员独立驾驶的能力，因此需要始终保持谦虚、谨慎和细致的教学态度。

（3）教练员平时应多加练习，比如在教练员位置上反复演练紧急制动和推拉、扶握转向盘的动作，做到熟练准确、运用自如，提高动作的敏捷程度和安全保护效果。

第三节 紧急情况及应急处置

在训练过程中，如遇交通事故或学员突发疾患等紧急情况时，教练员应沉着冷静、反应迅速，采取科学、合理的处置方法，最大限度降低对自身、学员及其他相关人员健康的伤害程度。

一 交通事故应急处置

（1）发生事故，不得隐瞒不报或私下解决。

（2）发生事故后的处置措施：

①报告驾校主管领导；

②及时报警；

③抢救伤者；

④保护好现场，在事故车周围设安全警告标志；

⑤开启车辆危险报警闪光灯；

⑥取出车载灭火器；

⑦及时解决学员的训练事宜或撤离工作，安抚、稳定学员的情绪；

⑧配合交警部门调查配合。

二 学员突发疾患应急处理

（1）教练员须了解学员的健康情况，对学员中的老人、孕妇、体弱多病者要高度关注，并根据情况合理安排训练时间。

（2）学员突发疾患应急处理办法：

①立即向驾校领导报告，同时本人在现场看护；

②拨打120、999 等急救电话；

③安慰伤病者，在不能确认患者发病原因的情况下不要轻易移动患者；

④通知患病学员家人；

⑤在医护人员赶到现场前，根据患病学员情况做有关处置。

a.中暑：将中暑学员移到阴凉处，将其头及肩部垫高后平躺，以冷湿的毛巾覆在中暑学员头上，用湿毛巾沾水擦脸，用扇子降温。

b.心脑血管病：让患病学员就地躺下或坐下休息，不能随便移动；帮助患病学员服下随身携带的药品，对于重症患病学员实施心肺复苏、人工呼吸等急救方法。

c.癫痫：不宜约束患病学员，强力约束可能会导致患病学员受伤；保护患病学员离开危险的地方，并移走可能对患病学员造成危害的物体；切勿将手指或任何物体放入患病学员口中；切勿试图撬开患病学员紧闭的牙关；陪伴患病学员，直至其完全恢复或医务人员到场；如患病学员昏迷，经校方安全小组领导同意，速将其送至医院。

第四章 汽车维修从业人员安全知识

第一节 汽车维修从业人员安全防护

事故在于预防。安全防护就是做好准备和保护，以应付攻击或者避免受害，从而使被保护对象处于没有危险、不受侵害、不出现事故的安全状态。安全防护的基本内涵是通过防范的手段实现保障人员安全的目的。汽车维修安全防护的意义在于保护自己与他人，避免发生危险与伤害。

一 个人安全防护

生产过程中存在的各种危险和有害因素，会伤害劳动者的身体，甚至危及生命。个人防护用品就是在劳动过程中，为防御物理、化学、生物有害因素伤害人体而穿戴和配备各种物品的总称。个人防护用品是保护劳动者在生产过程中的人身安全与健康所必备的一种防御性装备，从一定意义上讲，个人安全防护是保证安全的最后防线。

1 劳动防护用品

劳动防护用品，国际上称为PPE（Personal Protective Equipment）。《用人单位劳动防护用品管理规范》（安监总厅安健〔2015〕124号）指出，劳动防护用品，是指由生产经营单位为从业人员配备的，使其在劳动过程中免遭或者减轻事故伤害及职业危害的个人防护装备。

生产经营单位应当按照《个体防护装备选用规范》（GB 11651—2008）和国家颁发的劳动防护用品配备标准以及有关规定，为从业人员配备劳动防护用品。劳动防护用品必须免费提供，必须符合国家标准或者行业标准，不得超过使用期限，不得以现金或其他物品替代劳动防护用品。

生产经营单位应当督促、教育从业人员正确佩戴和使用劳动防护用品。从业人员在作业过程中，必须按照安全生产规章制度和劳动防护用品使用规则，正确佩戴和使用劳动防护用品；未按规定佩戴和使用劳动防护用品的，不得上岗作业。

2 劳动防护用品的分类

从劳动卫生学角度，劳动防护用品按照防护部位不同，分为：头部防护器具、眼面部防护器具、听力防护器具、呼吸防护器具、手部防护器具、足部防护器具、躯体防护器具、坠落防护器具和皮肤防护器具。

《劳动防护用品监督管理规定》将劳动防护用品分为特种劳动防护用品和一般劳动防护用品。特种劳动防护用品目录由国家安全生产监督管理总局确定并公布；未列入目

录的劳动防护用品为一般劳动防护用品。

劳动防护用品还可以按照用途分为以防止伤亡事故为目的的安全护品和以预防职业病为目的的劳动卫生护品。

3 劳动防护用品的使用注意事项

1 防护服

（1）防护服穿着程序应符合规定要求，防护服的领、袖口与下摆应扣紧。不系领带或围巾，不卷起衣袖或裤腿。防护服一人一用，不要公用。

（2）如果防护服受到污染，应及时进行科学洗涤或更换。

（3）对于特种劳动防护服，应按规定方法进行有效洗涤，并在规定有效期内使用。

（4）一旦发现防护服有破损，应及时更换。

2 安全鞋

（1）不得擅自修改安全鞋的构造。

（2）选择合适尺码的安全鞋。

（3）正确穿着，不要拖穿。

（4）明确安全鞋的防护性能，不要超越其防护功能使用。如穿不具有防酸碱性的鞋子从事化学品有关操作。

（5）注意个人卫生，使用者应维持脚部及鞋履清洁干爽。

（6）定期清理安全鞋，但不应采用溶剂作清洁剂。此外，鞋底亦须经常清扫，避免积聚污垢物，因鞋底的导电性或防静电效能会受黏附污垢物多少和褶皱情况的影响。

（7）在阴凉、干爽和通风处存放。

3 眼护具

（1）使用者在选择眼面部防护用品时，应注意选择符合国家相关管理规定、标志齐全、经检验合格的眼面部防护用品，并且要根据不同的防护目的选择不同的品种。

（2）用前应检查防冲击眼护具的零部件是否灵活、可靠。使用中发生冲击事故、镜片严重磨损、视物不清、表面出现裂纹等任何影响防护质量的问题时，应及时检查或更换。

（3）应保持防护眼镜的清洁卫生。

（4）禁止与酸、碱及其他有害物接触。

（5）避免受压、受热、受潮及阳光照射。

4 安全帽

（1）首先要选择适合自己头型的安全帽。

（2）佩戴安全帽前，要仔细检查合格证、使用说明、使用期限，并调整帽衬尺寸，保证帽衬顶端与帽壳内顶之间有20~50mm的空间，以便形成一个能量吸收系统，使遭受的冲击力分布在头盖骨的整个面积上，减轻对头部的伤害。

（3）安全帽必须戴正、戴牢。如果戴歪，就不能在受到打击时减轻对头部的伤害。

（4）必须系好下颏带。如果没有系好下颏带，一旦发生坠落或物体打击，安全帽就会离开头部，这样起不到保护作用，或达不到最佳效果。

（5）经常进行外观检查。如果发现帽壳与帽衬有异常损伤、裂痕等现象，或水平垂直间距达不到标准要求，应当更换新的安全帽。

（6）不能随意对安全帽进行拆卸或添加附件，以免影响其原有的防护性能。

（7）安全帽如果较长时间不用，则需存放在干燥通风的地方，远离热源，不受日光的直射。

（8）安全帽的使用期限：塑料的安全帽不超过两年半；玻璃钢的安全帽不超过三年，具体使用期限参考产品使用说明。到期的安全帽要进行检验测试，符合要求方能继续使用，否则应该淘汰。

（9）安全帽只要受过一次强力的撞击，就无法再次有效吸收外力，有时尽管外表上看不到任何损伤，但是内部已经遭到损伤，不能继续使用。

二 汽车维修工安全注意事项

（1）汽车维修工应参加安全教育培训，掌握必要的消防知识，会使用消防器材，会扑救初起火，会报警。

（2）汽车维修工应自觉遵守劳动纪律，按作业性质穿戴防护用品。上岗作业时，不穿拖鞋、背心、短裤或裙子，不干私活、打瞌睡或喝酒。

（3）汽车维修工应熟悉其操作设备的性能、使用要求和操作规程。

（4）汽车维修工应合理选用，正确操作，经常维护，定期检修设备和仪器。工作前，应确认所使用的设备、仪器安全技术状况完好。正在运转的设备、仪器，必须有人看管。严禁超负荷使用和带病运行设备和仪器。设备运行过程中，发现操作失灵、异响、电器开关断路及其他故障时，应立即停机，查明原因或请专业维修人员维修。不符合安全要求的陈旧设备，应有计划地更新和改造。

（5）正确选择和使用工具。作业时，工具必须摆放整齐，不得随地乱放。工作后，应清点检查并擦干净工具，按要求放入工具车或工具箱内。

（6）计量器具应经检定合格。

（7）作业时，应注意保护汽车车身涂层、车内装饰、乘员座椅以及地毯，并随时保持修理车辆的整洁。

（8）按规定的工艺、标准规范或制造厂汽车维修说明书的程序维修车辆。

（9）拆装零部件时，应使用合适工具或专用工具，不可大力蛮干，不得用硬质手锤直接敲击零件，谨防飞屑伤人。所有零件拆卸后应按顺序摆放整齐，不可随地堆放。

（10）仅可使用允许的清洗剂和清洗设备清洗零部件，不使用易燃、易爆性溶剂，如汽油、煤油、二甲苯等。清洗剂洒落应及时清除。

（11）在发动机旁作业时，应切断风扇电源，手和工具应离开风扇等可以旋转的部件。维修中，所有人员要避开旋转物体的切线方向。

（12）工作灯应采用特低压安全灯，工作灯不得冒雨或拖地使用，并应经常检查工作灯导线、插座是否良好。手湿时，不得扳动电力开关或插拔插头。电源线路、保险丝应按规定安装，不得用铜线、铁线代替。

（13）不用压缩空气吹自己或其他人身上的灰尘、含毒粉尘。

（14）升降机等设备应向特种设备安全监督管理部门登记，进行经常性日常维护保养，定期自行检查，按照安全技术规范的定期检验要求进行检验，并由具有资质的人员操作。

（15）不在楼梯口、消防、运输通道上、消防设备、易燃易爆仓库旁等处进行汽车维修作业。

（16）在易燃、易爆、有毒环境作业时，应使用通风换气装置和防护设施。易燃、易爆、具有腐蚀性、有毒的剩余物品，使用完毕应及时归仓储存，不允许个人留存。

（17）不在发动机运转的情况下给汽车加油。不在作业区内进行未经许可的明火作业和加热作业。

（18）非指定人员不得动用在修车辆。汽车在厂内行驶车速不得超过5km/h，不准在厂内路试制动。

（19）不在作业区吸烟、玩耍、跑步、做游戏等。

（20）身体不适作业时，不勉强作业。

（21）下班时，必须切断电源、气源、熄灭火种、清理场地、关好门窗。

（22）汽车维修产生的废弃物应集中回收，分类存放，分别情况予以处置。

三 职业病预防

职业病是进行生产的劳动者在本职业的工作环境中由于所存在的一些有害因素而导

致的疾病。构成《职业病防治法》中所规定的职业病，必须同时具备以下四个条件：患病主体是企业、事业单位或个体经济组织的劳动者；在从事职业活动的过程中产生的；因接触粉尘、放射性物质和其他有毒、有害物质等职业病危害因素引起；列入国家公布的职业病分类和目录。

汽车维修作业过程中，维修工可接触多种职业病危害因素，主要有苯系物、乙酸乙酯、乙酸丁酯、汽油、粉尘、电焊烟尘、锰及其无机化合物、氮氧化物、氟化物、臭氧、电焊弧光、噪声、高温、各类清洗剂等，可导致从业人员发生的职业病有电焊工尘肺、锰中毒、苯中毒、中暑、电光性眼炎以及中毒性呼吸系统疾病等。汽车维修工虽然没有列入特殊工种，若不注意职业卫生和劳动保护，也会构成对劳动者的伤害。汽车维修职业危害主要岗位包括电焊、喷漆等。

汽车维修企业的劳动条件对汽车维修工的健康具有很大的影响，如果汽车维修企业缺乏安全防护设施和个体防护用品、采用落后的维修工艺、作业环境不良、劳动组织不合理、劳动安全卫生制度不健全，工人缺乏防护知识，或受饮酒、药物、疲劳和精神、心理等因素的影响，都可能造成工人工伤和职业性疾患，甚至由轻微的健康影响发展到严重的损害，导致伤残或死亡。因此，了解职业病的发生和预防，做好劳动防护、工伤预防，可以杜绝或减少职业病、工伤事故的发生。

汽车维修企业与汽车生产企业不同，一般规模不大，且散布在城乡各个角落。许多维修企业作业场地拥挤，防护设施和个人防护不足，必备的通风排毒措施缺乏，有毒无毒工序交叉在一起，加上维修人员流动性较大，防护意识比较薄弱，其职业风险不容小视。目前，汽车维修行业正处于从生产服务型向民生服务型转变的阶段，应重视和加强职业卫生安全工作。

第二节 汽车维修工具使用安全

在汽车维修当中，正确地选用和使用工具，可以起到事半功倍的效果，正如俗话所说，汽车维修是“三分技术、七分工具”。但许多汽车维修人员不重视工具选择技巧和使用方法训练，不仅不能顺利地完成工作，甚至导致人员受伤。本节从基本安全操作角度，介绍汽车维修中与安全关系密切的常用工具的使用。

一 手动工具

1 电子扭力扳手

电子扭力扳手是指能够用数字精确显示力矩大小的扳手，如图4-1所示。使用中应注意以下事项：

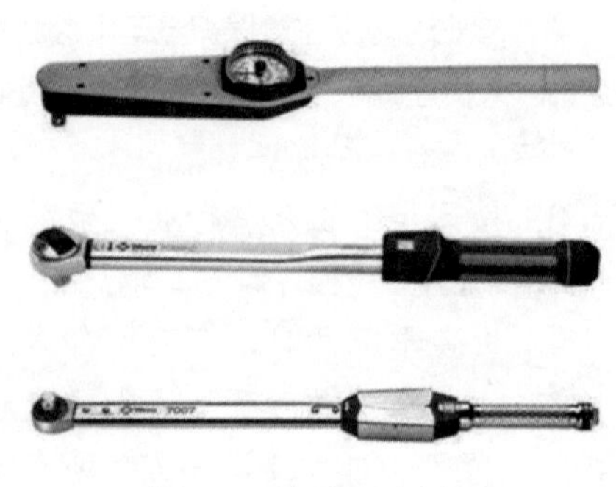

图4-1 电子扭力扳手

（1）电子扭力扳手不得在关机状态下使用，也不要在通电的物品上使用。

（2）操作人员需要佩戴安全防护眼镜。

（3）绝对不可以用电子扭力扳手来松

脱螺栓、螺母。不要在手柄末端施力，施力时紧握手柄中央，不可以在手柄上外加延长杆使用。

（4）使用前必须确认所施加的力，符合扭力扳手的扭力范围，所有的零件包括转接头、棘轮头可以承受的扭力范围。所施加的力矩超过最大力矩值时，应校正扭力扳手。

（5）不要使用已经破损或有裂痕的套筒及配件，对于不同的螺母要选择合适规格的套筒进行操作。

（6）在施加扭力时，不要按动任何按键。

（7）扭力扳手需要定期校正。

（8）除安装电池外，不可任意自行拆开扳手。应尽快将耗尽的电池更换，必须更换相同类型规格的电池。长时间不使用，需将电池拆下。

2 手锤

手锤也称为榔头，主要用于锤击錾子、冲子或敲击工件，使工件变形、产生位移或振动，从而校正、整形等目的。手锤有圆头和方头两种（图4-2），其规格是以锤头本身的质量来划定的。使用注意事项如下事项：

（1）使用前，应先检查锤柄是否安装牢固，如有松动应重新安装，以防在使用时锤头脱出而发生事故。

（2）使用时，并应清洁锤头工作面上的油污，以免敲击时滑脱而发生意外；还应将手上和锤柄上的汗水和油污擦干净，以免锤子从手中滑脱。

（3）使用锤子时，手要握住锤柄后端，握柄时手的用力要松紧适当。锤击时要靠手腕的运动，眼要注视工件，锤头工作面和工件锤击面应平行，这样才能保证锤面平整地打在工件上。

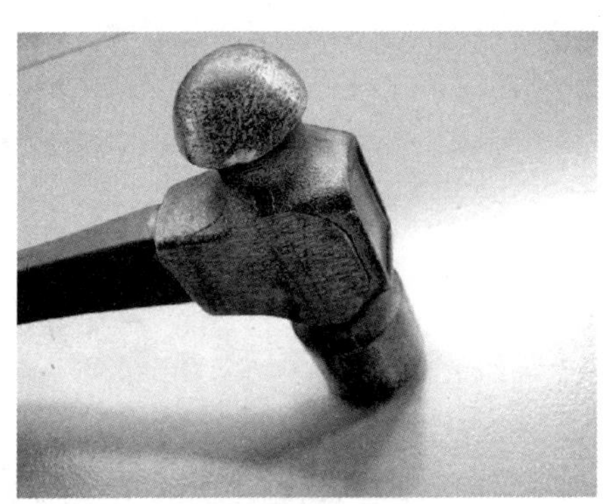

a)圆头

b)方头

图4-2　手锤

3 錾子、冲子

錾子是錾削用到的主要工具，配合手锤一起使用（图4-3）。冲子主要用来冲出铆钉和销子，也可用来标示钻孔的位置及标注记号（图4-4）。使用中应当注意以下事项：

（1）操作人员必须佩戴防护眼镜作业。

（2）禁止錾、冲淬火材料。錾子不得短于150mm，刃部淬火要适当，不能过硬。不准用废钻头代替冲子。

（3）使用时，柄上顶端切勿沾油，以免打滑；禁止对着人錾削工件，防止铁屑崩出伤人。

（4）錾子使用时要握稳握平，使用锤子锤击时，要避免人身伤害。

4 锉刀

锉刀是锉削的主要工具，锉面上有特制的锉齿纹，如图4-5所示。使用中应注意以下事项：

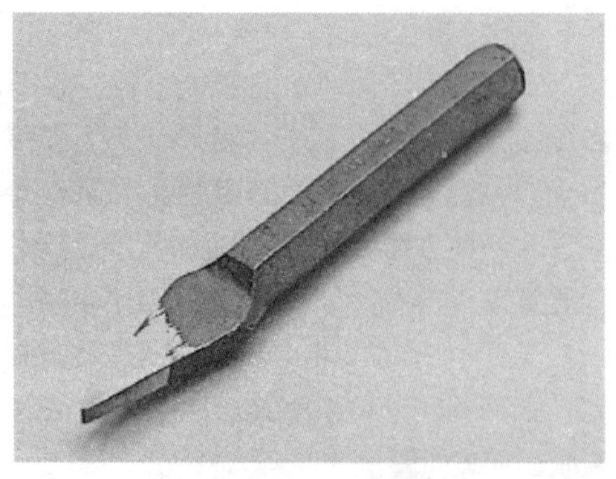

图4-3　錾子

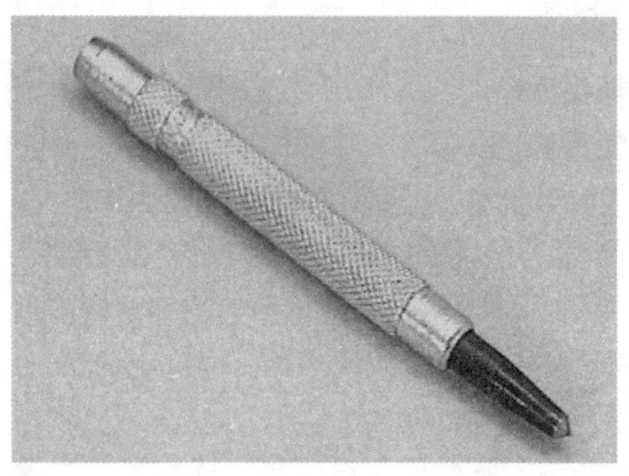

图4-4　冲子

（1）禁止使用没上手柄或手柄松动的锉刀，如图4-6所示。

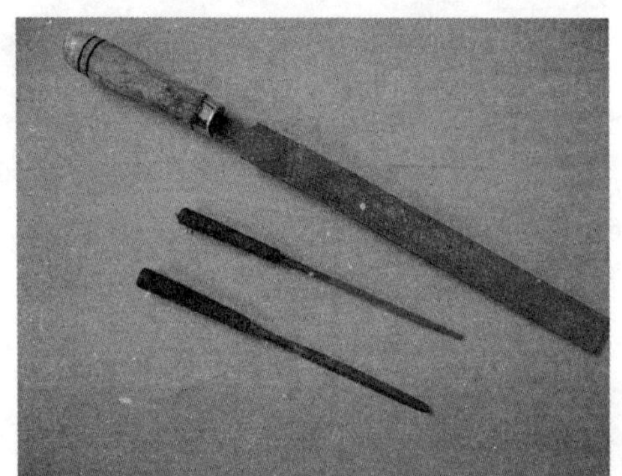

图4-5　各种锉刀

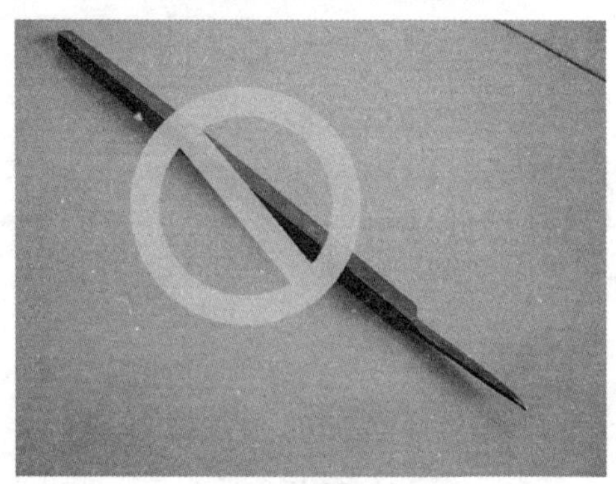

图4-6　禁止使用无柄锉刀

（2）锉刀杆不准淬火。

（3）使用前要仔细检查有无裂纹，以防折断发生事故。

（4）锉刀不能当手锤、撬杠或冲子使用，防止折断伤人，如图4-7所示。

图4-7　不能将锉刀当撬杠用

（5）工件或刀上有油污时，要及时擦净，防止打滑。

5 数显无铅焊台

数显无铅焊台是专为无铅焊接而设计的一款智能无铅、极速回温电焊台，如图4-8所示。采用LED双温度显示（设定温度和实际温度），并采用数字校准模式，快捷、方便，有密码设定保护功能，输出功率稳定。烙铁头前端设有温度传感器，温度感应准确灵敏，加热及回温速度极快。使用方便、性能稳定，是无铅焊接的理想工具。使用中应当注意以下事项：

（1）在安装或拆开焊台时，切记要关闭电源开关、拔出电源插头，以免损坏焊台或造成意外事故。

（2）烙铁架和海绵的使用：将小块清

洁海绵先浸湿再挤干，置入烙铁架底座凹槽之中。添加水至烙铁架内，不能超过中间凸出部分。小块海绵吸收水分后，可置于大块海绵上保持潮湿状态。 然后沾湿大块清洁海绵，置于烙铁架底座。使用中应保持海绵湿润。

图4-8 数显无铅焊台

（3）烙铁头的选择：选择烙铁头时，保证与焊点有最大接触面积、到焊点的热量传输路径最佳。较短长度的烙铁头可以更精确的控制热量，但对于密集线路板的焊接，应选择较长或有一定角度的烙铁头。

（4）烙铁火的处理：烙铁头温度稳定后，用清洁的海绵进行清理，并检查烙铁头表面状况。当烙铁头的镀锡部分含黑色氧化物时，要镀上新锡层，再用清洁海绵擦净烙铁头。如此重复清理，直到彻底除去氧化物为止，然后再镀上新锡层。如果烙铁头变形或发生腐蚀，必须更换新的烙铁头，切勿用锉刀剔除烙铁头上的氧化物。

6 三芯绕线盘

三芯绕线盘是一定长度电线缠绕起来可移动的收卷装置，为汽车维修中使用的电动工具和设备提供电源，如图4-9所示。一般具有全密封结构，防止灰尘和水进入，安全可靠，使用方便。使用中应注意以下事项：

（1）禁止非专业人员打开绕线盘的外盖。

（2）使用前，应核实电压是否匹配，严禁过载使用。检查设备是否有异常现象，若有则立即停止使用，修理后方可使用。

图4-9 三芯绕线盘

（3）使用时，缓慢匀速两手交替抽拉电线至合适的长度。见到长度警示标志后，应立即停止拉扯，并用棘轮制动锁定。

（4）使用中，应避免电线折弯、踩踏电线、接触尖锐物品。使用后，应将插头从插座上拔出，并把电线擦拭干净。

（5）绕线盘内部装有过热保护器，如果温度过高则会自动保护，切断电路，此时必须把用电设备插头从绕线盘上拔出。将电线拉出8～30cm恢复工作状态时，需要按绕线盘外盖上的复位按钮。

（6）电线回收时，需将电线缓慢拉出8～30cm，使棘轮制动脱离锁止状态。用手把持电线，使其缓慢回收，不允许脱手让其自动回收。为了确保电线正常回收，应使用蘸温水的抹布清除表面污垢，不要使用可能损伤电线的清洁剂或溶剂。

二 气动工具

1 气动磨机

气动磨机是利用压缩空气带动气动马达的打磨机器，具有打磨效率高、均匀和光滑的特点，如图4-10所示。使用中应注意以下事项：

（1）气动磨机只能由专业人员组装、调节和使用。禁止对气动磨机进行改装。不得使用已经有损坏的气动磨机。

（2）操作人员必须佩戴护耳装置、防

护眼镜和防尘面具，穿着合适的工作服。

（3）压缩空气内不得混入油脂。不要把压缩空气入口直接朝向自己或他人。不要把气动磨机放置在压缩空气软管旁边。不得将磨削下来的废弃物混入生活垃圾。

图4-10　气动磨机

（4）操作时，将工件固定牢靠。双手握住气动磨机，注意控制和平衡机器的突然移动。保持安全的操作姿势，时刻保持身体的平衡。

（5）操作时防止被压缩空气软管绊倒。气源突然中断时，不要碰触开关键。打磨过程中若产生粉尘，应安装合适的集尘设备。

（6）在寒冷天气工作时，穿御寒衣物，保持双手的温暖和干燥。振动可能导致手和胳膊的神经、血液循环障碍，若操作时出现手指麻木、刺痛、疼痛或手、手指变白的情况时，应立即停止工作并及时就医。

（7）维修气动磨机或更换零配件时，必须关闭气源，将压缩空气软管和气动磨机分离。

2 气动冲击扳手

气动冲击扳手是一种利用压缩空气带动的快速拆装螺栓和螺母的工具，如图4-11所示。使用中应当注意：

（1）禁止自行变更冲击扳手的结构和用途。维修冲击扳手或更换零配件时，应当佩戴专用面罩及护具，同时必须关掉气源，并分离冲击扳手和气源。不得使用生产厂家规定外的附件及配件。

（2）操作人员必须佩戴符合标准的专用护目镜、护耳用具、口罩等，不得佩戴首饰、围巾、领带，不得穿宽松的衣服。

图4-11　气动冲击扳手

（3）输气管路中必须安装清洁、干燥设备。使用输气管路前，确认工作压力范围。使用中不得缠绕、碾压输气管路。不得将输气管路直接对人。不要将输气管路长时间放置在过道及工作区域。

（4）使用冲击扳手前，将气压调节至使用说明书所要求的压力值。

（5）操作时，确保用足够的力量握紧冲击扳手，不得接触运动中的转轴及配件。

（6）长时间重复动作、振动及不舒适的位置会使身体不适，这时应停止使用冲击扳手。

3 气管卷管器

气管卷管器是一定长度气管缠绕起来的收卷装置，为汽车维修中使用的气动工具提供气源，如图4-12所示。气管卷管器为全密封结构，防止灰尘和水进入，安全可靠，使用方便。使用中应注意：

（1）禁止非专业人员打开卷管器外盖或拆卸卷管器。禁止未成年人进入工作场地。

（2）操作人员应佩戴安全防护镜，谨防压缩空气将灰尘等吹入眼睛。

（3）确保卷管器的工作压力不超过规定的压力值，严禁过载使用。

（4）为了确保管子正常回收，应使用

蘸温水的抹布清除表面污垢，不要使用可能损伤管子的清洁剂或溶剂。如果管子不能正常回收，应关闭气源。

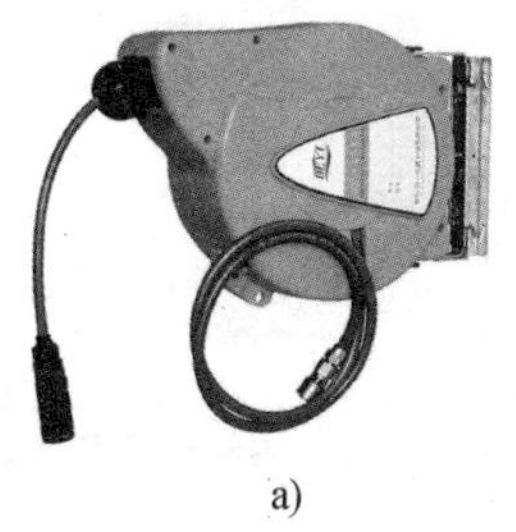

a)

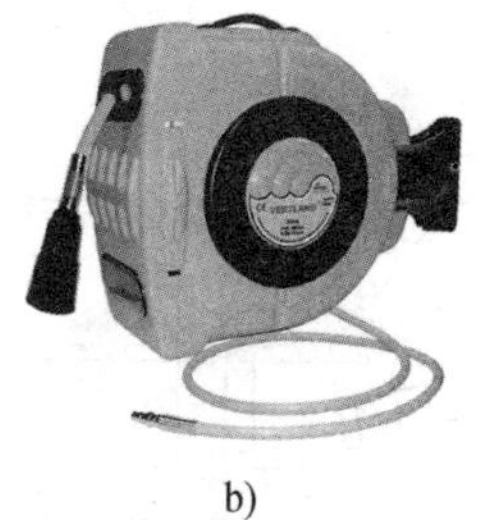

b)

c)

图4-12　气管卷管器

第三节　汽车维修设备使用安全

汽车维修企业的设备按照《汽车维修业开业条件》（GB/T 16739—2014）的要求可分为量具、工具、通用设备、专用设备及检测设备，本节从基本安全操作的角度，介绍与汽车维修人员安全密切相关的设备使用。

一　检测设备

1　红外线测温仪

红外线测温仪是使用红外线技术的非接触式测量温度的仪表（图4-13）。可用于测量物体的表面温度以及查找墙面、铸件、管道等物体的泄漏点。操作使用中应注意以下事项：

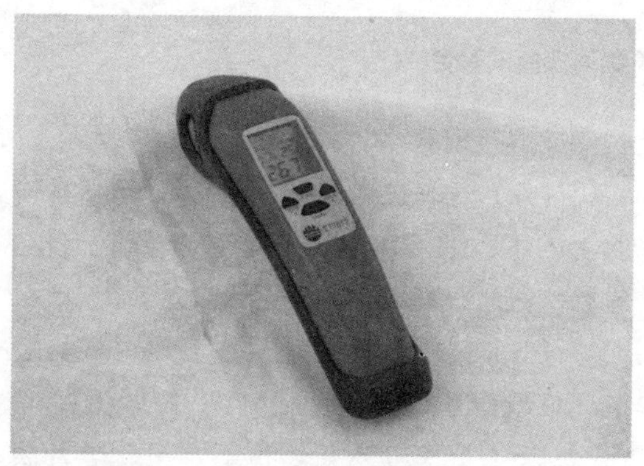

图4-13　红外线测温仪

（1）不允许非工作人员，尤其是未成年人接触和使用测温仪。

（2）使用测温仪时，眼睛不要直视激光束，否则会对眼睛造成永久性损伤。不要将激光束对准任何人的眼睛，或通过反射面间接照射人的眼睛。

（3）切勿在有爆炸性的气体、蒸汽或灰尘环境中使用测温仪，这些因素会影响测量的准确性。

（4）测温仪不能透过玻璃类等透明物体进行测量，它测量的将是玻璃表面的温度。测量光亮或抛光的金属表面会产生误差，因此要对测量表面进行合理的处理。

（5）清洗时不要用溶剂或研磨剂清洁外壳和镜头，更不要将测温仪浸在水里。

2　侧滑试验台

汽车侧滑试验台是用来检测汽车车轮在直线行驶过程中车轮侧滑量大小及方向的设备，如图4-14所示。操作使用中应注意以下事项：

（1）不允许超过额定载荷的汽车驶入侧滑试验台。被测汽车轮不得夹带任何石

子、硬物、油污及杂物。

（2）汽车驶入侧滑试验台前，应打开滑板上的锁止装置，使滑板处于自由状态。当微微推动滑板时，显示装置应有侧滑量的指示，滑板的滑动应灵活无阻滞现象。

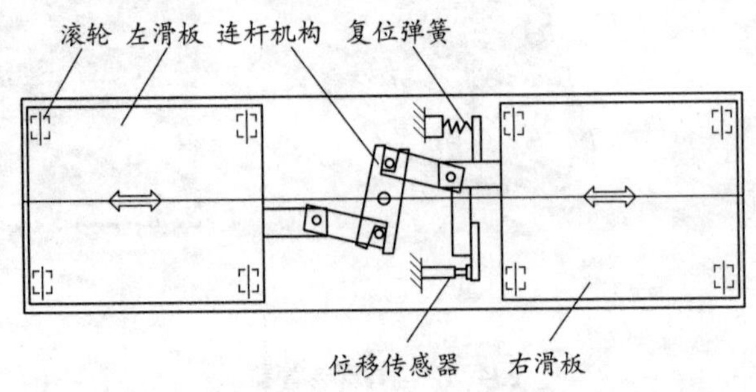

图4-14　汽车侧滑试验台

（3）被测汽车车轮胎气压应符合出厂的规定值。

（4）汽车以3～5km/h的速度直线平稳通过侧滑试验台，不允许在通过试验台时加速、制动和转向。

（5）不允许在试验台上停放任何车辆或其他杂物。

（6）不测试时，应及时将滑板锁销锁住。

（7）应保持试验台滑板下部的清洁、干燥，防止锈蚀或阻滞。

3 反力式滚筒制动性能试验台

反力式滚筒制动性能试验台是通过测定作用在测力滚筒上的车轮制动力的反力，检测车辆制动性能的检验装置，如图4-15所示。操作使用中应注意以下事项：

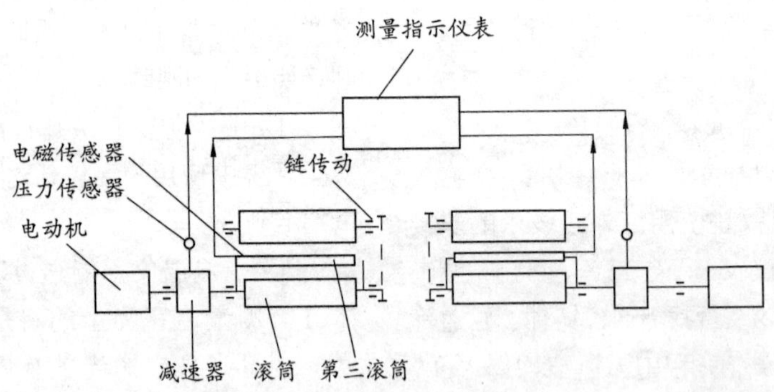

图4-15　反力式滚筒制动性能试验台

（1）汽车驶入检验台前应当清洁滚筒上的水、油污、杂物等，确保滚筒表面干燥。

（2）试验前，应检查设备的供气系统气压是否正常，检查电气系统的指示、显示、线路是否正常。

（3）试验前应检查车轮举升装置和轮距控制装置动作是否灵活，不允许举升时有阻滞或爬行现象。

（4）汽车进入试验台前，应仔细将轮胎上的水、油污、小石子等杂物清理干净。轮胎的气压、花纹深度应符合规定。

（5）被测汽车的轴荷不应超过试验台的允许载荷。

（6）汽车驶入试验台前，车轮举升装置应当举升到位。

（7）汽车进入试验台时，沿引车线平稳驶入，尽可能使车轴与滚筒保持平行。

（8）汽车行驶到位后，一定要在举升器与车轮完全脱离后，方可进行测试。

（9）汽车在试验台进行检测时，禁止升起举升器。

（10）汽车在检测时，所有人员不得站在汽车纵向行驶区域内。

（11）当被测车轴为前轴时，使用转向盘准确地保持汽车处于直驶状态。

（12）检测时，发动机怠速，变速操纵杆应置于空挡。

（13）只有当试验台的举升装置的托板举起后，方可允许汽车驶离试验台。

二 维修专用设备

1 轮胎轮辋拆装设备

轮胎轮辋拆装设备是用来将轮胎轮辋分离开来的设备，如图4-16所示。使用操作中应注意以上事项：

（1）不得在安全装置被拆卸或损坏的条件下使用拆装设备，操作人员必须经过培训且被授权使用设备。

（2）必须在没有易燃易爆等危险品的环境下运行或拆装设备。

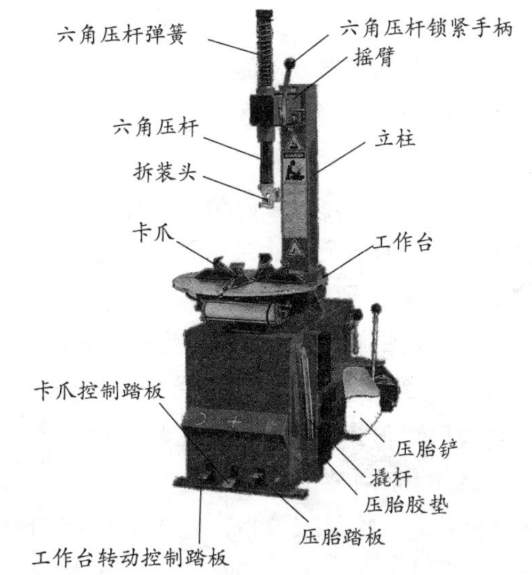

图4-16 轮胎轮辋拆装设备

（3）车轮必须在排净气的状态下进行轮辋拆装作业，禁止在拆装设备上对轮胎进行充气。

（4）操作人员必须在带上护目镜、手套等防护用品后，方可进行拆装作业。

（5）维修拆装设备时，必须断开气源、电源，并且对设备进行锁止。

2 车轮动平衡机

车轮动平衡机是用来检测汽车车轮不平衡量的设备，如图4-17所示。操作使用中应注意以下事项：

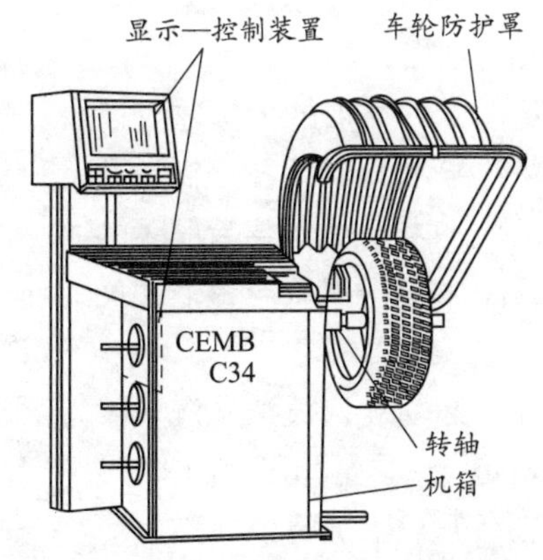

图4-17 车轮动平衡机

（1）车轮动平衡机必须牢固、可靠、有效的固定在平整坚实的地面上，且不得在阳光直射的地方。避免安置在空气压缩机或可能产生振动的物体旁，周围不得有其他电子设备或大功率电器。

（2）操作人员要穿戴安全装，如手

套、眼镜、工作服等，不应系领带、梳长发、穿宽松的衣服及凉鞋。车轮旋转时，操作人员应站在平衡机的侧面，非操作人员不得靠近。

（3）作业前，检查轮胎气压是否达到规定值，胎面应无水、油、泥沙、嵌块等杂物。作业前，还要检查平衡机工作是否正常、显示是否清晰齐全、安全防护罩是否安全有效、驱动电动机开关是否灵敏有效。只有在各项轮胎参数输入、安全防护罩完全到位的情况下才可以进行检测。

（4）严禁对超过平衡机设计标准的轮胎进行作业。对于较重的轮胎，必须用辅助装置将轮胎安装到工作台面上，不得人工强行搬放。安装好车轮后，应检查确认车轮的夹紧是否可靠，车轮安装后应及时合上安全防护罩。

（5）根据车轮轮辋的规格选择合适的定位块。对加减车轮不平衡量（铅块）进行复检时，一定要注意及时合上安全防护罩。

3 汽车举升机

汽车举升机是指在汽车维修作业中能够将车辆进行举升，方便实施维修操作的设备，如图4-18所示。操作使用中应注意以下事项：

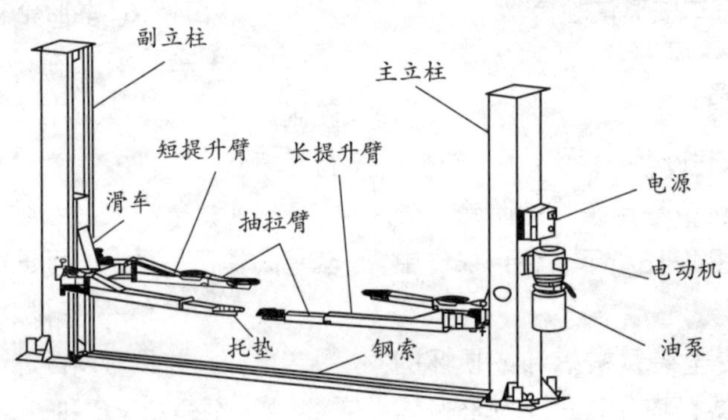

图4-18　汽车举升机

（1）举升机应固定在混凝土地面上，混凝土的厚度必须达到规定要求。不要把举升机安装在沥青柏油地面上。

（2）只有经过专门培训的人员才可以操作和使用举升机。操作时，手脚远离举升机的移动部件，不允许操作人员穿着肥大的衣服。操作结束后，将举升机降至最低并关闭电源。

（3）操作前，必须确认被举升汽车没有超过举升机的额定举升质量和尺寸。

（4）不得在举升机上进行以下作业：汽车的冲洗与清洁；举升其他人员；散装的、破碎的物品举升；用作电梯；举升车架严重倾斜和轮胎严重变形的汽车。

（5）举升作业时，要找准举升机与汽车的接触位置，举升托垫一定要放到汽车厂家建议的位置，保证在不倾斜、倾翻、脱落的情况下举升到目标高度。

（6）无安全保护装置时，不得使用举升机；禁止操作人员或其他不相关人员靠近危险区域工作；只有当汽车已完全升到所需位置，并且平台已静止和安全保护装置已完全就绪（如保险完全锁定），维修人员才允许到汽车下方作业；在下降过程中，操作人员必须站在安全区域内作业。

（7）在汽车下作业时，一定要确保举升机的安全锁处于咬合状态。安全锁是保护举升机下方人员作业的安全装置，应确保其完好性，保险组件上不能有任何异物，以免保险不能正常咬合。

（8）未经生产厂家允许，不得擅自更改举升机的部件。如果举升机长期不使用，

应切断电源、放空液压油、移动部件用液压油润滑。

4 充电设备

充电设备是指在维修作业中完成对蓄电池进行充电的设备，如图4-19所示。操作使用中应注意以下事项：

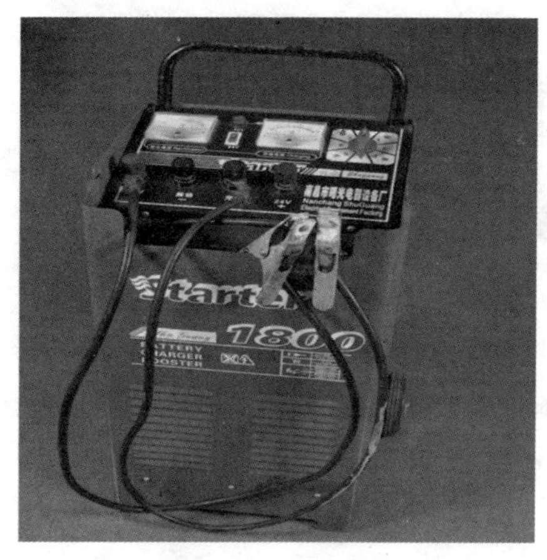

图4-19 充电设备

（1）充电前，应仔细检查被充蓄电池的初始电压，同时注意雨、雪或潮湿对蓄电池的侵蚀情况。

（2）在取下蓄电池的夹头前，应先关闭汽车点火开关。由于充电时会产生可燃气体，因此操作现场严禁明火。

（3）切勿对冻结的蓄电池进行充电，否则会形成气体，导致外壳破裂，并喷出蓄电池酸性电解液。

（4）将输出电缆线正极（+）与蓄电池正极（+）相连，负极（-）与蓄电池负极（-）相连。充电时，不要掉转电极夹头，不要使用已损坏的电线或夹头,避免充电设备振动或受到撞击。

（5）不能用充电连接方式起动发动机，否则容易烧坏熔断丝和电流表。

5 电路检测设备

电路检测设备是指在维修作业中用来检测汽车电路故障的设备，如图4-20所示。操作使用中应注意以下事项：

（1）开始检测电路之前，操作人员先取下首饰和手表。

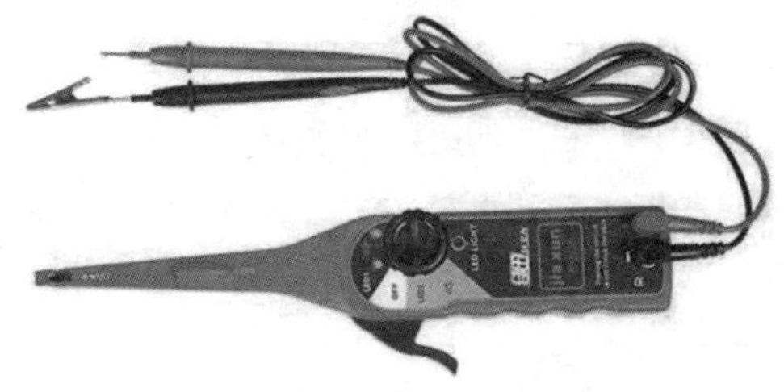

图4-20 电路检测设备

（2）处理蓄电池或在其周围工作时，必须始终佩戴合适的护目镜或面罩。头发、双手、衣服以及设备的电源线和电缆，要避开发动机运动部件。

（3）使用金属工具时要小心，防止产生火花或短路。在检测、充电或跨接起动时，操作人员切勿倚靠在蓄电池上。

（4）检查蓄电池是否有损坏，并检查电解液的液位高度或密度，如果电解液的高度或密度过低，则应予补充并给蓄电池充电。电解液具有很强的腐蚀性，如果进入到眼睛，应立即自来水冲洗眼睛至少15min并迅速就医。如果电解液溅到皮肤或衣服上，立即用自来水混合小苏打清洗。

6 起动机试验台

起动机试验台是检测大功率汽车起动机的专用电器设备，如图4-21所示。仪表采用数字显示方式，可直接读取数据。操作使用中应注意以下事项：

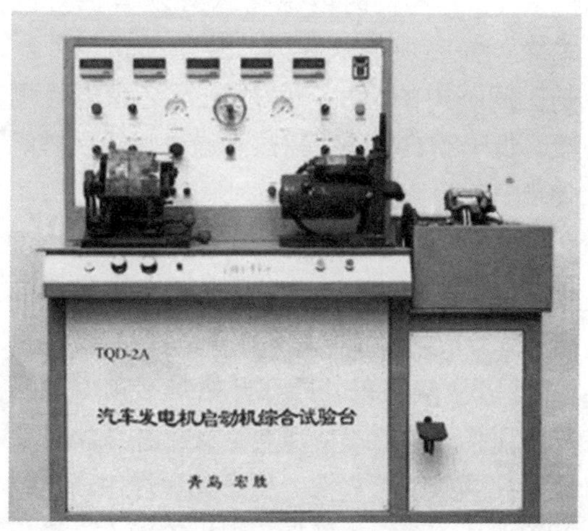

图4-21 起动机试验台

（1）操作人员必须穿戴好工作服、防护眼镜及必要的劳动保护装置。

（2）操作前，应先阅读上一班次的设备操作记录，无问题后打开设备电源开关和气源阀门，检查气源气压、蓄电池电压是否正常。

（3）测试工作前，起动机必须装夹牢靠，检查无误后再接通起动机电源，按照技术要求做好测试结果记录，并将起动机分类摆放整齐。

（4）两人以上使用试验台时，测试运转前必须相互告知，避免发生危险。

（5）调整试验台连接部件时，必须先松开连接螺钉，调整好后再紧固螺钉，严禁用锤子直接击打调整。试验台上的拉压传感器、制动器及各种仪表均系精密部件，应注意保护。

（6）试验台的电器部件发生故障，必须立即由电工进行维修。

（7）测试完毕后，应关闭电源开关、蓄电池开关、气源阀门，擦拭并保持试验台清洁，同时做好设备操作记录。

（8）每班对齿盘传动部位加注一次润滑油，其他活动部位每5个班次加注一次润滑油。

三 通用设备

1 电焊设备

电焊设备是指在维修作业中用来进行焊接作业的设备，如图4-22所示。操作使用中应注意以下事项。

a) 正面

b) 背面

图4-22 电焊设备

（1）焊机的电源输入必须有良好的绝缘，并必须加以保护，避免损伤电源。长时间不用的焊机，必须进行绝缘电阻测量，低于2MΩ的焊机需热干燥或烘干后方能使用。

（2）工作场所附近，不可有煤油、汽油或其他易燃物品。在狭窄处或闭式容器内进行工作时，必须有通风设备。

（3）焊机的外壳在开始焊接前必须搭铁，工作完毕时不能随意拆去搭铁线，且要经常检查搭铁可靠性。检查确保焊钳、电缆和电源线的绝缘无破损，焊机的输入、输出接头要拧紧。

（4）检查电源开关的接触状态及有无过热痕迹等，若接触面有烧伤应修平。检查螺栓、螺钉类的紧固状态，若有松动应拧紧。

（5）用压缩空气彻底地清除绕组、可动铁心（线圈）移动导轨及进给丝杆上的积尘。

（6）未戴防护罩不允许进行电焊，不可目测弧光。铲除焊件的铁锈和清除焊渣时，必须戴手套和护目镜。

（7）工作完毕或临时离开时，必须切断电源。

2 气体保护焊设备

气体保护焊设备是一种熔化极气体保护焊机，如图4-23所示。可用于焊接低钢、低合金高强钢、不锈钢、钢、铁、铜、铝、镍等。操作使用中应注意以下事项：

图4-23　气体保护焊设备

（1）在搬动和储存焊机时，要用防静电的物品盖好，以免造成设备损伤。使用设备前,应检查气瓶的完好性,如有损坏,可能会产生爆炸。

（2）接好焊机搭铁线，防止产生静电。必须使用原厂的零件及配件。易燃、易爆品要远离焊接区。

（3）操作人员必须穿戴手套、较厚的长工衣、工裤及厚底绝缘鞋。飞溅的火花和弧光会对人造成伤害，操作时要戴面罩或带边的眼镜。在工作场地，因焊接会产生有毒气体，要注意通风，以免中毒，禁止在封闭的容器里焊接。不允许皮肤和湿衣服接触焊机。电磁场会影响操作人员心脏，心脏安装有起搏器者,要远离设备。

（4）在安装焊丝和清理焊机内部时，不要被压丝轮压伤。在启动焊机送焊丝时不要把手放在焊枪口，以免被焊丝扎伤手。

（5）焊接时，搭铁线与工件直接相接。焊接过程中，不要用手去触摸发烫的工件。禁止在高处焊接。

（6）不要长时间连续工作，否则会造成机器部分零部件过热，损伤机器的使用寿命。

（7）焊接完毕后，检查焊接区域有无热飞溅物和热金属，防止发生火灾。

（8）使用后关掉设备电源，且不要让电缆绕在操作人员身上。

（9）在维护和修理焊机时，切勿带电作业。

3 汽缸镗床

汽缸镗床主要用于镗削整修汽车发动机汽缸，如图4-24所示。使用时，将镗床直接安放在被加工的发动机汽缸体上部，固紧后即可进行镗孔加工。凡是镗削材料硬度小于HB240，镗孔直径在65～165mm，镗孔长度在300～400mm范围内，均可采用镗削。操作使用中应注意以下事项：

图4-24　汽缸镗床

（1）使用前，应掌握使用说明书中有关操作和调整等事项，以免造成事故。

（2）操作和维修汽缸镗床的人员，应经过专门的培训，熟练掌握各项操作要求。

（3）汽缸镗床是一种专供修理发动机的移动机床，在工作过程中搬运时应小心轻放，防止碰撞和摔坏。引入电源应有良好的搭铁和漏电保护装置。

4 空气压缩机

空气压缩机是压缩空气的气压发生装置（图4-25），为汽车维修提供气源，它通常将电动机的机械能转换成气体压力能。

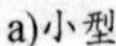
a)小型

b)大型

图4-25　空气压缩机

（1）新压缩机调试，必须由专业人员操作。压缩机附近应配有适当的灭火器。

（2）引到压缩机的电源线上，必须安装空气开关、熔断丝等安全装置。为了确保电器设备的可靠性，应安装合适的搭铁线，必要时安装避雷装置。对于大型压缩机，安装时要在设备周围留出一定的维修空间。

（3）第一次启动压缩机或电源线变动后的，必须检查压缩机组旋转方向是否正确。启动前，将压缩机短暂接通（约1s），检查旋转方向。必须确保压缩机的旋转方向正确，否则短短几秒钟就有可能导致螺杆组损坏。

（4）压缩机排气压力不能高于铭牌上的规定，否则电动机会过载，导致电动机和压缩机停车。

（5）压缩空气和电都有危险性，检修或维护时应确保电源已切断，整个压缩机系统里压缩空气完全释放。断电检修时，应锁闭电源盒，并在电源处挂检修标志及禁止合闸标志，以防他人合闸送电。每年须检查安全阀、停机保护系统一次，确保其灵敏可靠。

第四节　紧急情况及应急处置

汽车维修从业人员紧急情况及应急处置措施见表4-1。

紧急情况及应急处置措施　　表4-1

序号	紧急情况	处 置 措 施
1	高处坠落	（1）迅速将伤者移至安全地带； （2）若伤者发生窒息，立即解开衣领，清除口鼻异物；如伤者出血，包扎伤口，有效止血；若伤者骨折、关节伤等立即固定； （3）向上级报告，并拨打“120”急救电话，送医院救治
2	触电	（1）迅速切断电源，或者用绝缘物体挑开电线或带电物体，使伤者尽快脱离电源； （2）将伤者移至安全地带； （3）若触电者失去知觉，心脏、呼吸还在，应使其平卧，解开衣服，以利呼吸；若触电者呼吸、脉搏停止，必须实施人工呼吸或胸外心脏按压法抢救； （4）向上级报告，并拨打“120”急救电话，送医院救治

续上表

序号	紧急情况	处置措施
3	中毒窒息	（1）施救人员穿戴好劳动防护用品（呼吸器、安全绳等），系好安全带，方可进入有限空间施救； （2）用安全带系好被抢救者两腿根部及上体，妥善提升使患者脱离危险区域，施救人员与外面监护人保持联络； （3）向上级报告，并拨打“120”急救电话，送医院救治
4	机械伤害	（1）立即断电使机械停止运转； （2）采取正确的方法使伤者的受伤部位与机器脱离； （3）报告上级，根据情况，拨打“119”“120”急救电话； （4）对伤者进行简单包扎，等待救援
5	灼烫	（1）转移至安全地带； （2）用清水冲洗烫伤部位； （3）伤情严重上医院做进一步治疗
6	物体打击或碰伤、砸伤	（1）立即停止工作； （2）伤者轻微流血时，进行现场简易包扎； （3）伤情严重，报告上级，送至医院做进一步治疗

第三篇

企 业 篇

第五章 道路运输企业安全生产基础

第一节 企业安全生产管理基础知识

一 安全生产方针目标管理

1 我国安全生产的基本方针

我国安全生产基本方针：安全第一、预防为主、综合治理（图5-1）。

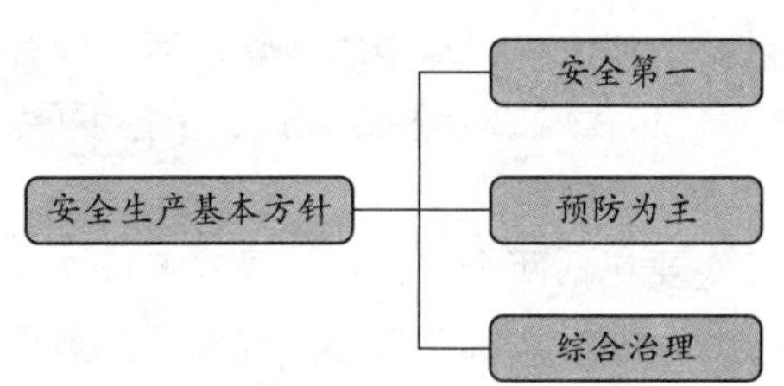

图5-1 安全生产基本方针

（1）安全第一。

“安全第一”是我国安全生产工作的核心理念，它要求我们在生产经营过程中应始终把安全放在第一位，实行“安全优先”原则。

（2）预防为主。

“预防为主”是指把预防安全生产事故的发生放在安全生产工作的首位，努力做到事前防范，而不是事后补救，做到防患于未然，将事故消灭在萌芽状态。

（3）综合治理。

“综合治理”是安全管理工作的重要措施，是指运用科技、经济、法律、行政等手段，人管、法治、技防多管齐下，并充分发挥社会、职工、舆论的监管作用，做到标本兼治、重在治本，实现安全生产的齐抓共管。

2 道路运输安全工作基本原则

《国务院关于加强道路交通安全工作的意见》（国发〔2012〕30号）提出了道路交通安全工作的四大基本原则：安全第一、协调发展，预防为主、综合治理，落实责任、强化考核，科技支撑、依法保障，如图5-2所示。

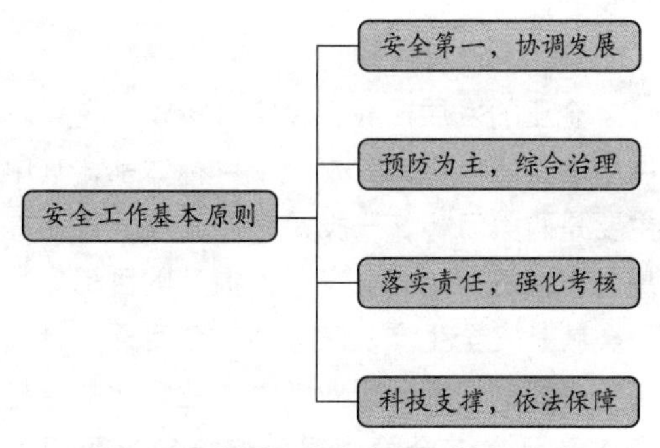

图5-2 交通运输安全工作基本原则

（1）安全第一、协调发展。

“安全第一，协调发展”即正确处理安全与速度、质量、效益的关系，坚持把安全放在首位，加强统筹规划，使道路交通安全融入国民经济社会发展大局，与经济社会同步协调发展，地方各级人民政府要高度重视道路交通安全工作，将其纳入经济和社会发展规划，与经济建设和社会发展同部署、同落实、同检查、同考核，并加强对道路交通安全工作的统筹协调和监督指导。

（2）预防为主、综合治理。

“预防为主，综合治理”即严格驾驶员、车辆、运输企业准入和安全管理，加强道路交通安全设施建设，深化隐患排查治理，着力解决制约和影响道路交通安全的源头性、根本性问题，夯实道路交通安全基础。

（3）落实责任、强化考核。

“落实责任，强化考核”即全面落实企业主体责任、政府及部门监管责任和属地管理责任，健全目标考核和责任追究制度，加强督导检查和责任倒查，依法严格追究事故责任。

（4）科技支撑、依法保障。

“科技支撑，法治保障”即强化科技装备和信息化技术应用，建立健全法律法规和标准规范，加强执法队伍建设，依法严厉打击各类交通违法违规行为，不断提高道路交通科学管理和执法服务水平。推进高速公路全程监控等智能交通管理系统建设，强化科技装备。

3 安全目标管理

企业的发展一般都设定目标，而企业发展所设定的目标其实是一个目标体系，其中主要是两类目标，一类是生产发展、效益提高，市场占有，企业竞争力提升的目标。另一类就是安全生产，它包括安全目标方针、工伤事故的指标、职业危害作业场所的合格率以及日常安全管理对策措施等。可见，企业安全生产方面的目标是企业整个发展目标体系的重要组成部分，是企业发展的重要目标。

（1）安全生产目标的分类。

安全生产目标可分为：安全生产远景目标、安全生产中长期目标和安全生产年度目标。

（2）安全生产目标的构成。

①伤亡事故指标，包括：责任事故率、责任死亡率、责任受伤率、直接经济损失率等。

②管理职能指标，包括：隐患排查治理完成率、设备维护完好率、从业人员培训教育情况、安全投入情况等。

（3）制定安全生产目标的原则。

①贯彻国家安全生产法律法规、方针政策，坚持以人为本，安全发展的原则。

②不低于当地主管机关或有关上级、安全生产监管部门对安全生产控制指标的要求。

③紧密结合企业的性质、生产经营规模、发展规划，以及安全生产风险情况。

④紧密结合企业的安全生产管理状况。

（4）安全生产目标的评价与考核。

企业要定期对安全生产目标的完成情况进行评价和考核，从中发现管理运行中存在的缺陷和问题，做到持续改进、良性发展。

①评价内容。

主要包括两个方面：一是对各层次目标执行情况进行评价，从中发现管理的薄弱环节和问题，加强基层和基础管理，二是对目标结果进行评价，分析目标制定的合理性和目标管理方法的优劣等。

②目标考核。

目标考核按考核对象分为部门考核和个人考核，根据考核情况对部门和个人进行奖惩。目标考核按考核时间可分为季度性考核和年度性考核等阶段性考核。

二 安全管理机构和人员

1 概念

《中华人民共和国安全生产法》第二十一条规定，矿山、金属冶炼、建筑施工、道路运输单位和危险物品的生产、经营、储存单位，应当设置安全生产管理机构或者配备专职安全生产管理人员。

安全管理机构是指企业内部设立的专业负责安全生产管理事务的独立部门，是安全生产、企业生产正常顺利进行的组织保障。

专职安全管理人员是指企业中专门负责安全生产管理，不再兼做其他工作的人员。矿山、金属冶炼、建筑施工、道路运输单位和危险物品的生产、经营、储存单位是危险性比较大的单位，因此，必须成立专门从事安全生产管理工作的机构，或者配备专职的人员从事安全生产管理工作。

2 安全管理机构的作用

安全生产管理机构的作用是落实国家有关安全生产的法律法规，组织生产经营单位内部进行各种安全检查活动，负责日常安全检查，及时整改各种事故隐患，监督安全生产责任制的落实等。它是生产经营单位安全生产的重要组织保证。

3 安全管理机构的设置和安全管理人员的配备

1 安全管理机构的设置

道路运输企业应建立完善的从上到下的安全管理机构。一般中小企业设立三级管理机构，有分公司的大型企业设立四级管理机构，机构设置分别如图5-3、图5-4所示。

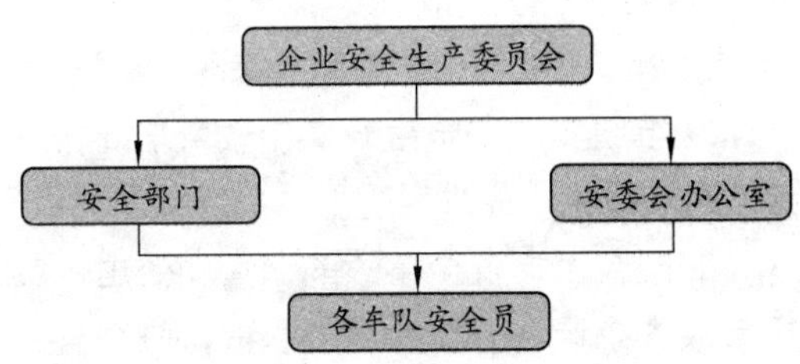

图5-3 三级安全管理机构结构图

2 安全管理人员的配备

企业及分支机构应当依法设置安全生产领导机构和管理机构，配备与本单位安全生产工作相适应的专职安全管理人员。

安全管理人员要出色地完成自己职责范围内的安全管理工作，就必须具备相应的思想和业务素质。思想素质主要体现在职业道德方面，业务素质主要体现在专业知识、资历和能力方面。

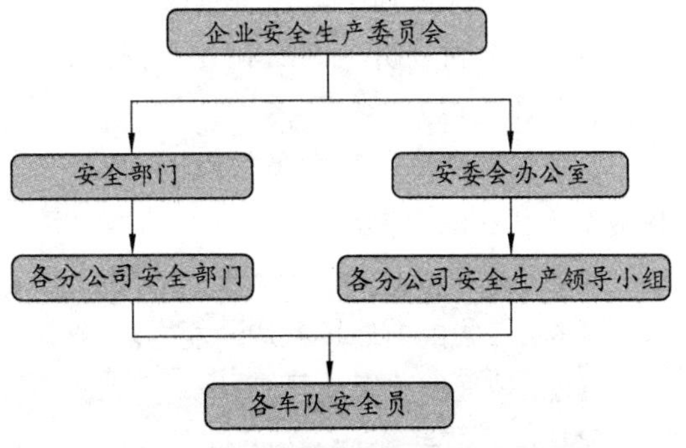

图5-4 四级安全管理机构结构图

（1）安全管理人员的职业道德要求。

①应有较高的思想觉悟和正常水平。

②遵守法律法规和规章制度要求。

③忠于职守、勇于负责、处理果断、办事认真。

④坚持原则、廉洁奉公、具有高度的事业心和责任感。

（2）安全管理人员具备的专业知识。

安全管理人员应具备一定的专业知识和其他相关知识技能。

①专业知识应该包括日常安全管理知识、车辆技术管理、运输工程等方面的基础知识。

②安全管理人员应熟悉各项安全生产法律、法规、规章、标准等要求，并按照法律法规要求运用到实际安全管理中，不断提高安全管理水平。

③安全管理人员还应熟悉人员救护、车辆消防、车辆保险、气象分析等其他方面的相关知识。

（3）安全管理人员应具备的资历。

安全管理人员应具有在运输企业基层3年以上的工作经历，熟悉基层的安全管理和车辆技术管理等工作。从学历上讲，原则上应具有大专以上学历，不低于或相当于高中学历的，经过培训，考核合格后方可上岗。

（4）安全管理人员应具备的能力。

安全管理人员应具备运用科学知识和实

际经验，因时因地、联系实际、果断有效地解决具体问题和做出相应决策的能力，具体体现在以下几个方面：

（1）正确分析、判断和处理安全管理中多种问题的能力。

（2）对意外和突发事故及时果断采取相应对策和应变协调能力。

（3）较强的口头和文字表达能力。

（4）较强的内外事务沟通能力。

（5）较强的组织领导能力。

3 安全生产管理机构职责

（1）安全生产委员会职责。

①研究制订安全生产工作计划和目标的方案，部署、督促相关部门按要求组织制订，并对具体的计划和目标进行审议、确定。

②组织制订安全生产资金投入计划和安全技术措施计划，部署并督促相关部门落实。

③组织制订或者修订安全生产制度、安全操作规程，并对执行情况进行监督检查。

④检查本公司生产、作业的安全条件，生产安全事故隐患的排查及整改效果。

⑤按规定监督、检查劳动防护用品的采购、发放、使用和管理工作。

⑥研究、部署职业病防治措施。

⑦制订安全生产宣传教育培训计划，督促相关部门组织落实。组织相关部门总结推广安全生产先进经验。

⑧配合生产安全事故的调查和处理。

⑨每季度至少召开一次安全生产专题会议，协调解决安全生产问题，做好会议纪要，妥善保存。

⑩每次会议要跟踪上次会议工作要求的落实情况，并制定新的工作要求。

⑪负责部署、指导、监督、检查安全管理部门的工作。

⑫研究、制订、安全生产大检查、专业检查和季节性检查工作方案，组织、部署相关部门实施。发现的安全隐患要及时制定措施，督促相关部门予以处理和解决。

⑬对重大事故及重大未遂事故组织调查与分析。按照“四不放过”原则从生产、技术、设备、管理等方面查找事故发生的原因、责任，并制定措施，对责任者做出处理决定。

（2）安全管理部门职责。

①组织制订安全生产年度目标和实施计划，并按企业各部门的职能，进行目标分解、培训、考核，监测、评估、修订。

②组织制订安全生产资金投入计划和安全技术措施计划，并督促相关部门落实。

③组织制订或者修订安全生产制度、安全操作规程，并对执行情况进行监督检查。

④检查公司生产、作业的安全条件，生产安全事故隐患的排查及整改效果；制止和查处违章指挥、违章作业行为。

⑤配合政府有关部门对生产建设项目安全设施“三同时”和职业病防护设施的审查验收工作。

⑥指导和督促承包、承租单位、协作单位履行安全生产职责，审核承包、承租、协作单位资质、证照和资料。

⑦按规定监督劳动防护用品的采购、发放、使用和管理工作，并监督、检查和教育从业人员正确佩戴和使用。

⑧组织有关部门研究职业病防治措施。

⑨组织实施安全生产宣传教育培训，总结推广安全生产先进经验。

⑩配合生产安全事故的调查和处理，履行事故的统计、分析和报告职责，协助有关部门制订事故预防措施并监督执行。

⑪编制和审议年度安全计划措施计划，对措施需要的设备、材料、资金及实施日期，制订计划并付诸实施。

⑫组织安全生产大检查、专业检查和季节性检查，发现的安全隐患要及时采取措施，予以处理和解决。

⑬建立日常安全检查制度，对各部门的安全工作要经常进行巡视检查监督，宣传先

进，教育后进。

⑭对重大事故及重大未遂事故组织调查与分析。按照“四不放过”原则从生产、技术、设备、管理等方面查找事故发生的原因、责任，并制定措施，对责任者给予处理。

⑮至少每月召开一次安全工作例会，主要内容包括落实安全生产领导小组的会议决议，总结上一阶段的安全生产工作、安全生产目标、安全生产指标的完成情况，传达上级机构对安全生产的指令、文件精神及公司安全生产相关措施，总结安全生产存在的问题，公司对安全生产工作进行部署、对从业人员进行安全教育等。

⑯按照公司安全生产的要求，负责向各部门、各基层单位的专兼职安全员，布置、检查、指导、汇总安全生产工作。

⑰负责辨识、获取有关安全生产的法律法规、标准规程。

⑱做好安全基础工作，建立驾驶员档案，做好各项安全工作记录。

⑲发生安全事故立即报告并开展救援工作。

三 安全管理规章制度

1 安全生产规章制度建设的依据、原则和必要性

（1）建立安全生产规章制度必要性。

①建立健全安全生产规章制度是生产经营单位的法定责任。

②建立健全安全生产规章制度是生产经营单位安全生产的重要保障。

③建立健全安全生产规章制度是生产经营单位保护从业人员安全与健康的重要手段。

（2）安全生产规章制度建设的依据。

①以安全生产法律法规、国家和行业标准、地方政府的法规和标准为依据。

②安全生产规章制度的建设核心是危险有害因素的辨识和控制。

③以国际、国内先进的安全管理方法为依据。

（3）安全生产规章制度建设坚持的原则有。

①“安全第一，预防为主，综合治理”的原则。

②坚持主要负责人负责的原则。

③系统性原则。

④规范化和标准化原则。

2 安全生产规章制度体系

按照安全系统工程和人机工程原理建议的安全生产规章制度体系，一般分为四类，包括综合安全管理制度、人员安全管理制度、设备设施安全管理制度以及环境安全管理制度，如图5-5所示。

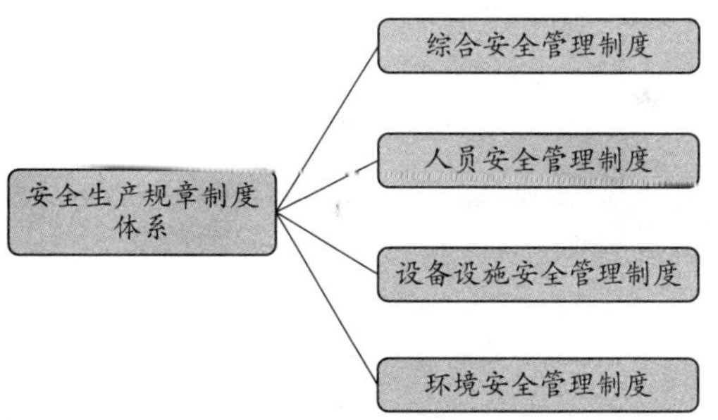

图5-5　安全生产规章制度体系图

1 综合安全管理制度

（1）安全生产管理目标、指标和总体原则。

安全生产管理目标、指标和总体原则应包括：生产经营单位安全生产的具体目标、指标，明确安全生产的管理原则、责任，明确安全生产管理的体制、机制、组织机构、安全生产风险防范和控制的主要措施，日常安全生产管理的重点工作等内容。

（2）安全生产责任制。

安全生产责任制属于安全生产规章制度范畴，安全生产责任制的核心是清晰安全管理的责任界面，解决“谁来管，管什么，怎么管，承担什么责任”的问题，安全生产责任制是生产经营单位安全生产规章制度建立的基础。

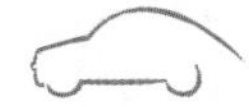

建立安全生产责任制，应体现安全生产法律法规和政策、方针的要求；应与安全生产经营单位安全生产管理体制、机制协调一致；应做到与岗位工作性质、管理职责协调一致，做到明确、具体、有可操作性；应有明确的监督、检查标准或指标，确保责任制切实落实到位；应根据生产经营单位管理体制变化及安全生产新的法规、政策及安全生产形势的变化及时修订完善。

（3）安全会议制度。

企业应定期召开安全工作会议，总结安全管理工作中的问题，提出安全工作计划，定期组织安全学习活动。

（4）安全费用管理制度。

应明确企业安全费用的提取比例，安全费用的审核使用流程，安全费用的使用范围和监督保障措施。

（5）安全检查制度。

应明确检查对象、检查方式、检查频率、检查人员、检查结果处置等相关内容。

（6）档案管理制度。

应明确企业管理制度、文件等资料档案的管理要求，管理流程等，对企业的安全管理信息实施档案化管理，包括车辆档案和人员档案等。

（7）相关方安全管理。

企业应与相关方签订安全管理协议，明确双方安全管理职责，审查相关方的相关资质条件，定期开展相关方安全检查并组织制定相关安全技术措施。

（8）行车安全管理制度。

应明确车辆营运过程中的注意事项和管理要求，无违规违章运营，杜绝违章驾驶，保障安全运用的相关措施和处罚规定。

（9）危险源管理制度。

应明确危险源的辨识、评估、控制的相关要求，按规定定期开展危险源的辨识和风险评估，制定相应的控制措施并有效实施，建立危险源清单和档案。

（10）隐患排查与治理制度。

应明确应排查的对象、排查周期、隐患的分析和治理措施，隐患的统计和跟踪管理等。

（11）事故报告和调查处理制度。

应明确事故报告程序、要求、现场应急处置、现场保护，严格按照四不放过对事故情况进行处理等。

（12）应急救援管理制度。

应明确企业应急管理的部门，应急预案的编制、审核、发布、培训、演练实施和修订等。应急预案分为综合预案、专项预案和现场处置方案。

应急预案编制完成以后，应报当地安全监督管理部门和主管机关进行备案，与相关主管部门的预案进行衔接，一旦发生突发事件，能够立即启动预案，实施应急救援，最大限度减小事故损失。

综合安全管理制度体系如图5-6所示。

2 人员安全管理制度

（1）安全教育培训制度。

应明确企业各级管理人员安全管理知识培训，新员工三级教育培训，转岗和复岗培训，新材料、新工艺、新设备投入使用的培训，特种作业人员培训，从业人员继续教育培训等培训要求，还应明确各项培训的对象、内容、时间及考核要求等。企业应建立培训教育档案。

（2）劳动防护用品发放使用和管理制度。

应明确企业劳动防护用品的种类、适用范围、领取程序、使用前检查和更换周期等内容。

（3）作业现场安全管理制度。

应明确作业现场岗位作业人员的安全措施要求，特种作业和危险性较大的作业应明确作业程序，实施安全许可作业，保障安全的组织措施、技术措施的制定及执行等内容。

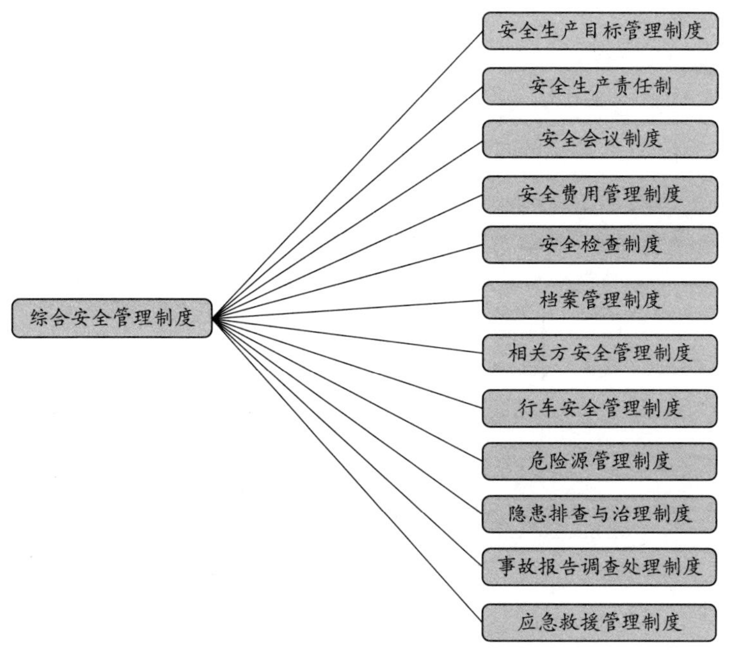

图5-6 综合安全管理制度体系图

（4）安全考核与奖惩制度。

应明确考核对象、考核方法、考核周期、考核结果的通报以及奖惩措施等。

（5）驾驶员安全告诫制度。

应明确驾驶员在驾驶过程中应注意的问题和不安全因素，对驾驶过程中可能存在的危险因素对驾驶员进行告诫，确保安全驾驶。

人员安全管理制度体系如图5-7所示。

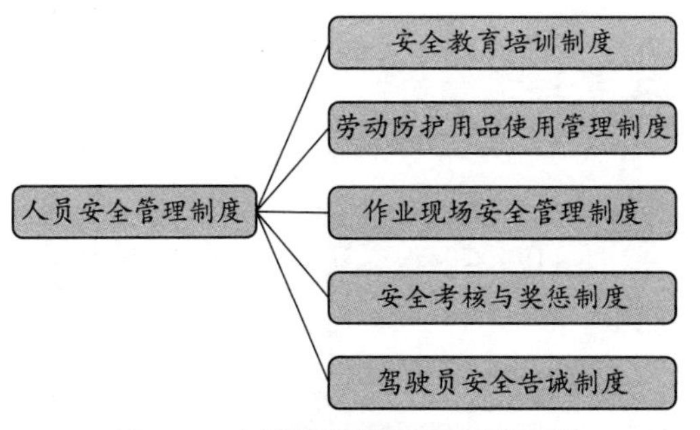

图5-7 人员安全管理制度体系图

3 设备设施安全管理制度

（1）车辆安全管理制度。

应明确车辆的检查和维护的周期，车辆维修，车辆的一、二级维护等内容和要求，应设置车辆的技术管理机构或专职技术管理人员对车辆实施技术管理。

（2）车辆例检管理制度。

应明确车辆例检管理程序，车辆例检的主要内容，车辆出车前、行车中、收车后的安全检查要求。

（3）安全设施管理制度。

应明确安全设施的种类、名称、用途、数量以及定期检查检测要求。

（4）动态监控装置安装使用管理制度。

应明确车辆动态监控装置的安装、使用、实时监控、驾驶员违规提醒、违规信息登记处理、定期检查维护等要求等。

设备设施安全管理制度体系如图5-8所示。

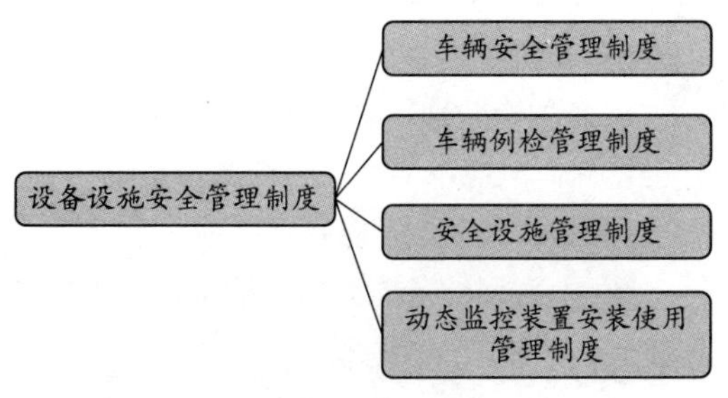

图5-8 设备设施安全管理制度体系图

4 环境安全管理制度

（1）安全警示标志管理制度。

应明确安全警示标志的种类、名称、数量、地点和位置，安全警示标志的定期检查、维护等。

（2）职业健康管理制度。

应明确作业现场存在的职业危害因素的种类、场所，职业危害岗位从业人员的定期职业健康检查，职业危害防护设施、设备的设置和发放等。

环境安全管理制度体系如图5-9所示。

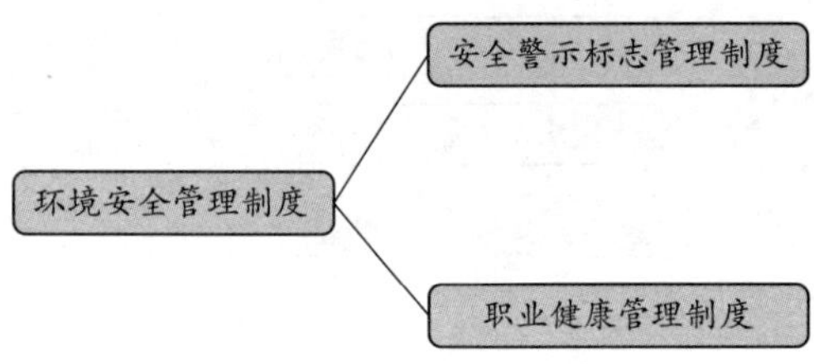

图5-9 环境安全管理制度体系图

四 安全投入

《中华人民共和国安全生产法》第二十条规定，生产经营单位应当具备的安全生产条件所必需的资金投入，由生产经营单位的决策机构、主要负责人或者个人经营的投资人予以保证，并对由于安全生产所必需的资金投入不足导致的后果承担责任。有关生产经营单位应当按照规定提取和使用安全生产费用，专门用于改善安全生产条件。安全生产费用在成本中据实列支。

安全生产费用提取、使用和监督管理依据《企业安全生产费用提取和使用管理办法》（财企〔2012〕16号）执行。

1 安全生产费用的提取

交通运输企业以上年度实际营业收入为计提依据，按照以下标准平均逐月提取：

（1）普通货运业务按照1%提取；

（2）客运业务、管道运输、危险品等特殊货运业务按照1.5%提取。

企业在上述标准的基础上，根据安全生产实际需要，可适当提高安全费用提取标准。新建企业和投产不足一年的企业以当年实际营业收入为提取依据，按月计提安全费用。

2 安全费用使用范围

交通运输企业安全费用应当按照以下范围使用：

（1）完善、改造和维护安全防护设施设备支出（不含“三同时”要求初期投入的安全设施），包括道路、水路、铁路、管道运输设施设备和装卸工具安全状况检测及维护系统、运输设施设备和装卸工具附属安全设备等支出；

（2）购置、安装和使用具有行驶记录功能的车辆卫星定位装置、船舶通信导航定位和自动识别系统、电子海图等支出；

（3）配备、维护应急救援器材、设备支出和应急演练支出；

（4）开展重大危险源和事故隐患评估、监控和整改支出；

（5）安全生产检查、评价（不包括新建、改建、扩建项目安全评价）、咨询和标准化建设支出；

（6）配备和更新现场作业人员安全防护用品支出；

（7）安全生产宣传、教育、培训支出；

（8）安全生产适用的新技术、新标准、新工艺、新装备的推广应用支出；

（9）安全设施及特种设备检测检验支出；

（10）其他与安全生产直接相关的支出。

3 安全费用的管理

企业提取的安全费用应当专户核算，按规定范围安排使用，不得挤占、挪用。年度结余资金结转下年度使用，当年计提安全费用不足的，超出部分按正常成本费用渠道列支。

企业应当建立健全内部安全费用管理制度，明确安全费用提取和使用的程序、职责

及权限，按规定提取和使用安全费用。

企业应当加强安全费用管理，编制年度安全费用提取和使用计划，纳入企业财务预算。企业年度安全费用使用计划和上一年安全费用的提取、使用情况按照管理权限报同级财政部门及行业主管部门备案。

企业提取的安全费用属于企业自提自用资金，其他单位和部门不得采取收取、代管等形式对其进行集中管理和使用，国家法律、法规另有规定的除外。

4 安全资金使用监督和保障

企业应当严格遵守安全费用管理制度，明确安全费用使用、管理的程序、职责及权限；企业安全生产费用的提取使用要接受安全生产监督管理部门和财政、审计部门的监督。年度终了，企业要在年度财务会报告中说明安全生产费用提取和使用的具体情况。

企业安全费用的投入，由企业的决策机构、主要负责人予以保证，并对由于安全生产所需要的资金投入不足导致的后果承担责任。

企业的决策机构、主要负责人不依照规定保证安全生产所需的资金投入，致使企业不具备安全生产条件的，责令限期改正，提供必需的资金；逾期未改正的，责令运输企业停产停业整顿。有以上违法行为，导致发生安全生产事故，构成犯罪的，依法追究刑事责任；尚不够刑事处罚的，对运输企业的主要负责人给予撤职处分。

五 安全教育培训

1 主要负责人和安全管理人员安全教育培训

企业的主要负责人和安全生产管理人员必须具备与本单位所从事的生产经营活动相应的安全生产知识和管理能力。

企业的主要负责人和安全生产管理人员，应当由主管的负有安全生产监督管理职责的部门对其安全生产知识和管理能力考核合格。取得安全资格证书后方可任职。

1 生产经营单位主要负责人培训内容

（1）国家安全生产方针、政策和有关安全生产的法律、法规、规章及标准；

（2）安全生产管理基本知识、安全生产技术、安全生产专业知识；

（3）重大危险源管理、重大事故防范、应急管理和救援组织以及事故调查处理的有关规定；

（4）职业危害及其预防措施；

（5）国内外先进的安全生产管理经验；

（6）典型事故和应急救援案例分析；

（7）其他需要培训的内容。

2 安全管理人员安全培训内容

（1）国家安全生产方针、政策和有关安全生产的法律、法规、规章及标准；

（2）安全生产管理、安全生产技术、职业卫生等知识；

（3）伤亡事故统计、报告及职业危害的调查处理方法；

（4）应急管理、应急预案编制以及应急处置的内容和要求；

（5）国内外先进的安全生产管理经验；

（6）典型事故和应急救援案例分析；

（7）其他需要培训的内容。

3 培训学时

主要负责人和安全生产管理人员初次安全培训时间不得少于32学时。每年参加脱产再培训时间不得少于24学时。

2 从业人员安全培训

企业应当对从业人员进行安全生产教育和培训，保证从业人员具备必要的安全生产知识，熟悉有关的安全生产规章制度和安全操作规程，掌握本岗位的安全操作技能，了解事故应急处理措施，知悉自身在安全生产方面的权利和义务。未经安全生产教育和培训合格的从业人员，不得上岗作业。

企业使用被派遣劳动者的，应当将被派

遣劳动者纳入本单位从业人员统一管理，对被派遣劳动者进行岗位安全操作规程和安全操作技能的教育和培训。劳务派遣单位应当对被派遣劳动者进行必要的安全生产教育和培训。

企业接收中等职业学校、高等学校学生实习的，应当对实习学生进行相应的安全生产教育和培训，提供必要的劳动防护用品。学校应当协助生产经营单位对实习学生进行安全生产教育和培训。

企业应当建立安全生产教育和培训档案，如实记录安全生产教育和培训的时间、内容、参加人员以及考核结果等情况。

3 特种作业人员培训

特种作业人员必须按照国家有关规定经专门的安全作业培训，取得特种作业操作证（图5-10）后，方可上岗作业。

特种作业操作证有效期为6年，在全国范围内有效。特种作业操作证每三年复审一次。特种作业操作证申请复审或者延期复审前，特种作业人员应当参加必要的安全培训并考试合格。安全培训时间不少于8学时。

图5-10 特种作业操作证

第二节 危险源辨识基础知识

一 危险源的认识

危险源是一个系统中具有潜在能量和物质释放危险的，可造成人员伤害、财产损失或环境破坏的，在一定的触发因素作用下可转化为事故的部位、区域、场所、空间、岗位、设备及其位置。它的实质是具有潜在危险的源点或部位，是爆发事故的源头，是能量、危险物质集中的核心，是能量从那里传出来或爆发的地方，那么找准危险源的源点和部位的前提是正确认识危险源，了解它的特点和类型。

1 基本概念

危险源的概念辨识包括危险源与事故隐患、危险因素、危险及有害因素等概念的区分和认识，以下对这几个概念进行辨析。

① 危险源

危险源是指一个系统中具有潜在能量和物质，释放危险的，可造成人员伤害、财产损失或环境破坏的，在一定的触发因素作用下可转化为事故的部位、区域、场所、空间、岗位、设备及其位置。

② 事故隐患

事故隐患是指生产经营单位违反安全生产法律、法规、规章、标准、规程和安全生产制度的规定，或者因其他因素在生产经营活动中存在可能导致事故发生的危险状态、人的不安全行为和管理上的缺陷。

危险源本身是一种“根源”，事故隐患是可能导致伤害或疾病等的主体对象，或可能诱发主体对象导致伤害或疾病的状态。例如：装乙炔的气瓶发生了破裂，危险源是乙炔，是可能导致事故的根源；事故隐患是乙

炔瓶破裂，导致事故的“状态”。

3 危险因素

危险因素指能对人造成伤亡或对物造成突发性损害的因素。

4 有害因素

有害因素指能影响人的身体健康，导致疾病，或对物造成慢性损害的因素。

5 风险

风险指某一特定危险情况发生的可能性和后果的组合。

6 危险、有害因素的辨识

危险、有害因素的辨识是确定危险、有害因素的存在及其大小的过程，通常两者通称为危险有害因素。

7 危险、有害因素的产生

（1）能量、有害物质。

①能量就是做功的能力，它既可以造福人类，也可以造成人员伤亡或财产损失；一切产生、供给能量的能源和能量的载体在一定的条件下，都可能是危险、危害因素。

②有害物质在一定条件下能损伤人体的生理机能和正常的代谢功能，破坏设备和物品的效能，也是最根本的危害因素。

（2）失控。

①故障（包括生产、控制、安全装置和辅助设施等）。

②人员失误。

③管理缺陷。

④温度、风雨雷电、照明等环境因素都会引起设备故障或人员失误。

2 危险源的分类

根据危险源在事故发生中所起的作用不同，可将危险源划分为根源危险源（又称第一危险源）和状态危险源（又称第二危险源）。

（1）根源危险源。

根据能量意外释放论，事故是能量或危险物质的意外释放，造成人员伤害的直接原因是作用于人体的过量的能量或干扰人体与外界能量交换的危险物质。于是，把系统中存在的、可能发生意外释放的能量或危险物质称为根源危险源。实际工作中，把产生能量的能量源或拥有能量的能量载体看作根源危险源来处理。高速行驶的汽车，发生道路交通事故，会造成人员伤害、财产损失或者环境破坏，造成这些不良后果的根本原因，主要是高速行驶的汽车具有较大的动能，遇到阻隔，能量意外释放，具有较大的破坏力，是导致伤害的根本，是根源危险源。

（2）状态危险源。

在生产、生活中，为了利用能量，让能量按照人们的意图在生产过程中流动、转换和做功，就必须采取屏蔽措施约束、限制能量，即必须控制危险源。约束、限制能量的屏蔽应该能够可靠地控制能量，防止能量意外地释放。然而，实际生产过程中绝对可靠的屏蔽措施并不存在。在许多因素的复杂作用下，约束、限制能量的屏蔽措施可能失效，甚至可能被破坏而发生事故。导致约束、限制能量屏蔽措施失效或破坏的各种不安全因素称作状态危险源，它包括人、物、环境3个方面的问题。

道路运输企业系统中，除了行驶的汽车遇到极端自然灾害如泥石流、地震等根源危险源外，一次事故的发生，可能是车辆机械、设备、电路故障，可能是加油站中吸烟的顾客，可能是驾驶员的一次误操作，可能是驾驶员的疲劳驾驶导致短时间瞌睡，可能是冰雪路面，可能是一次交通事故的占道车辆，可能是不遵守交通规则闯红灯的电动自行车，也可能是过马路猛跑的行人，都会导致根源危险源对他人和自身造成伤害。以上这些人、物、环境的不安全因素就是状态危险源。

根源危险源是客观存在的，防范事故的重点是控制状态危险源。两类危险源的关系如图5-11所示。

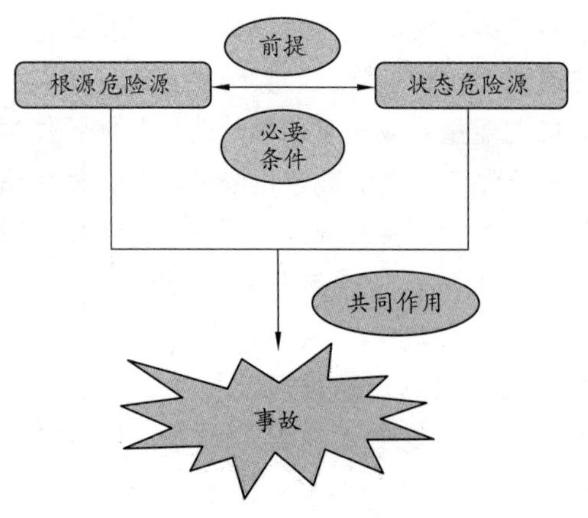

图5-11　两类危险源关系

3 危险源产生的根源

危险源产生的根源来自于三个方面：物的不安全状态、人的不安全行为、管理及环境缺陷。

（1）物的不安全状态。

物的不安全状态包括：能量及有害物质的存在及设备故障两方面造成的后果。

（2）人的不安全行为。

人的不安全行为可能是：本不应做而做了某件事；本不应该这样做（应该用其他方式做）而这样做的某件事；也可以是应该做某件事却没做成。

（3）管理及环境缺陷。

管理及环境方面的缺陷对危险源产生的影响主要在于缺陷的存在加剧了物的不安全状态和人的不安全行为的危险程度，从而诱发事故的发生。另外，它们也会直接导致事故的发生。

二 危险源辨识的意义

危险源辨识主要是对危险源的识别，对其性质加以判断，对可能造成的危害、影响进行提前进行预防，以确保生产的安全、稳定。危险源辨识可以理解为从企业的生产活动中识别出可能造成人员伤害、财产损失和环境破坏的因素，并判定其可能导致的事故类别和导致事故发生的直接原因的过程。

1 进行危险源辨识是国家安全生产法律法规的要求

《中华人民共和国安全生产法》将“安全第一，预防为主，综合治理”定为我国安全生产工作的基本方针。这一方针是我国安全生产工作长期经验的总结，可以说是用鲜血和生命换来的。安全生产关系到人民群众生命和财产安全，关系到企业健康发展。实践证明，要搞好安全生产工作，必须坚定不移地贯彻、执行这一方针。

2 进行危险源辨识是企业实现安全生产目标的要求。

企业的生产安全管理实际就是风险管理，管理的内容包括危险源辨识、风险评价、危险预警与监测管理、事故预防与风险控制管理及应急管理。企业为实现自己的生产经营目标，必须要加强安全管理，辨识生产经营过程中的各种危险有害因素、评价风险、制定预防措施，最大限度地控制事故的发生，保障从业人员的生命安全，减少财产损失。

3 进行危险源辨识是员工自我保护的需要。

生产经营活动中存在着诸多危险有害因素，从业人员在从事生产经营活动时，为了保证自己的健康与安全，必须要及时辨识出各种危险，提前做好预防和控制这些危险的措施，以此来规避事故风险，保护自己在从事生产经营活动中的安全与健康。

4 进行危险源辨识是生产经营单位建立与运行职业健康安全管理体系的要求。

企业建立与运行职业健康安全管理体系的目的是实现事故预防，而危险源是导致事故的根源。所以危险源是职业健康安全的核心问题，而危险源辨识则是危险源控制的起点。危险源的辨识是企业建立职业健康安全管理体系的初始评审阶段的一项主要工作，同时也是体系的核心要素。因此危险源的辨识格外重要。

第三节 道路运输危险源辨识

要控制危险源必须首先辨识危险源，也就是找出运输活动中存在哪些根源危险源和状态危险源。辨识危险源包含两个过程：识别、确定特性。识别危险源是为了确定系统中存在哪些危险因素；确定危险源特性是为了根据其性质采取相对应的控制措施，是根源危险源得到有效控制，处于相对安全的状态，同时消除状态危险源。

道路运输过程中存在多种多样的危险源，主要包括五大类，一是人的不安全行为；二是物的不安全因素；三是道路的不安全因素；四是行车环境不安全因素；五是运输企业安全管理不完善。这些危险源中，有的可能直接导致事故发生，如车辆故障等；有的可能是事故发生的深层次原因或根本原因，如企业管理不完善等。无论哪种危险源，只要存在，就会为事故发生埋下隐患。道路运输危险源辨识的内容见表5-1。

道路运输危险源辨识的内容　　表5-1

危险源	主要内容
人的不安全行为	驾驶员、其他交通参与者
物的不安全因素	车辆本身特点、车辆结构、技术状态、车内物品、车载货物
道路的不安全因素	典型道路、特殊路段、道路通行条件
行车环境不安全因素	夜间、特殊天气、自然灾害
道路运输企业安全管理不完善	安全管理制度不完善、执行不力

一 驾驶员、其他运输参与人员的不安全行为

道路运输过程中，人员方面的危险因素一般包括驾驶员性格和心理缺陷、生理异常，驾驶过程中违规驾驶、错误操作、注意力分散及其他交通参与者的不安全行为等。此处，我们将这类与人有关的危险源统一称为道路运输过程中人的不安全行为。

1 驾驶员性格、心理缺陷

驾驶员的性格、心理缺陷主要表现为驾驶员个性存在缺点，如易激动、急躁、懒惰、侥幸心理、自负、自卑、马虎大意等，这些因素容易使驾驶员出现危险的驾驶行为，酿成事故。驾驶员许多违规驾驶、操作错误、注意力分散等的不安全行为都与其本身的个性缺陷有着或多或少的联系。因此，驾驶员弥补缺陷、克服缺点，对于安全行车至关重要。

2 驾驶员生理异常

驾驶员生理异常主要表现为疾病、药物不良反应、疲劳、饮酒后不适等，每年因驾驶员生理异常引发的交通事故时有发生。驾驶员生理异常危险源辨识见表5-2。

驾驶员生理异常危险源辨识表

表5-2

危险源分类	危险源	事件/风险
驾驶员生理不良	疲劳	长时间工作使驾驶员出现瞌睡、注意力不集中、反应变慢等疲劳状态，容易使驾驶员无意识操作和误操作
	药物不良反应	驾驶员服用某些药物后出现反应迟钝、嗜睡、兴奋等不良反应，不利于安全行车，易引发事故
	疾病	驾驶员在行车过程中出现心脏病、脑溢血、耳病、头痛头晕、急性肠胃炎等疾病，失去对车辆的操控能力，易引发事故
	饮酒后不适	驾驶员饮酒后执意上路驾驶，因眩晕、恶心、对路况的观察和判断能力减弱等原因导致事故

3 驾驶员违规驾驶

驾驶员违规驾驶是指驾驶员违反《中华人民共和国道路交通安全法》及相关法律法规规定，选择有潜在风险的驾驶行为，主要特征为一般性违规和攻击性、报复性违规。具体见表5-3。

驾驶员违规驾驶危险源

表5-3

危险源分类	危险源	事件/风险
驾驶员违规驾驶	一般性违规，不指向他人	为了赶时间，驾驶员在明知道已经变灯的情况下还是强行通过路口，易与其他正常行驶的车辆发生碰撞等事故； 驾驶员逆行、违法停车、超速行驶、酒后驾驶、违法倒车、违法掉头、违法会车、违法牵引、违法装载、货车超载、客车超员等
	违规行为指向他人，具有攻击性、报复性	故意和前面的车辆靠得很近，以示意前面的驾驶员离自己远些或赶紧让路； 对于妨碍自己行驶的车辆，如行驶缓慢或“加塞车辆”感到非常气愤，使劲按喇叭、爆粗口表示不满，甚至故意撞击前车； 强行超车； 强行变更车道等

4 驾驶员操作错误

驾驶员操作错误主要包括危险性错误和无危害性错误。危险性错误是指容易直接造成交通事故的行为，无危害性错误是指错误行为在当前一般不会直接导致交通事故的行为。无危害性错误对安全行车有很大的影响，例如，一位驾驶员想去A地，却在A地与B地的交叉口错误地驶向B地，驾驶员发现这一情况后，为了尽快赶到A地常常选择超速驾驶，给安全行车埋下了隐患。驾驶员操作错误危险源辨识见表5-4。

驾驶员操作失误危险源

表5-4

危险源分类	危险源特性	事件/风险
驾驶员操作错误	危险性错误，如：操作不当、操作失误	在打滑的路面上紧急制动，或制动时使车辆滑出路面；前方有紧急情况，想要停车时，错把加速踏板当制动踏板，与前车相撞； 当改变车道或者并线的时候，没有观察后视镜，易发生追尾、碰撞等事故； 在由主路开到辅路时，没有注意周围的行人、非机动车，易发生碰撞、剐蹭等事故；转弯时，未注意车辆内外轮差，剐蹭对向车辆
	（短期）无危害性错误行为	想要去A地，却行驶在去往B地的路线上； 本来想开刮水器或者别的装置，却开了前照灯

5 驾驶员注意力分散

在行车过程中，驾驶员不断地观察和处理外界信息，集中注意力非常重要。行驶速度为90km/h的车辆1s可以驶出25m。所以，

即使几秒的注意力分散也非常容易引发交通事故。

驾驶员注意力分散诱发原因分为主观原因和客观原因。主观原因注意力分散是由驾驶员自身不安全驾驶行为引起的；受外界事物和环境影响引起的注意力分散称为客观原因注意力分散。驾驶员注意力分散危险源辨识见表5-5。

驾驶员注意力分散危险源辨识　表5-5

危险源分类	危险源特性	事件/风险
驾驶员注意力分散	驾驶员主观原因注意力分散	驾驶员在驾驶过程中打电话、想事情、与人热烈交谈、观察其他交通事故或者过于关注新奇事物，容易诱使危险发生
	驾驶员客观原因注意力分散	道路环境单一，驾驶员注意力无法持续集中

6 其他交通参与者的不安全行为

在道路运输过程中，其他交通参与者的不安全行为同样是引发事故的重要危险源，驾驶员稍有疏忽变可能导致严重的交通事故。具体见表5-6。

其他交通参与者的危险源辨识　表5-6

危险源	危险源特性	事件/风险
其他交通参与者的不安全行为	违反交通规则	其他机动车驾驶员逆向行驶、占道行驶、违法超车、超速行驶、酒后驾驶等，驾驶员躲避不及易发生交通事故； 行人、骑自行车人、骑电动车人横穿马路、逆向行驶、占道行驶等； 年轻人赛车行为，影响车辆正常行驶
	行为不自知、不自觉	老年人行动迟缓，行走时不注意观察路况，遇到危险情况来不及躲避； 儿童行为不自知，不具备道路安全意识，嬉戏打闹、闯入道路； 其他交通参与者在经过路口时，忽视危险，突然冲出； 行人打伞，遮挡住视线，不顾及周围车辆
	专注于其他事物	行人交谈中、打电话或听音乐，忽视车辆靠近；路面施工人员专注于施工工作，没有注意车辆

二 道路运输车辆的不安全因素

道路运输过程中，车辆、行李物品及货物也是不安全因素，主要表现在车辆本身特点引发的行车不安全因素，车辆结构、技术状况的不安全状态及车内物品、车载货物存在的危险三个方面的内容。

1 车辆本身特点的不安全因素

道路运输车辆本身结构、行驶特点等与其他机动车存在很大差异，如果驾驶员不了解这些差异，不注意这些差异性和特殊性给运输安全带来的风险，交通事故便很有可能发生。具体见表5-7。

危险源—车辆本身的行车不安全状态　表5-7

危险源分类	危险源	具体表现
结构存在风险	车体庞大（车身长宽高数值较大），运载质量体积较大	转弯、倒车、停车、超车等占用多车道； 重心高，体积大易侧翻； 遇软路肩、危桥，易压垮道路设施及路桥本身
	车辆存在视觉盲区	驾驶员看不到盲区行人、车辆

续上表

危险源分类	危 险 源	具体表现
行驶特点存在危险	与其他车辆之间存在减速差	高速公路小客车与大货车、大客车的设计车速与限制车速不同，存在绝对速度差，迫使其他车辆频繁变化车道，超车，加大风险
	内外轮差大	转弯时碰撞、剐蹭内侧行人其他车辆
	加速性能差	加速慢，被其他车辆追尾
	惯性大、制动距离长	前方有紧急情况，减速不及时

2 车辆技术状况的不安全状态

车辆技术状况的不安全状态主要包括车辆技术状况不良和安全装置失效。具体见表5–8和表5–9。

危险源—车辆技术状况不良 表5–8

危险源分类	危 险 源	具体表现
技术状况	制动劣化或失效	不能及时制动或车辆失控
	转向不良或失效	不能按意图转向
	照明、信号装置不良	前照灯损坏，照明受影响，夜间行驶无法观察路况；转向灯不亮，专项意图无法控制
	侧向稳定性差	车辆在横向车道行驶，或进行超车转弯等操作时易发生侧滑或侧翻
	车辆悬挂、减振系统缺陷	车辆经过坑洼路面，颠簸颤动严重，造成人员不适，货物移动、脱落或碰撞
	车速表故障	驾驶员不能准确控制行车速度
	轮胎磨损严重、有裂纹或扎入杂物	车辆在行驶过程中车辆附着力不够，制动距离延长；易发生爆胎
	发动机故障	车辆无法正常起动； 车辆抛锚、应急停车影响其他车辆通行； 车辆中途停火，无法正常操控
	车辆的电路接头裸露在外	出现接头打铁现象，产生大量的打铁火花，打铁火花与油罐车表面的油气接触，便会引起燃烧，进而造成火灾和油罐爆炸事故。在装卸油过程中更容易发生
	危货运输槽车顶部无阻火器、呼吸阀、排气火花熄灭器等装置	火星迸出引起火灾爆炸事故
	危货运输槽车储槽内无金属分隔	储槽内应有若干金属板分隔，使罐体具有足够的刚度，并能使车辆行驶时液体不致剧烈晃动、摩擦而产生静电
	危货储罐车卸油管尾端低于卸油阀门口	罐内油品未卸净，卸油阀门未关紧，易造成油品泄漏，污染环境或发生交通事故；卸油管内残留的油品，逐渐地滴落在道路和停车场，造成污染或发生事故
	货厢运输车辆内无离子感烟火灾探测器	货厢内部应具有良好的感烟雾报警性能。当有烟雾发生时，应在3min内感烟火灾探测器报警，驾驶室内置报警装置，报警声音强度100dB以上
	爆破器材运输车辆缺少抗爆容器	抗爆容器宜装在后仓内。隔离墙的厚度不应小于80mm。墙的夹层内应装入能吸收爆炸冲击波能量且不燃（或阻燃）的材料；安装抗爆容器时，泄爆孔的位置应避免与汽车底盘的重要零部件相对峙。在发生事故时缓冲爆炸能量

危险源—车辆的安全装置失效 表5-9

危险源分类	危 险 源	具体表现
主动安全装置失效	视镜损坏	视镜损坏，相关人员观察道路状况受到影响
	刮水器失效	刮水器无法正常使用，影响视线
	喇叭失效	其他车辆人员或交通参与人员接收不到交通信号
	遮阳板、遮雨布破损或缺失	阳光直射，影响驾驶员观察道路；照射危货物品，暴晒或过度照射温度过高导致火灾爆炸；遮雨布破损使危货物品淋雨导致发生反应。 危货运输车辆在行车途中发生故障，或者在实行夏时制，所规定的时间内不能卸油时，车辆应停放在阴凉处或遮阴篷里
	防抱死制动系统（ABS）等安全装置失效	车轮抱死、车辆侧滑
	排气管、消声器漏气或无防火罩	排气管和消声器漏气，排气系统有破损或裂缝，出现漏气后，有可能出现缸体内积炭火星外排的问题，在装卸油区内就有可能发生火灾或爆炸事故。也有可能因罐漏油发生火灾事故。排气管应加防火（星）罩，并宜设在车头位置（易燃液体装卸操作一般在车尾部及侧部），防止因火星迸出导致火灾爆炸事故
	灯光损坏或效果不全	正常行驶时无法向其他车辆给出正常信号或反馈信号，导致事故
	运输瓶装物品的车辆通风装置和固定装置不全	未安装通风装置和固定装置，通气不畅或逸发气体堆积，引起火灾爆炸；货物不固定，引起振动或偏移，引发事故
	无紧急切断装置或紧急切断装置故障	事故状态或紧急情况下无法进行切断，导致事故发生或扩大
被动安全装置失效	安全气囊损坏	车辆发生碰撞等事故时，气囊不能正常弹开，驾驶员所受危险性增加
	安全带损坏	车辆发生碰撞等事故时，无法束缚驾驶员和副驾驶位置人员，遭受严重的伤害
	保险杠损坏	发生碰撞事故，无法吸收缓和外界冲击力，防护驾驶员
	座椅安全头枕损坏或掉落	紧急制动或车辆发生事故时，驾驶员头部无保护，容易受伤
	风窗玻璃损坏	影响驾驶员视野，容易发生交通事故
	灭火器、警告标志等缺失	紧急情况下无法自救
	防静电链条或导静电橡胶拖地带装置缺失或未搭铁	易产生静电地区，静电无法释放容易引起火灾，发生爆炸
	反光条破损或丢失	车辆罐体两侧和尾部都贴有反光条，夜间行驶提醒尾随车辆本车的宽度、高度、所运物品，避免超车、尾随时，判断失误而发生事故

3 行李物品、车载货物的不安全因素

行车过程中，乘客所携带的行李物品、货车装载的货物等，如果摆放和装载的位置、方法不合适，会对车内人员人身安全及行车安全带来一定风险。除此之外，车中湿滑的地板、破损的座椅等也可能对人的安全构成威胁。具体见表5-10。

车内物品的不安全因素 表5-10

危险源分类	危险源	具体表现
行李物品存在危险	驾驶员随身物品存在危险或摆放方式和位置不合适	携带危险品出车，未被发现，易产生危险后果
货物装载存在危险	装载的货物重心过高	车辆稳定性能降低，转弯时车辆容易侧翻
	货物偏载（靠前、靠后，或由于行驶过程中振荡偏离重心位置）	
	超载	车辆载荷过大，转弯、下坡时使车辆制动失效； 车辆负荷过大，易引发爆胎、传动轴断裂、钢板弹簧断裂等车辆结构损坏，引发事故。 车辆载荷过重，导致路面损毁、桥梁垮塌，车辆负重板断裂
	运输罐车罐口未拧紧或密闭性不良	防止车辆运行中在上坡或下坡时，罐内原品及成品油外漏；防止罐盖在长时间的颠簸下松动，从而出现罐盖甩落的问题伤及行人、车辆或其他建筑；防止罐盖与罐口在碰撞中产生火花，引起罐内残留油气着火，发生爆炸事件；防止烟火进入罐内发生爆炸事件

三 道路的不安全因素

道路的不安全因素主要包括典型道路的不安全因素、特殊道路的不安全因素及路面通行条件不良。

1 典型道路的不安全因素

典型道路的不安全因素见表5-11。

危险源—典型道路的不安全因素 表5-11

分类	危险源	具体表现
山区道路	连续上下坡	车辆连续下坡转弯，频繁制动，易导致制动失效； 车辆上长坡，使发动机温度过高，或换挡不当，引起发动机熄灭或溜车
	路窄弯急	山体遮挡，无法全面观察来车情况； 行车速度控制不合适，车辆驶出路外； 超车、会车危险性大等
	安全防护设施不完善	道路安全防护设施不完善，车辆易冲出道路
	山体滑坡	阻挡道路或直接造成事故
	云雾缭绕	秋冬季节或高海拔山路有云雾，视线受阻，无法看清路况
高速道路	相对封闭、控制出入、单向行驶、无平面交叉、路况好、车速高、车流量大	速度高，制动停车距离长，易发生连环撞车事故； 车辆在高速公路上长时间高速行驶，驾驶员极易疲劳，车辆性能易发生变化； 长时间在高速公路上驾驶，驾驶员对速度的感知能力下降，易超车行驶； 车辆重心较高、速度快，遇突发情况下易侧滑、侧翻； 长时间单向直线行驶引发眩晕

2 特殊路段的不安全因素

交叉路口、隧道、桥梁、城乡接合部及临时修建道路等特殊路段的外观、构造及特征与一般阶段有很大差异，车辆经过时容易出现事故，驾驶员必须提高警惕。特殊路段的危险源辨识见表5-12。

危险源—特殊路段的不安全因素 表5-12

分类	危 险 源	具体表现
临时修建道路	建设等级较低、压实度低，沉降不足、平整度差	车辆易倾翻、沉陷
	周边地形复杂及交通情况混乱	畜力车、人力车、低速汽车、摩托车等频繁出现，带来风险
交叉路口	车辆地形复杂及交通情况混乱	驾驶员应接不暇，忽视盲区，易碰撞、剐蹭交叉路口其他车辆、行人等
隧道	长隧道内光照不足，能见度低	驾驶员未开启前照灯、车辆抛锚易引发碰撞事故
	隧道较窄、限制高度	驾驶员强行超车，易引发撞车事故； 车辆货物过高易碰撞出入口
	隧道口结冰	车辆易失控，发生侧滑
	隧道出入口明暗变化	驾驶员短暂失明，无法观察道路信息
	出口横风	影响驾驶员的控制
立交桥、环岛	方向多、出口多、车流量大	易迷失方向、选择错误道路； 错过出入口； 过于紧张，导致事故
桥涵	路宽限制	车流量大或路面情况不良（如湿滑、结冰等），车辆易驶出桥面，坠落桥下等
	限制轴重	重载大型车辆载重超过限制，使桥梁垮塌
	横风影响	较大横风影响车辆的正常行驶轨迹
路旁有高大建筑、树木的道路	驾驶员视线被遮挡	驾驶员容易忽略路口拐入的车辆、闯入的行车或骑车人，易发生碰撞事故
	交通信号灯、标志等被遮挡	驾驶员未注意到被遮挡的信号灯，误闯红灯； 驾驶员未注意到被遮挡的标志，发生危险
城乡接合部路段	各种交通工具汇聚，人车混杂	三轮车、畜力车、骑车人、行人多，驾驶员无力全面观察，易发生碰撞、剐蹭事故
	交通安全设施不完善	交通信号、标志标线缺乏或损毁，通行无指示，易发生碰撞等事故
	临时市场占道经营	买卖双方不注意来往车辆
	交通参与者安全意识差	交通参与者不懂或不遵守交通规则，给安全行车带来威胁

3 路面通行条件不良

在施工路面、障碍路面、涉水路面及冰雪路面等道路上行驶，危险性较高，驾驶员要格外注意安全，具体见表5-13。

危险源—路面通行条件不良 表5-13

分类	危 险 源	表现形式
施工道路	道路中断或变窄	行车道减少，车辆急减速； 通行车辆多，通行速度突然变慢，车辆不及时减速易发生追尾事故
	路面有沙石	车辆制动距离延长或弯道易侧滑
	无施工标志或未设置	距离施工地点很近时才发现道路施工，应急处置不当引发事故
路障	道路上有掉落或卸载的货物	来不及躲闪或紧急制动躲闪造成事故

续上表

分类	危险源	表现形式
路障	故障车未及时转移或交通事故车辆占据道路	未发现路障，躲避不及发生事故； 或躲避时与其他车辆碰撞
	农作物占道晾晒	车辆滑动，制动性能降低，发生事故
冰雪路面	路面摩擦系数低、平整度差	车辆易发生侧滑
	对阳光的反射率极高	大雪后，雪地反射日光，刺激眼睛，导致雪盲症，影响观察
涉水路面（漫水桥、过河路、道路积水）	水过深	未查清水情即涉水行驶，易使车辆熄火、电气设备受潮
	水下有泥沙	车辆打滑或陷于水中
	水中有尖锐物	车胎被尖锐物扎破
	水流速度过快	车辆行驶轨迹发生偏移或被冲走
凹凸路面	路面凹凸不平	车辆颠簸，使驾驶员和押运员不适，或货物泄漏、洒落； 车辆长时间在凹凸不平路面行驶，性能易下降。
	路面有较大凸起、深坑等	由于道路失修或局部地壳活动使地面出现深坑或凸起，躲避不及，引发事故。

特殊路段、危险区域主要是指易发生各类突发事故对运输车辆及人员造成危害的区域，这些区域可能是环岛、高架桥、山区道路、高原区域也可能是其他易发生事故的区域，这一类区域已发生的事故与本区域特点相关。

四 夜间、大雾、雨等特殊天气及自然灾害的不安全因素

夜间、大雾、暴雨等特殊天气及其他类型的自然灾害等改变了车辆的正常行车环境，危险性极高，易引发事故。危货运输驾驶员要充分了解这些危险源的特点及风险，在行车过程中更好地躲避有害因素，达到安全无事故的状态。

1 夜间的不安全因素

夜间行车会使驾驶员的道路观察能力下降，极大地增加了事故的发生可能性，驾驶员必须认识到夜间驾驶环境的特殊性，提高警惕，防止危险发生。具体见表5-14。

危险源—夜间　　表5-14

分类	危险源	表现形式
夜间	行驶环境黑暗	路灯损坏，视线受影响； 视野范围变小、视距变短； 会车时，其他车辆开远光灯，产生炫目； 夜间行驶容易疲劳等

2 特殊天气的不安全因素

特殊天气主要包括雨雪天气、大雾天气和高温天气等，特殊天气常常给安全行车带来巨大的威胁。导致在特殊天气里道路运输车辆的事故发生率较平常天气有明显增加，驾驶员应充分了解特殊天气的特点及特殊天气行车时存在的风险。具体见表5-15。

危险源—特殊天气　　表5-15

危险源分类	危 险 源	表 现 形 式
雨天	光线昏暗，能见度低	视线受影响，无法观察道路状况
	常伴有雷电、大风	雷电劈倒或大风刮倒路边树木，或击到尾货运输车辆，形成事故
	路面湿滑、泥泞	降雨导致道路塌陷或变得松软，车辆容易陷入； 车辆发生侧滑； 车辆制动距离变长
	气温低于0℃	车辆制动距离变长； 车辆侧滑
	水网地区路面积水反光	远近驶来的车辆误判断，高速驶入发生侧滑
雪天	视线不良	驾驶员视线受影响，观察道路受阻
	路面被积雪覆盖或有融雪	车辆起动时，车轮打滑，起动困难； 行驶过程发生侧滑； 车辆在道路上行驶难以分辨道路线，道路边缘
大雾天气	能见度低	观察道路困难，易发生追尾事故； 长时间大雾中行驶易疲劳
高温天气	温度过高	驾驶员疲惫、困倦、脾气暴躁； 轮胎压力高，易发生爆胎； 车辆电器元件、货车货物自然； 水温过高，损坏发动机； 制动易失效

3 自然灾害的不安全因素

我国各区域地质不同，因此根据地域形成各地不同的自然灾害。道路运输驾驶员应了解自然灾害的特点和可能对道路运输造成的不良影响，正确对待自然灾害。具体见表5-16。

危险源—自然灾害　　表5-16

分类	危 险 源	表 现 形 式
沙尘暴	风力大	被大风吹起的物体易击中车辆； 使车辆偏离行驶轨迹
	能见度低	飞扬的沙尘阻挡驾驶员视线
	路面有沙土	路面布满沙土，使车辆发生侧滑
台风	风力能量巨大，伴有暴雨	路边树木、广告牌等被刮倒，易砸中汽车或阻碍交通，使汽车偏离行驶轨迹或侧翻
地震	能量大，破坏性大	车辆在行驶过程中突发地震，路面出现裂缝，车辆易掉入裂缝； 被倒塌的建筑物砸中，发生撞车等事故
泥石流、山体滑坡	爆发突然，来势凶猛，破坏力大	车辆躲避不及被泥石流掩埋； 泥石流、山体滑坡使交通瘫痪
雹灾	来势凶猛，发生快，强度大，伴有狂风骤雨	冰雹、降雨、大风影响视线，地面湿滑，车辆易发生撞车等事故。

第四节 安全生产检查与隐患排查治理基础知识

一 安全生产检查

安全生产检查是企业安全生产管理的重要内容，其工作重点是标识安全生产管理工作存在的漏洞和死角，检查生产现场安全防护设施、作业环境是否存在不安全状态，现场作业人员的行为是否符合安全规范，以及设备、系统运行状况是否符合现场规程的要求等。通过安全检查，不断堵塞管理漏洞，完善作业环境，规范作业人员行为，提高安全管理水平，实现安全管理目的。

1 安全生产检查主要内容

安全生产检查的主要内容包括：

（1）查思想、查意识；

（2）查领导、查管理；

（3）查制度、查落实；

（4）查隐患、查整改；

（5）查培训、查纪律；

（6）查设备设施、查作业现场环境；

（7）查事故处理、查应急救援。

2 安全生产检查的工作程序

① 安全检查准备

（1）确定检查对象、目的、任务。

（2）查阅、掌握有关法规、标准、规程的要求。

（3）了解检查对象的实际情况、可能出现的危险和危害情况。

（4）制订检查计划，安排检查内容、方法、步骤。

（5）编写安全检查表或检查提纲。

（6）准备必要的检测工具、仪器、书写表格或记录表。

（7）挑选和训练检查人员并进行必要的分工等。

② 实施安全检查

实施安全检查就是通过访谈、查阅文件和记录、现场勘查、仪器测量的方式获取信息。

（1）访谈：通过与有关人员谈话来检查安全意识和规章制度执行情况等。

（2）查阅文件和记录：检查责任制度、作业规程、安全措施等是否齐全，是否有效；查阅相应记录，判断上述文件是否被执行。

（3）现场观察：对作业场所的生产设备、安全防护设施、作业环境、人员操作等进行观察，寻找不安全因素、事故隐患、事故征兆等。

（4）仪器测量：利用一定的检测仪器设备，对在用的设施、设备、器材状况及作业环境条件进行测量，以发现隐患。

③ 综合分析

经现场检查和数据分析后，检查人员应对检查情况进行综合分析，提出检查的结论和意见。

3 问题整改

① 提出整改要求

针对检查发现的问题，应根据问题性质的不同，提出立即整改、限期整改等措施要求。

② 整改落实

对安全检查发现的问题和隐患，企业应从管理的高度，举一反三，制订整改计划并积极落实整改。

4 信息反馈及持续改进

企业自行组织的安全检查，在整改措施计划完成以后，安全管理部门应组织有关人员进行验收。对上级主管部门或地方政府负有安全生产监督管理职责的部门组织的安全

检查，在整改措施完成后，应及时上报整改完成情况，申请复查或验收。

对安全检查中经常发现后反复出现的问题，企业应从规章制度的健全和完善、从业人员的安全培训教育、设备设施的维护更新、加强现场检查和监督等环节入手，做到持续改进，不断提高安全管理水平，防范生产安全事故的发生。

二 隐患排查与治理

1 定义及分类

安全生产事故隐患（以下简称事故隐患），是指生产经营单位违反安全生产法律、法规、规章、标准、规程和安全生产管理制度的规定，或者因其他因素在生产经营活动中存在可能导致事故发生的物的危险状态、人的不安全行为和管理上的缺陷。

事故隐患分为一般事故隐患和重大事故隐患。一般事故隐患是指危害和整改难度较小，发现后能够立即整改排除的隐患。重大事故隐患是指危害和整改难度较大，应当全部或者局部停产停业，并经过一定时间整改治理方能排除的隐患，或者因外部因素影响致使生产经营单位自身难以排除的隐患。

2 隐患排查及治理

（1）隐患排查及治理的重要性。

《中华人民共和国安全生产法》第十七条规定生产经营单位主要负责人有“督促、检查本单位的安全生产工作，及时消除生产安全事故隐患”的职责；第二十二条规定生产经营单位安全生产管理机构以及安全生产管理人员应履行“检查本单位的安全生产状况，及时排查生产安全事故隐患，提出改进安全生产管理的建议”的职责。

《国务院关于进一步加强企业安全生产工作的通知》（国发〔2010〕23号）（以下简称《通知》）进一步强调了及时排查治理安全隐患的重要性。

《通知》第四条要求：企业要经常性开展安全隐患排查，并切实做到整改措施、责任、资金、时限和预案“五到位”。建立以安全生产专业人员为主导的隐患整改效果评价制度，确保整改到位。对隐患整改不力造成事故的，要依法追究企业和企业相关负责人的责任。对停产整改逾期未完成的不得复产。

《通知》第八条要求：因安全生产技术问题不解决产生重大隐患的，要对企业主要负责人、主要技术负责人和有关人员给予处罚。

《通知》第十四条要求：依法维护和落实企业职工对安全生产的参与权与监督权，鼓励职工监督举报各类安全隐患，对举报者予以奖励。

《通知》第十六条要求：对重大危险源和重大隐患要报当地安全生产监管监察部门、负有安全生产监管职责的有关部门和行业管理部门备案。

《通知》第二十六、三十条要求：对存在落后技术装备、构成重大安全隐患的企业，要予以公布，责令限期整改，逾期未整改的依法予以关闭；存在重大隐患整改不力的企业，由省级及以上安全监管监察部门会同有关行业主管部门向社会公告，并向投资、国土资源、建设、银行、证券等主管部门通报，1年内严格限制新增的项目核准、用地审批、证券融资等，并作为银行贷款等的重要参考依据。

《国务院安委会办公室关于实行安全生产事故隐患排查治理情况月通报的通知》（安委办〔2012〕23号）要求：自2012年7月1日起，对全国安全生产事故隐患排查治理情况实行月通报。月通报主要内容是：每月汇总各地区、各有关部门和单位开展安全生产事故隐患排查治理情况，重点分析开展隐患排查治理企业和单位、一般事故隐患排查治理、重大事故隐患排查治理、重大事故隐患挂牌督办以及落实隐患治理资金等情况，查找存在的问题，提出下一阶段的工作措施。启用安全生产事故隐患排查治理信息统计网上报送系统。

可见，对于企业而言，隐患排查和治理已经成为安全生产管理的核心内容之一，企业隐患治理整改情况也是政府安全生产监督部门关注的焦点之一，企业应从安全生产制度上确保隐患排查治理的经常化，通过安全生产技术创新提高隐患排查治理绩效。

（2）隐患排查治理措施方法。

隐患排查是指企业组织安全生产管理人员、技术人员和其他相关人员对本单位的事故隐患进行排查的行为。隐患治理就是指消除或控制隐患的活动或过程。

企业是隐患排查工作的责任主体，方法是定期组织安全生产管理人员、技术人员和其他相关人员排查本单位的事故隐患，鼓励、发动职工发现事故隐患，鼓励社会公众举报。此项工作通常与企业的各种安全生产检查工作相结合。根据上述要求，隐患排查的过程就是企业定期组织所属人员主动、全面地查找并发现隐患，确定其等级，建立事故隐患信息档案，同时鼓励社会公众举报。

企业应当建立事故隐患排查治理制度，依据相关法律法规及自身管理规定，对营运车辆、驾驶员、运输线路、运营过程等安全生产各要素和环节进行安全隐患排查，及时消除安全隐患。

企业应根据安全生产的需要和特点，采用综合检查、专业检查、季节性检查、节假日检查、日常检查等方式进行隐患排查，对排查出的安全隐患进行登记和治理，落实整改措施、责任、资金、时限和预案，及时消除事故隐患。对于能够立即整改的一般安全隐患，由企业立即组织整改；对于不能立即整改的重大安全隐患，企业应组织制订安全隐患治理方案，依据方案及时进行整改；对于自身不能解决的重大安全隐患，企业应立即向有关部门报告，依据有关规定进行整改。

企业应当建立安全隐患排查治理档案，档案应包括以下内容：隐患排查治理日期；隐患排查的具体部位或场所；发现事故隐患的数量、类别和具体情况；事故隐患治理意见；参加隐患排查治理的人员及其签字；事故隐患治理情况、复查情况、复查时间、复查人员及其签字。

企业应当每季、每年对本单位事故隐患排查治理情况进行统计，分析隐患形成的原因、特点及规律，建立事故隐患排查治理长效机制。

企业应当建立安全隐患报告和举报奖励制度，鼓励、发动职工发现和排除事故隐患，鼓励社会公众举报。对发现、排除和举报事故隐患的有功人员，应当给予物质奖励和表彰。

企业应当积极配合有关部门的监督检查人员依法进行的安全隐患监督检查，不得拒绝和阻挠。

第五节 应急救援基础知识

一 应急救援体系

1 基本任务

事故应急救援的总目标是通过有效的应急救援行动，尽可能地降低事故的后果，包括人员伤亡、财产损失和环境破坏等。事故应急救援的基本任务包括以下几个方面：

（1）立即组织营救受害人员。组织撤离或者采取其他措施保护危害区域内的其他人员。抢救受害人员是应急救援的首要任

务。在应急救援行动中，快速、有序、有效地实施现场急救与安全转送伤员，是降低事故伤亡率、减少事故损失的关键。由于重大事故发生突然、扩散迅速、涉及范围广、危害大，应及时指导和组织群众采取各种措施进行自我防护，必要时迅速撤离出危险区域或可能受到危害的区域。在撤离过程中，应积极组织群众开展自救和互救工作。

（2）迅速控制事态，并对事故造成的危害进行检测、监测，测定事故的危害区域、危害性质及危害程度。及时控制住造成事故的危险源是应急救援工作的重要任务。只有及时地控制住危险源，防止事故继续扩大，才能及时有效地进行救援。

（3）消除危害后果，做好现场恢复。针对事故对人体、环境等造成的现实危害和可能的危害，迅速采取封闭、隔离、洗消、监测等措施，防止对人体继续危害和环境的污染。及时清理废墟和恢复基本设施，将事故现场恢复至相对稳定状态。

（4）查清事故原因，评估危害程度。事故发生后，应及时调查事故发生的原因和事故性质，评估出事故的危害范围和危险程度，查明人员伤亡情况，做好事故原因调查，并总结救援工作中的经验和教训。

2 应急救援体系的基本构成

由于潜在的重大事故风险多种多样，所以相应每一类事故灾难的应急救援措施可能千差万别，但其基本应急模式是一致的。构建应急救援体系，应贯彻顶层设计和系统论的思想，以事件为中心，以功能为基础，分析和明确应急救援工作的各项需求，在应急能力评估和应急资源统筹安排的基础上，科学地建立规范化、标准化的应急救援体系，保障各级应急救援体系的统一和协调。

一个完整的应急体系应由组织体制、运作机制、法制基础和应急保障系统4部分构成。如图5-12所示。

（1）组织体制。

应急救援体系组织体制建设中的管理机构是指维持应急日常管理的负责部门；功能部门包括与应急活动有关的各类组织机构，如消防、医疗机构等；应急指挥是在应急预案启动后，负责应急救援活动场外与场内指挥系统；而救援队伍则由专业和志愿人员组成。

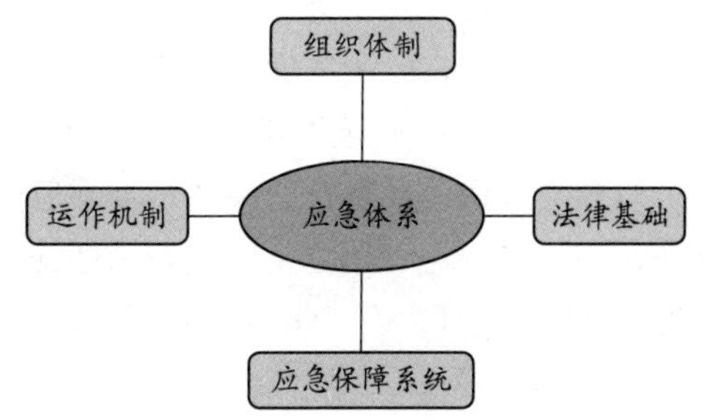

图5-12　应急体系结构图

（2）运作机制。

应急救援活动一般划分为应急准备、初级反应、扩大应急和应急恢复四个阶段，应急机制与这四个阶段的应急活动密切相关。应急运作机制主要由统一指挥、分级响应、属地为主和公众动员这四个基本机制组成。

统一指挥是应急活动的最基本原则。应急指挥一般可分为集中指挥和现场指挥，或场外指挥与场内指挥等。无论采取哪一种指挥系统，都必须实行统一指挥的模式，无论应急救援活动涉及单位的级别高低和隶属关系不同，但都必须在应急指挥部的统一组织协调下行动，有令则行，有禁则止，统一号令，步调一致。

分级响应是指在初级响应到扩大应急的过程中实行的分级响应的机制。扩大或提高应急级别的主要依据是事故灾难的危害程度、影响范围和控制事态能力。影响范围和控制事态能力是“升级”的最基本条件。扩大应急救援主要是提高指挥级别、扩大应急范围等。

属地为主强调“第一反应”的思想和以现场应急、现场指挥为主的原则。

公众动员机制是应急机制的基础，也是整个应急体系的基础。

（3）法制基础。

法制建设是应急体系的基础和保障，也是开展各项应急活动的依据，与应急有关的法律、法规可分为四个层次：由立法机关通过的法律，如《中华人民共和国突发事件应对法》；由国务院颁布的法规，如《突发事件应急预案管理办法》等；以部委令颁布的政府法令、规定，如《交通运输突发事件应急管理规定》（交通运输部2011年第9号）等；与应急救援活动直接有关的标准或管理办法，如《生产经营单位生产安全事故应急预案编制导则》（GB/T 29639—2013）等。

（4）保障系统。

列于应急保障系统第一位的是信息与通信系统，构筑集中管理的信息通信平台是应急体系最重要的基础建设。应急信息通信系统要保证所有预警、警报、报告、指挥等活动的信息交流快速、顺畅、准确，以及信息资源共享；物资与装备不但要保证有足够的资源，而且还要实现快速、及时供应到位；人力资源保障包括专业队伍的加强、志愿人员以及其他有关人员的培训教育；应急财务保障应建立专项应急科目，如应急基金等，以保障应急管理运行和应急反应中各项活动的开支。

二 应急预案的编制

1 应急预案编制要求

应急预案的编制应当符合下列基本要求：

（1）符合有关法律、法规、规章和标准的规定；

（2）结合本地区、本部门、本单位的安全生产实际情况；

（3）结合本地区、本部门、本单位的危险性分析情况；

（4）应急组织和人员的职责分工明确，并有具体的落实措施；

（5）有明确、具体的事故预防措施和应急程序，并与其应急能力相适应；

（6）有明确的应急保障措施，并能满足本地区、本部门、本单位的应急工作要求；

（7）预案基本要素齐全、完整，预案附件提供的信息准确；

（8）预案内容与相关应急预案相互衔接。

2 应急预案编制要素

完整的应急预案编制应包括以下一些基本要素，即分为六个一级关键要素，包括：方针与原则；应急策划；应急准备；应急响应；现场恢复；预案评审改进。

六个一级要素之间既具有一定的独立性，又紧密联系，从应急的方针、策划、准备、响应、恢复到预案的管理与评审改进，形成了一个有机联系并持续改进的应急管理体系。根据一级要素中所包括的任务和功能，应急策划、应急准备和应急响应三个一级关键要素，可进一步划分成若干个二级小要素。所有这些要素构成了重大事故应急预案的核心要素，这些要素是重大事故应急预案编制应当涉及的基本方面。在实际编制时，根据企业的风险和实际情况的需要，也为便于预案内容的组织，可根据企业自身实际，将要素进行合并、增加、重新排列或适当的删减等。编制应急预案必须考虑企业的现状和需求，在事故风险分析的结果上，大量收集和参阅已有的应急资料，以尽可能地减少工作环节。完整的应急预案应包括以下六项内容，如图5-13所示。

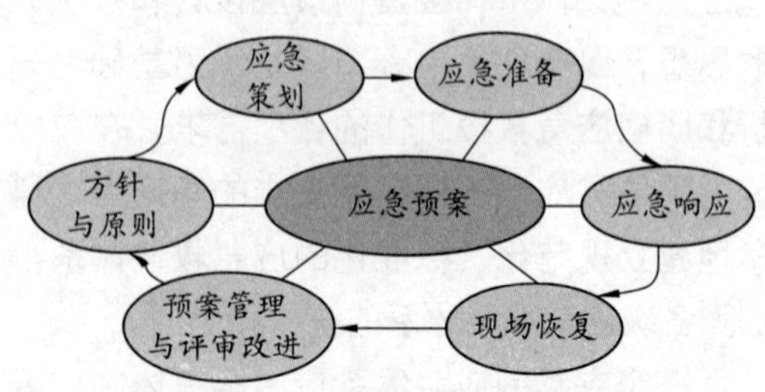

图5-13　应急预案编制要素

（1）方针与原则。

无论是何级或何类型的应急救援体系，

首先必须有明确的方针和原则，作为开展应急救援工作的纲领。方针与原则反映了应急救援工作的优先方向、政策、范围和总体目标，应急的策划和准备、应急策略的制定和现场应急救援及恢复，都应当围绕方针和原则开展。

事故应急救援工作是在预防为主的前提下，贯彻统一指挥、分级负责、区域为主、单位自救和社会救援相结合的原则。其中预防工作是事故应急救援工作的基础，除了平时做好事故的预防工作，避免或减少事故的发生外，还要落实好救援工作的各项准备措施，做到预先有准备，一旦发生事故就能及时实施救援。

（2）应急策划。

应急预案最重要的特点是要有针对性和可操作性。因而，应急策划必须明确预案的对象和可用的应急资源情况，即在全面系统地认识和评价所针对的潜在事故类型的基础上，识别出重要的潜在事故及其性质、区域、分布及事故后果，同时，根据危险分析的结果，分析评估企业中应急救援力量和资源情况，为所需的应急资源准备提供建设性意见。在进行应急策划时，应当列出国家、地方相关的法律法规，作为制定预案和应急工作授权的依据。因此，应急策划包括危险分析、应急能力评估（资源分析）以及法律法规要求等三个二级要素。

（3）应急准备。

应急准备是主要针对可能发生的应急事件，应做好的各项准备工作。能否成功地在应急救援中发挥作用，取决于应急准备的充分与否。应急准备基于应急策划的结果，明确所需的应急组织及其职责权限、应急队伍的建设和人员培训、应急物资的准备、预案的演习、公众的应急知识培训和签订必要的互助协议等。

（4）应急响应。

企业应急响应包括需要明确并实施在应急救援过程中的核心功能和任务。这些核心功能具有一定的独立性，又互相联系，构成应急响应的有机整体，共同完成应急救援目的。应急响应的核心功能和任务包括：接警与通知，指挥与控制，警报和紧急公告，通信，事态监测与评估，警戒与治安，人群疏散与安置，医疗与卫生，公共关系，应急人员安全，消防和抢险，泄漏物控制等。当然，根据企业风险性质的不同，需要的核心应急功能也可有一些差异。

（5）现场恢复。

现场恢复是事故发生后期的处理。比如泄漏物的污染问题处理、伤员的救助、后期的保险索赔、生产秩序的恢复等一系列问题。

（6）预案评审改进。

预案评审改进是强调在事故后（或演练后）的对于预案不符合和不适宜的部分进行不断的修改和完善，使其更加适宜于企业的实际应急工作的需要，但预案的修改和更新要有一定的程序和相关评审指标。

3 应急预案编制程序

企业应急预案编制程序包括成立应急预案编制工作组、资料收集、风险评估、应急能力评估、编制应急预案和应急预案评审6个步骤，如图5-14所示。

（1）成立应急预案编制工作组。

企业应结合本单位部门职能和分工，成立以单位主要负责人（或分管负责人）为组长，单位相关部门人员参加的应急预案编制工作组，明确工作职责和任务分工，制订工作计划，组织开展应急预案编制工作。

（2）资料收集。

应急预案编制工作组应收集与预案编制工作相关的法律法规、技术标准、应急预案、国内外同行业企业事故资料，同时收集本单位安全生产相关技术资料、周边环境影响、应急资源等有关资料。

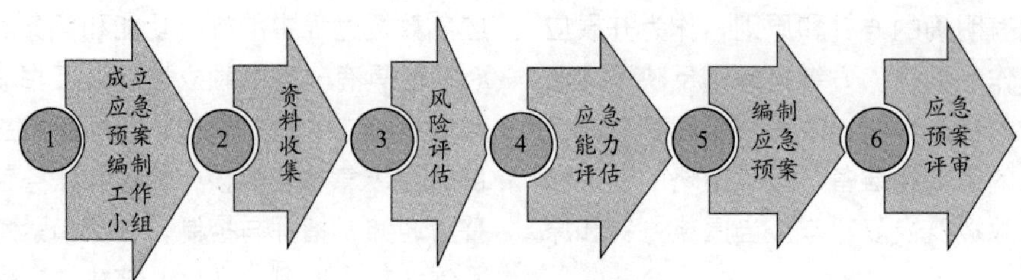

图5-14 应急预案编制流程图

（3）风险评估。

风险评估主要内容包括：

①分析本单位存在的危险因素，确定事故危险源；

②分析可能发生的事故类型及后果，并指出可能产生的次生、衍生事故；

③评估事故的危害程度和影响范围，提出风险防控措施。

（4）应急能力评估。

在全面调查和客观分析生产经营单位应急队伍、装备、物资等应急资源状况基础上开展应急能力评估，并依据评估结果，完善应急保障措施。

（5）编制应急预案。

依据企业风险评估以及应急能力评估结果，组织编制应急预案。应急预案编制应注重系统性和可操作性，做到与相关部门和单位应急预案相衔接。

（6）应急预案评审。

应急预案编制完成后，应组织评审。评审分为内部评审和外部评审，内部评审由企业主要负责人组织有关部门和人员进行。外部评审由企业组织外部有关专家和人员进行评审。应急预案评审合格后，由企业主要负责人（或分管负责人）签发实施，并进行备案管理。

三 突发事件应急处置

1 突发事件的定义

突发事件，是指突然发生，造成或者可能造成严重社会危害，需要采取应急处置措施予以应对的自然灾害、事故灾难、公共卫生事件和社会安全事件。

突发事件一般依据突发事件可能造成的危害程度、波及范围、影响力大小、人员及财产损失等情况，由高到低划分为特别重大（Ⅰ级）、重大（Ⅱ级）、较大（Ⅲ级）、一般（Ⅳ级）4个级别，并依次采用红色、橙色、黄色、蓝色来加以表示。

突发事件具有如下共同特征：

（1）突发性。突发性是突发事件的主要特征，突发事件能否发生，于何时、何地、以何种方式爆发以及爆发的程度等情况，人们都始料未及，难以准确把握。突发事件从始至终都处于不断变化过程当中，往往毫无规则，不能事先准确预测和确定，使突发事件预防机制的建立困难重重。

（2）紧迫性。突发事件的发生突如其来或者只有短时预兆，事态发展迅速，必须立即采取非常态的紧急措施加以处置和控制，否则将会造成更大的危害和损失。

（3）严重性。突发事件的发生往往会导致人员伤亡、财产损失和环境破坏，具有较大危害，而且这种危害还体现在社会公众领域，事件本身会迅速引起公众关注，进而渗透到社会的各个层面，造成公众心理恐慌和社会秩序混乱。突发事件的危害范围和破坏力越大，造成的影响和后果就越严重。

（4）社会性。突发事件起因千差万别，如地震、火灾、瘟疫、暴乱等等，但其作用对象不是个人，而是社会公众，至少是一个特定单位或区域内的一群人。因此，防范突发事件需要公众支持和参与。

在道路运输企业中，突发事件一般有道

路运输事故、自然灾害事件、危险化学品道路运输事故、客运站旅客滞留、火灾等。

2 突发事件应对要求

突发事件应对要求如下:

（1）健全落实应急制度，确保突发事件应急人员、装备、资源、通信、应急预案的落实。

（2）提高员工危机意识和应急能力，加强员工应急知识和相关法律法规的培训学习。

（3）建立专业的或兼职的应急救援队伍，联合培训、联合演练，提高协同应急能力。

（4）提供必要的应急装备，以便高效处置事故、保障相关人员生命安全、减少财产损失、维护社会稳定。

（5）应对保障包括物资储备保障、经费保障、通信保障。

（6）做好监测、预测工作，有效觉察潜伏的危机，对危机的后果事先加以估计和准备，预先制订科学而周密的危机应变计划。

（7）针对各级各类可能发生的事故和所有危险源制订专项应急预案和现场应急处置方案，并明确事前、事发、事中、事后的各个过程中相关部门和有关人员的职责。

（8）针对情景事件，按照应急预案而组织实施的预警、应急响应、指挥与协调、现场处置与救援、评估总结等活动。

（9）加强协调，积极配合，对突发事件迅速作出反应，将部门协调行动制度化，以保障各部门和领导在第一时间对危机作出判断，迅速反应，政令畅通，各部门协调配合，临事不乱。

四 应急救援装备要求

《中华人民共和国突发事件应对法》要求，相关单位要建立健全应急物资储备保障制度，完善重要应急物资的监管、生产、储备、调拨和紧急配送体系。建立应急救援物资、生活必需品和应急处置装备的储备制度。保障应急救援物资、生活必需品和应急处置装备的生产、供给。建立健全应急通信保障体系，建立有线与无线相结合、基础电信网络与机动通信系统相配套的应急通信系统，确保突发事件应对工作的通信畅通。

公共交通工具、公共场所和其他人员密集场所的经营单位或者管理单位应当制定具体应急预案，为交通工具和有关场所配备报警装置和必要的应急救援设备、设施，注明其使用方法，并显著标明安全撤离的通道、路线，保证安全通道、出口的畅通。

1 应急救援装备的类别

应急救援装备种类繁多，功能不一，适用性差异大，可按照救援对象分类如下:

（1）消防、气防装备类（包括：消防车辆、气防车辆、消防器材、救护器材、防护器材、侦检器材、破拆器材、攀登器材、照明器材、通信器材等）。

（2）应急抢险装备[便携汽油（柴油）泵、便携汽油（柴油）电焊机、气动隔膜泵、带压开孔设备、带压赌漏设备、专用卡具等]。

（3）仪器、仪表类[包括生命探测仪、烟雾成像仪、热成像仪、可燃气报警仪、有毒有害报警、可燃气报警仪（便携）等]。

（4）防洪类[包括救生器材，抢险机具（铁锹、水桶、潜水泵、柴油发电机、柴油机驱动泵、汽油机驱动泵、燃油应急灯、运输车辆等，图5-15），抢险物料（编织袋、草袋、砂石袋、铅丝、毡布等）等]。

（5）环保类[包括吸油棉(毡)、沙袋、环境检测设备等]。

（6）职防类（包括常规医疗器械、药品、作业场所应急检测车等）。

2 应急救援装备的配置要求

企业应该根据本单位突发事件应急预案的要求和应急评估、应急策划结果，配齐常规救援应急装备和物资，做好本单位可能

发生的突发事件的应急装备和物资的准备工作。按照应急装备和物资的用途及配置数量，对于本单位储量不足或损耗的装备和物资，要做好相关的计划和采购工作。

图5–15　防洪抽水泵

1 通信与信息保障

快速有效的通信，是事故应急救援的重要保障，根据国家安全生产应急平台体系的建设规划，应急通信以有线通信系统作为值守应急的基本通信手段，配备专用保密通信设备以及电话调度、多路传真和数字录音等系统，确保国家安全生产应急救援指挥中心与各地区、各部门的安全生产应急管理与协调指挥机构之间联络畅通。在通信与信息保障的要求下，企业应当配备常用及不常用的通信信息装备，如常用的电话、传真机、计算机和不常用的防爆电话机、无线防爆对讲机、影像采集等。从而确保事故在发生的第一时间能够采取应急救援行动。

2 物资装备保障

对应急救援物资总体上的要求，从应急救援物资的特点考虑，应急救援物资应具备实用性、功能性、安全性、耐用性的特点以及单位实际需要。应急救援物资质量合格是最基本的要求，是保证救援时救援人员安全、救援顺利进行的基础。危险化学品单位配备的物资应是合格的产品，严禁使用不符合标准、检验不合格、无安全标志的产品，此外，危险化学品单位还应根据自身的特点和要求，配备其他的应急救援物资以满足救援任务的需要。

3 装备选择

应急救援装备的种类很多，同类产品在功能、使用、重量、价格等方面也存在很大差异，所以如何正确地选择装备对于不同的企业有不同的意义。对于目前来说，大多数企业选择的方式有如下几点：

（1）根据法规要求进行选择。对法律法规明文要求配备的，必须配备到位。随着应急法制建设的推进，相关的专业应急救援规程、规定、标准逐步实施。对于这些规程、标准、规定要求配备的装备必须依法配备到位。

（2）根据预案要求进行选择。应急预案是应急准备与行动的重要指南，因此，应急救援装备必须依照应急预案的要求进行选择配备，不能有疏漏，以满足应急救援的实际需要。

（3）应急救援装备选购。应急救援的装备种类很多，价格差距往往也很大。在选购时，首先要明确需求，从功能上正确选购；其次，要考虑到使用的方便，从实用性上进行选购；再次，要保证性能稳定，质量可靠，从耐用性、安全性上选购；最后，要从经济性上选购，从价格和维护成本上货比三家，在满足需要的前提下，尽可能地少花钱，多办事。

（4）严禁采用淘汰类型的产品，以免在应急救援行动过程中，降低救援的效率，甚至引发不应发生的次生事故。

4 装备数量确定

应急救援装备的配备数量，应坚持三个原则，确保应急救援装备的配备数量到位。

（1）依法配备。对法律法规明文要求必备数量的，必须依法配备到位。

（2）合理配备。对法律法规没做明文要求的，按照预案要求和企业实际，合理配备。

（3）双套配备。任何设备都可能损坏，因此，应急救援装备在使用过程中突然

出现故障，无论从理论上分析，还是从实践中考虑，都会发生。一旦发生故障，不能正常使用，应急行动就很可能被迫中断。因此，对于一些特殊的应急救援装备，必须进行双套配置，当设备出现故障不能正常使用，立即启用备用设备。对于双套配备的问题，应遵循一个准则：必须保证救援行动不出现严重的中断，不受到严重的影响。因此，对应急救援设备的双套配备应坚持以下原则：

①如有能力，尽可能双套配备，对一些关键设备如通信话机、电源、事故照明等必须双套配备；

②如能力不足或设备性能稳定性高，可单套配备，通过加强维护，并预想设备损坏情况下的应急对策，如通过互助协议寻求支援。

5 装备功能要求

应急救援装备的功能要求，就是要求应急救援装备必须能完成预案所确定的任务。必须特别注意，对于同样用途的装备，会因使用环境的差异出现不同的功能要求，这就必须根据实际需要提出相应的特殊功能要求。在一些条件恶劣的特殊环境下，应该特别注意应急救援装备的适用性。

3 应急救援装备的维护与管理

（1）维护。

单位应当定期检测、维护其报警装置和应急救援设备、设施，使其处于良好状态，确保正常使用。认真落实应急装备和物资管理使用的有关规定，执行应急装备的更新、检修、停用（临时停用）、报废申报程序，未经主管领导和部门批准，严禁擅自拆除、停用（临时停用）应急装备；安装、放置在规定的使用位置，确定管理人员和维护责任，不允许挪作他用；要经常对库房内的应急装备进行维护，保持库房清洁、卫生。各岗位人员对分工保管的器材，要经常进行维护，保证器材清洁，完整好用。按规定进行例行维护和强制维护。

（2）现场管理。

准备工作主要体现保险的方针，即一旦发生事故，要保证处置和救援工作能够有效地实施，必须做好救援设备、器材、物资等的准备。

（3）设置临时区保存救援装备、物资。

设置临时区用于保存救援装备、物资，临时区需设定专人管理，制定保存现有物资、设备和需求物资清单，包括收到和发放的清单。临时区应该有充足的车位，保证应急车辆自由移动，要考虑保证电力照明和水源充足。应设置保卫防止无关人员进入此区域，临时区的位置应该让所有有关人员知道，要张贴标识以指示应急人员。

（4）日常管理。

加大对应急管理的资金投入力度。无论是应急队伍建设、人员培训、应急预案的演练，还是应急装备和物资的准备，均需要一定的资金支持。各单位要将应急经费纳入到本单位年度财务预算中，实行严格的审批制度，健全应急资金拨付制度，保障应急管理工作有效开展。对经费开支建立有效的监督机制，组织专人每年对本单位的经费账目开支进行核数。

加强实物储备的管理，对现有的实物储备要指定专人管理，器材库要建账、建卡。存放要分类、分架、定位摆放，要有相应的中文使用说明书，做到标记鲜明，材质不混，名称不错，数量准确，规格不串，与此无关的任何物品禁止存放。出入库要登记，做到账物相符，字迹清楚，不得涂改。保持装备的完好性。所有应急装备要妥善管理，不得挪作他用。

建立有效的监督机制，定期对应急装备和物资进行专项检查，做好检查记录，确保完好；组织专人每年对本单位的装备和物资进行核数，包括对实有物资，固定资产的核对，并进行审核。结合生产实际，组织对操作人员进行正确使用应急装备和物资的技术培训。定期开展岗位练兵和应急演练，提高员工使用应急装备和物资的能力；建立完整的各类应急装备和物资的档案和台账；组织编制和修订相关的安全技术操作规定。

第六节 事故报告、调查与处理

事故的事后处理主要包括事故原因的调查分析、责任处置以及事故报告的撰写，本节主要从事故的上报、事故的调查及事故原因分析几个方面进行具体介绍。

一 事故等级划分

依据《生产安全事故报告调查处理条例》相关规定，根据生产安全事故造成的人员伤亡或者直接经济损失，事故一般分为以下等级：

（1）特别重大事故，是指造成30人以上死亡，或者100人以上重伤（包括急性工业中毒，下同），或者1亿元以上直接经济损失的事故；

（2）重大事故，是指造成10人以上30人以下死亡，或者50人以上100人以下重伤，或者5000万元以上1亿元以下直接经济损失的事故；

（3）较大事故，是指造成3人以上10人以下死亡，或者10人以上50人以下重伤，或者1000万元以上5000万元以下直接经济损失的事故；

（4）一般事故，是指造成3人以下死亡，或者10人以下重伤，或者1000万元以下直接经济损失的事故。

二 事故报告程序

（1）当道路运输生产经营企业发生涉及达到法定上报等级的人身事故、机械设备事故、火灾事故、交通事故、环境污染等事故时，按照《生产安全事故报告和调查处理条例》和交通运输部有关交通运输安全生产事故的信息报告的有关规定，其事故报告程序如下：

①事故发生后，现场有关人员应立即向公司负责人报告。

②企业负责人接到报告后，应当于1h内向辖区县级以上人民政府安全生产监督管理部门和道路运输管理部门、公安交通管理部门等负有安全生产监督管理职责的有关部门报告。

③道路交通事故、火灾事故自发生之日起7日内，事故造成的伤亡人数发生变化的，应于当日续报。

（2）安全生产监督管理部门和负有安全生产监督管理职责的有关部门接到事故报告后，应当依照下列规定上报事故情况，并通知公安机关、劳动保障行政部门、工会和人民检察院：

①特别重大事故、重大事故逐级上报至国务院安全生产监督管理部门和负有安全生产监督管理职责的有关部门；

②较大事故逐级上报至省、自治区、直辖市人民政府安全生产监督管理部门和负有安全生产监督管理职责的有关部门；

③一般事故上报至设区的市级人民政府安全生产监督管理部门和负有安全生产监督管理职责的有关部门。

（3）安全生产监督管理部门和负有安全生产监督管理职责的有关部门依照前款规定上报事故情况，应当同时报告本级人民政府。国务院安全生产监督管理部门和负有安全生产监督管理职责的有关部门以及省级人民政府接到发生特别重大事故、重大事故的报告后，应当立即报告国务院。

必要时，安全生产监督管理部门和负有安全生产监督管理职责的有关部门可以越级上报事故情况。

（4）安全生产监督管理部门和负有安全生产监督管理职责的有关部门逐级上报事故情况，每级上报的时间不得超过2h。

（5）事故报告后出现新情况的，应当及时补报。自事故发生之日起30日内，事故造成的伤亡人数发生变化的，应当及时补报。道路交通事故、火灾事故自发生之日起7日内，事故造成的伤亡人数发生变化的，应当及时补报。

（6）报告事故应当包括：事故发生单位概况；事故发生的时间、地点以及事故现场情况；事故的简要经过；事故已经造成或者可能造成的伤亡人数（包括下落不明的人数）和初步估计的直接经济损失；已经采取的措施；其他应当报告的情况。

（7）事故发生单位负责人接到事故报告后，应当立即启动事故相应应急预案，或者采取有效措施，组织抢救，防止事故扩大，减少人员伤亡和财产损失。

（8）关于事故迟报、漏报、谎报与瞒报。

生产安全事故发生后，依照下列情形认定迟报、漏报、谎报和瞒报：

①报告事故的时间超过规定时限的，属于迟报。

②因过失对应当上报的事故或者事故发生的时间、地点、类别、伤亡人数、直接经济损失等内容遗漏未报的，属于漏报。

③故意不如实报告事故发生的时间、地点、初步原因、性质、伤亡人数和涉险人数、直接经济损失等有关内容的，属于谎报。

④隐瞒已经发生的事故，超过规定时限未向安全监管监察部门和有关部门报告，经查证属实的，属于瞒报。

三 处罚规定

（1）事故发生单位主要负责人有下列行为之一的，处上一年年收入40%至80%的罚款；属于国家工作人员的，并依法给予处分；构成犯罪的，依法追究刑事责任。

①不立即组织事故抢救的；

②迟报或者漏报事故的；

③在事故调查处理期间擅离职守的。

（2）事故发生单位及其有关人员有下列行为之一的，对事故发生单位处100万元以上500万元以下的罚款；对主要负责人、直接负责的主管人员和其他直接责任人员处上一年年收入60%至100%的罚款；属于国家工作人员的，依法给予处分；构成违反治安管理行为的，由公安机关依法给予治安管理处罚；构成犯罪的，依法追究刑事责任。

①谎报或者瞒报事故的；

②伪造或者故意破坏事故现场的；

③转移、隐匿资金、财产，或者销毁有关证据、资料的；

④拒绝接受调查或者拒绝提供有关情况和资料的；

⑤在事故调查中作伪证或者指使他人作伪证的；

⑥事故发生后逃匿的。

（3）事故发生单位对事故发生负有责任的，依照下列规定处以罚款。

①发生一般事故的，处10万元以上20万元以下的罚款；

②发生较大事故的，处20万元以上50万元以下的罚款；

③发生重大事故的，处50万元以上200万元以下的罚款；

④发生特别重大事故的，处200万元以上500万元以下的罚款。

（4）事故发生单位主要负责人未依法履行安全生产管理职责，导致事故发生的，依照下列规定处以罚款；属于国家工作人员的，并依法给予处分；构成犯罪的，依法追

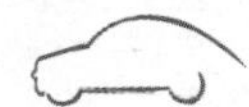

究刑事责任。

①发生一般事故的，处上一年年收入30%的罚款；

②发生较大事故的，处上一年年收入40%的罚款；

③发生重大事故的，处上一年年收入60%的罚款；

④发生特别重大事故的，处上一年年收入80%的罚款。

（5）事故发生单位对事故发生负有责任的，由有关部门依法暂扣或者吊销其有关证照；对事故发生单位负有事故责任的有关人员，依法暂停或者撤销其与安全生产有关的执业资格、岗位证书；事故发生单位主要负责人受到刑事处罚或者撤职处分的，自刑罚执行完毕或者受处分之日起，5年内不得担任任何生产经营单位的主要负责人。

第六章 道路普通货物运输企业安全管理

第一节 道路普通货物运输企业车辆管理

一 车辆技术管理

道路运输企业是道路运输车辆技术管理的责任主体，负责对道路运输车辆实行择优选配、正确使用、周期维护、视情修理、定期检测和适时更新，保证投入道路运输经营的车辆符合技术要求。

道路运输企业车辆技术管理工作包括以下方面：

（1）应当遵守有关法律法规、标准和规范，认真履行车辆技术管理的主体责任，建立健全管理制度，加强车辆技术管理。

（2）应当加强车辆维护、使用、安全和节能等方面的业务培训，提升从业人员的业务素质和技能，确保车辆处于良好的技术状况。

（3）应当根据有关道路运输企业车辆技术管理标准，结合车辆技术状况和运行条件，正确使用车辆。

（4）禁止使用报废、擅自改装、拼装、检测不合格以及其他不符合国家规定的车辆从事道路运输经营活动。

（5）应当建立车辆技术档案制度，实行一车一档。档案内容应当主要包括：车辆基本信息、车辆技术等级评定、客车类型等级评定或者年度类型等级评定复核、车辆维护和修理（含《机动车维修竣工出厂合格证》）、车辆主要零部件更换、车辆变更、行驶里程、对车辆造成损伤的交通事故等记录。档案内容应当准确、翔实。

（6）车辆所有权转移、转籍时，车辆技术档案应当随车移交。

（7）道路运输经营者应当运用信息化技术做好道路运输车辆技术档案管理工作。

（8）鼓励企业设置相应的部门负责车辆技术管理工作，并根据车辆数量和经营类别配备车辆技术管理人员，对车辆实施有效的技术管理。

（9）鼓励企业依据相关标准要求，制定车辆使用技术管理规范，科学设置车辆经济、技术定额指标并定期考核，提升车辆技术管理水平。

二 车辆技术要求

从事道路运输经营的车辆应当符合下列技术要求：

（1）车辆的外廓尺寸、轴荷和最大允许总质量应当符合《道路车辆外廓尺寸、轴荷及质量限值》(GB 1589—2016）的要求;

（2）车辆的技术性能应当符合《道路运输车辆综合性能要求和检验方法》(GB 18565—2016）的要求;

（3）车型的燃料消耗量限值应当符合《营运货车燃料消耗量限值及测量方法》(JT 719—2008）的要求。

（4）车辆技术等级应当达到二级以上。

三 车辆的维护与维修

车辆维护与维修相关要求如下:

（1）企业应当建立车辆维护制度。

（2）车辆维护分为日常维护、一级维护和二级维护。日常维护由驾驶员实施，一级维护和二级维护由道路运输经营者组织实施，并做好记录。

（3）企业应依据国家有关标准和车辆维修手册、使用说明书等，结合车辆类别、运行状况、行驶里程、道路条件、使用年限等因素，自行确定车辆维护周期，确保车辆正常维护。

（4）车辆维护作业项目应当按照国家关于汽车维护的技术规范要求确定。

（5）企业可以对自有车辆进行二级维护作业，保证投入运营的车辆符合技术管理要求，无须进行二级维护竣工质量检验。

（6）企业不具备二级维护作业能力的，可以委托二类以上机动车维修经营者进行二级维护作业。机动车维修经营者完成二级维护作业后，应当向委托方出具二级维护出厂合格证。

（7）企业应当遵循视情修理的原则，根据实际情况对车辆进行及时修理。

四 车辆检测管理

车辆检测管理要求:

（1）企业应当定期到机动车综合性能检测机构，对道路运输车辆进行综合性能检测。

（2）企业应当自道路运输车辆首次取得《道路运输证》当月起，按照下列周期和频次，委托汽车综合性能检测机构进行综合性能检测和技术等级评定:

①客车、危货运输车自首次经国家机动车辆注册登记主管部门登记注册不满60个月的，每12个月进行1次检测和评定;超过60个月的，每6个月进行1次检测和评定。

②其他运输车辆自首次经国家机动车辆注册登记主管部门登记注册的，每12个月进行1次检测和评定。

（3）货车的综合性能检测可以委托运输驻在地汽车综合性能检测机构进行。

（4）企业应当选择通过质量技术监督部门的计量认证、取得计量认证证书并符合《汽车综合性能检测站能力的通用要求》（GB 17993—2005）等国家相关标准的检测机构进行车辆的综合性能检测。

道路普通货物运输常见的突发事件处理方法

道路运输过程中，驾驶员在关键时刻掌握一些应对紧急情况的措施，可以很大程度地降低紧急情况下可能带来的危害；一旦发生事故，及时和正确地进行事故报告和事故现场处理，是防止事故危害扩大、人员伤亡财产损失增加的重要保障；掌握事故后的脱

困方法，可以为自身和押运员和其他人员争取最大的生存机会；有效应对自身和其他人员的突发事故，可以使危险货物的运输过程更加平安通畅。

一 常见紧急情况的处置原则和方法

车辆行驶中由于各种原因，往往会出现一些意想不到的紧急情况，如转向失控、制动失效、轮胎爆裂等，增加了行车中的风险。因此如果驾驶员的应急处置方法得当，可在关键时刻化险为夷，转危为安。而错误的操作不慎处理会增加后果的严重性，因此掌握紧急情况下的事故处理方法至关重要。

当车辆发生紧急情况时，驾驶员头脑冷清、机智沉着，迅速作出判断，果断采取措施。在采取措施时，应掌握一定的应急处置原则。

1 迅速传递危险信号

当车辆发生紧急情况时，驾驶员应及时把危险信号传递出去，提醒其他行人、车辆注意避让。传递危险信号的方式为打开危险报警闪光灯、鸣喇叭、安全警告牌或挥手示意等。

2 避重就轻

发生紧急情况且损失不可避免时，应尽量避开损失较重或危害较大的一方，向着损失较小或危害较小的一方避让。

3 人命比钱财重要

发生紧急情况且人或物、车辆等将面临损失时，应先考虑人的安全。在危险时刻发生时，必须确保人身安全，在人员安全的前提下才可以考虑救援财产，对于运输的危险货物具有较大毒性和危害性的，必须对周边的人员讲解说明。

二 事故现场的处理步骤、原则和方法

驾驶员在道路运输过程中发生的处置方法基本可以按照“停车、现场处置、报告事故”三个步骤进行，每一个步骤包含着不同的内容。

1 立即停车

发生交通事故的车辆必须立即停车，并关闭发动机，切断电源，拉紧驻车制动器操纵杆。为防止引发二次事故或造成交通堵塞，驾驶员立即开启危险报警闪光灯，并在来车方向放置安全警示警告标志。

2 正确处置现场

发生交通事故后，最重要的是保护行车人员和危险货物的安全，正确处置现场对于减少人员伤亡和财产损失至关重要。因此，驾驶员和押运员应掌握正确处置事故现场的一些基本原则。

（1）及时疏散现场人员的原则。

危险货物运输车辆在道路上发生交通事故，要立即将车辆转移到应急安全地带，并在车辆停放区前后一定距离放置安全警示标志，并将相关人员疏散，驾驶员和其他人员在无关情况下躲避至安全区域。在安全的状况下可以进行疏导交通，避免造成交通拥堵或发生二次碰撞事故。

（2）救助伤员的原则。

切忌随意移动、拉拽、摇晃伤员，尤其是被车辆、物品等压住身体的伤员，避免对伤员造成二次伤害。

伤员伤情较重，急需救治时，应向过往车辆求助，送至最近的医院抢救，或立即拨打急救电话，等待医疗救护。

无过往车辆或在医务人员到来之前，可根据伤员的伤情科学施救，对伤员进行伤口包扎、止血等护理；若不懂救护知识，应耐心等待医护人员到来进行施救。

现场由于危险货物泄漏、火灾等可能发生爆炸或剧毒物品泄漏时，应采取正确的搬运方式，及时将伤员转移到安全地带。

（3）保护货物的原则。

若无人员伤亡，应迅速抢救物资和车辆，如属有投保的贵重危险货物，应及时通知保险公司和公安武警，在公安机关交通管理部门对事故现场做完勘测和鉴定，对所载货物核实完重量、体积及货物损失后，及时

将货物转移到安全地带。

（4）保护现场的原则。

注意保护现场，不破坏、伪造现场，同时制止他人破坏、伪造现场。

需要变动事故现场时，应当标记被移动的伤员、车辆、物品等的原始位置或进行拍照。

3 及时报告事故

驾驶员在运输过程中发生事故，应立即如实向有关单位和部门报告，不得隐瞒交通事故真实情况，更不得肇事后逃逸。

如果事故现场出现火灾、爆炸事故，在自行扑救的同时，还应立即向消防部门报案，请求援助。

三 事故自救、脱困方法

驾驶员、押运员一定要学会事故自救、脱困的方法，在车辆发生碰撞、侧翻、坠车及落水等事故时，有助于使自己和押运员及其他相关人员尽早脱离危险环境，转变自身危险处境。

1 车辆碰撞

1 车辆碰撞时的自救

（1）左侧剐蹭碰撞时的自救。

车辆左侧发生剐蹭碰撞时，车门最容易脱开，这时驾驶员身体应稍许向右侧倾斜，双手握住转向盘，后背尽量靠住座椅靠背，稳住身体，避免被甩出车外。押运员紧靠右侧拉紧车门，避免右侧车门突然打开，被甩出运输车辆，造成意外伤害。

（2）右侧碰撞的自救。

如果右侧发生碰撞，驾驶员的两只手臂应稍弯曲，紧握转向盘，以免肘关节脱位；身体应向右倾斜，紧靠座椅靠背，同时双腿向前挺直抵紧驾驶室底板，使身体固定在车内，以免头部前倾撞击前风窗玻璃，或胸部前倾撞击转向盘。押运员身体紧靠座椅靠背，同时双腿向前挺直抵紧驾驶室底板，右手紧握车上把手，防止身体右靠造成伤害。

（3）正面碰撞的自救。

车辆正面碰撞的冲击力相当大，驾驶员应立即紧急制动并顺车转向，使正面碰撞变为侧面剐蹭。如果碰撞不可避免，且撞击方位在驾驶员一侧，驾驶员应迅速抬起双腿，身体向右侧卧，以避免身体被转向盘挤压受伤。同时押运员同样横卧尽量避免被挤压受伤。

（4）被追尾时的自救。

被追尾时一般都有很大的冲击，为防护自己身体前倾被车辆前部撞击受伤，应双脚抵住车前部，身体后倾，双手紧握住拉手，有安全气囊的状况下不要再身上携带有其他物品，防止因安全气囊的打开伤害身体。

2 碰撞后的脱困

发生剐蹭碰撞和侧面碰撞时，车辆很容易出现侧翻的情况，在车辆侧翻的情况下驾驶员和押运员要学会自救和互救，在有危险货物泄漏的情况下更加危险，要知道如何进行自身脱险。

发生正面碰撞时，驾驶员和押运员受伤害的可能性最大。在救援人员赶到前，驾驶员、押运员应尽力自行脱困，以防发生二次事故，如长时间挤压导致坏死，危险货物泄漏导致毒害等。

步骤一：活动胳膊，看是否正常。

步骤二：松开安全带开关。

步骤三：挪动双腿，如果能轻松地将双腿抽出，无剧烈疼痛，能活动自如，则缓慢走动到车外，避免跳动或跑动；如果双腿抽出后剧烈疼痛，应在他人协助下离开驾驶室，避免因走动加剧骨折；如果双腿无法抽出，应保持原来位置，清除障碍后再抽出，严重时等救援人员切割车体后再抽出双腿，避免造成双腿严重伤残。

步骤四：开启车门，如果驾驶员一侧车门无法正常打开，应立即请他人帮助打开，如果仍无法打开，应考虑从其他车门或者车的顶窗逃生。

2 车辆侧翻和坠车

车辆发生侧翻和坠车事故后，经常呈现

90° 侧立或180° 倒立的状态。车辆的状态不同，脱困的方法也有所不同。

1 车身翻转呈90° 侧立

发生类似状况后切勿惊慌，不要急于解开安全带，应从驾驶员和押运员在上方者开始，按照以下步骤脱困。

步骤一：将被压在下方的腿抽出，支撑在底下的车体或仪表板上，同时注意避免伤及其他人员。

步骤二：将被压在下方的手支撑在另一个座椅的靠背上（不要支撑在头枕上），从而减轻安全带的负荷。

步骤三：用另一只手沿着安全带向下方寻找安全带开关，松开安全带锁扣。

步骤四：将另一只腿拖出，以便从打开或砸开的车窗、车门离开事故车辆。

步骤五：头伸出车外，上身爬上车窗框。上身脱出后，臀部要轻轻坐在车顶部分，动作要稳，因为一点点的摇晃都可能使车辆由90° 翻滚变成180° 倒立。

步骤六：抽出双腿，此时千万不可急于向下跳，如果用此姿势跳下去，车辆可能会二次翻滚。必须将身体翻转过来，以面向车辆的姿势轻轻滑下车体。

2 车身呈180° 倒立

此时驾驶员和押运员被安全带绑住，呈头下脚上的姿势。因此，松开安全带前一定要先找到支撑点。客车中相邻而作的乘客在有限空间内必须桌椅脱困，不能同时进行。脱困的具体步骤如下：

步骤一：将置于外侧的手放在头底下，为了保护颈椎，应将下巴压向胸骨。

步骤二：用双脚撑住仪表或其他固定物，使背部紧贴住椅背，撑住身体。

步骤三：内侧的另一只手滑至安全带扣处，将带扣松开。

步骤四：双手及膝盖撑在车顶上，向内滚动离开。

3 车辆落水

车辆落水后如果不能在最短时间内采用正确的方法从车内逃出，会导致被困人员溺水身亡。如果掌握了正确的脱困方法，可以大大提高生还的概率。

车辆落水后的正确脱困方法如下：

发现车辆将要落水时，如果有可能，应在第一时间打开车门或从开启的车窗跳出。

车辆刚落水后，要及时打开车门或砸碎车窗玻璃逃出车辆。逃生时应注意抓紧门框或窗框，防止被涌入的水流冲回车内。

当车门由于水压难以打开时，要利用安全锤、车载灭火器等坚硬、尖锐物体砸碎车窗、车门玻璃逃生，风窗玻璃可能比较坚固，驾驶员和押运员可以采用锤或其他坚硬物品。

逃离车辆后，驾驶员和押运人员应选择最近的逃生通道尽快脱离险境。

4 车辆起火

车辆起火后，驾驶员、押运员应当快速有效正确地逃离，在确保自身安全的前提下尽可能救出其他行动不便的乘客，离开后尽可能远离事故车辆。

四 驾驶员突发情况预防措施

货物运输车辆在运输过程中，驾驶员会有身体突然不适情况的发生，影响驾驶行为，造成人员伤亡和财产损失。

预防驾驶员突发疾病的预防措施包括：

（1）出车前身体检查。

出车前，驾驶员不仅要检查车辆的技术性能，还要对自身的身体状况进行检查。若有不适或身体正在患病就尽量不要上岗驾车，防止行驶途中突然发病或病情加重。

（2）定期进行身体检查。

驾驶员的职业特点决定了驾驶员长期处于紧张、复杂的工作环境之中，心理和生理都承受巨大的压力，极易引发各种心理和生理疾病。驾驶员应定期进行身体检查，及早排查各种影响身体的健康隐患。

（3）车队和家庭给予更多关心。

长期工作在重点繁忙线路的驾驶员会因

为工作压力大而身心疲惫，容易突发疾病。车队的领导应体谅下属，多做班次的轮换，使驾驶员的身心状态能够得到良好的调节。同时，家人也应及时给予关心、照顾，使驾驶员保持良好的身心状态。

（4）学会自我保养和调节。

驾驶员平时要养成良好的饮食、作息习惯，要保证充足的睡眠，以缓解工作压力，提高工作效率。同时，驾驶员要学会有效的心理调节方法，避免各种不良心理引发的疾病。

第三节 典型事故案例分析

案例1 茂名化州市“3·17”较大道路交通事故

一 事故经过

2013年03月17日13时40分，颜某驾驶重型仓栅式货车由化州市丽岗镇往化州城区方向行驶，当行至化州市城区国道G207线3463km+500m与省道S285线70km交叉路口路段时，由于车辆制动主缸推杆连接制动踏板的锁销脱落，制动失效，造成车辆失控越过道路中间分道线，先与相对方向梁某驾驶的重型半挂牵引车剐蹭，再与相对方向由李某驾驶的电动车、黎某驾驶搭载叶某的普通二轮摩托车发生碰撞，并且分别碰撞停在路边的小汽车，一辆无号牌两轮摩托车及路灯柱、工棚等，造成李某、黎某、叶某3人当场死亡及车辆损坏的较大道路交通事故。

二 事故原因及性质

1 直接原因

重型仓栅式货车驾驶员颜某安全意识薄弱，未能认真检查该车安全技术性能，驾驶机件不符合标准的机动车上道路行驶，车辆在行驶过程中制动主缸推杆连接制动踏板的锁销脱落，致使车辆制动失效、车辆失控越过道路中间分道线与其他车辆、人员发生碰撞，是造成事故的直接原因。

2 间接原因

重型仓栅式货车驾驶员颜坚坤追求经济利益、忽视交通安全（车辆严重超载），且驾驶机动车遇险情处置不当，是造成事故的间接原因。

3 事故性质

经调查认定，茂名化州市“3·17”较大道路交通事故是一起生产经营性道路交通责任事故。

三 事故预防和整改措施

（1）加强货车安全管理，从源头杜绝类似事故的发生。

（2）要加强运输企业从业人员和车辆的安全管理，特别是对运输企业从业人员的安全生产教育和车辆安全技术性能的检查，切实消除源头安全隐患，预防和减少交通事故。

（3）充分发挥预防道路交通事故联席会议的作用，积极重视交通事故多发和交通事故隐患路段排查和治理工作，做到事故隐患排查不留死角和盲区，一时整改不了的要采取临时防护措施，切实消除道路安全隐患。

（4）进一步充分发挥安监、交通运输、公路、公安交管部门各自优势和整合利用执法资源，加大对重点车型和重点违法行为的交通执法力度，排除各类事故隐患，创造安全畅通的道路交通环境。

（5）要加强交通安全宣传教育，进一步加强交通安全宣传力度，切实提高交通安全宣传教育的针对性和实效性。

案例2 新疆“10·13”较大道路交通事故

一 事故经过

2002年10月13日19时20分，某运输公司三公司一大队驾驶员马某驾驶斯太尔重型半挂车，在执行润滑油运输任务途中，俯下身捡掉在驾驶室的烟时方向跑偏，车辆离开原路线驶向左车道。与克拉玛依市独山子区刘某驾驶的桑塔纳出租车相撞，造成5人当场死亡，直接经济损失38万元，间接经济损失1.3万元。

二 事故原因

1 直接原因

（1）马某驾驶车辆违章吸烟，捡烟时方向跑偏占道，是事故发生的主要原因。

（2）刘某驾车在沙漠丘陵地带，路况不好、视线不清的情况下，盲目高速行驶，以致遇到突发情况，采取措施不当，也是事故发生的重要原因。

2 间接原因

（1）运输三公司作为新组建单位，表面上建立健全了一整套比较完整的安全管理制度，事实上照搬照抄的成分比较多，在真正落实到位并完全贯彻执行方面做得不够。

（2）驾驶员驾车吸烟问题普遍存在，驾驶员没有认识到其危害性，管理人员监管工作存在薄弱环节，也就自然把违章行为当作是合法习惯了。

（3）车队管理干部在运输任务重、管理工作千头万绪的情况下，忽视了对流动分散状态下驾驶员的安全管理教育，使驾驶员的不良习惯没有得到及时纠正。

（4）一大队没有按公司要求，定期（每月一次）对驾驶员的行车情况进行分析，并有针对性地制订相应管理教育和监控措施，周安全例会教育形式单一，出车前未对驾驶员进行安全告知。

（5）安全管理部门和车队查处违章行为不严、不细，三公司安全管理工作不够全面，注意力往往集中在解决和查处超速、违章停车等明显的违章问题上，忽略了纠正驾驶员习惯性违章和强化对驾驶员行车中的安全教育等深层次问题。

三 事故教训及防范措施

（1）安全生产规章制度没有得到认真的贯彻落实，日常路检路查“抓大放小”，纠违章不彻底。

严格落实安全责任制，加强路检路查工作。层层签订责任书，将安全生产责任落实到各级干部和员工头上。建立公司经理、副经理每月不少于1次，两级机关生产、安全职能部门每月不少于3次，车队管理人员每月不少于4次的路检路查制度。通过增加路检路查频次，规范驾驶员安全行车行为，达到及时纠正违章，削减安全风险的目的。强化全员安全检查制度的落实，把纠正“超速”行为的责任落实到每个人。

（2）车队安全管理工作滞后。

要认真落实防范措施，超前预防事故发生。强化落实驾驶员出车前“三交代”（交代任务、交代路况、交代安全注意事项）和“保一趟车平安”签字制度，建立全员、全过程、全天候、全方位的“风险识别”管理机制，对运行路线固定或相对固定的车辆，绘制“行驶路线风险识别图”，为驾驶员提供运行路线、速度控制、急弯、陡坡及安全行车等重要信息，保证驾驶员提前熟悉运行路线，及时采取有效防范措施。

（3）安全教育存在薄弱环节，教育缺乏敏感性。

要切实落实驾驶员教育培训制度，提高其安全行车意识。一是认真开展“道路交通安全专项整治”，消除驾驶员习惯性违章、盲目性违章和盲从性违章行为。二是重点解决驾驶员流动分散状态下，安全管理与教育针对性问题。明确各点负责人，认真落实驾驶员每周的安全学习制度，结合实际确定学习内容，全面提高驾驶员遵章守纪的意识。三是组织驾驶员开展典型交通事故案例警示教育活动，了解各类交通事故发生的原因和特点，掌握防范交通事故的要领。

（4）驾驶员经验不足，教育培训方式单一，效果不明显。

要不断提高驾驶员的驾驶技能。针对外聘驾驶员、年轻驾驶员增多的实际。首先，要严把驾驶员入口关，从源头上消除不安全因素，从源头上控制好外聘人员、年轻驾驶员增多带来的安全风险。其次，建立每季度对驾驶员进行一次理论与实际操作考试制度，营造优胜劣汰，人人重视学习技术理论和操作技能的良好氛围。再次，建立驾驶员驾驶技能继续教育制度，采取办班培训、驾驶技能竞赛和驾驶技能交流等多种方式，为年轻驾驶员早日成材搭建平台。

案例3　广州白云区“3·16”较大道路交通事故

一　事故经过

广州市安迅达散体物料运输有限公司一辆重型自卸货车沿下塘西路高架桥由南往北行驶至桥上转弯位时，失控越过道路中心双黄实线向左侧翻，与对向行驶的广州新穗巴士有限公司公交车左侧车身相撞，新穗巴士864路公交车上6名乘客死亡，20人受伤。

二　发生原因

1　直接原因

（1）肇事车辆违法严重超载。

（2）肇事车辆违法超速行驶。

（3）肇事者驾驶存在事故隐患的车辆上道路行驶。

2　间接原因

（1）肇事车辆单位安迅达公司违规经营，安全生产管理混乱。

（2）驾驶员安全意识薄弱。

（3）有关部门没有认真履行职责，监管不到位。

三　事故防范措施

（1）落实企业安全生产主体责任，建立健全安全生产责任制，制定和完善各项安全管理制度和措施，加强企业安全管理，提高安全管理水平。

（2）加强驾驶员的安全管理，杜绝违章行为。

（3）加强驾驶员的安全教育培训，增加安全知识技能，提高安全知识水平，强化安全意识。

（4）各有关部门认真履行管理职责，加强安全生产监督管理。

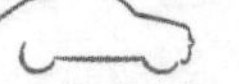

案例4 浙江永嘉县“8·4”较大道路交通事故调查报告

一 事故经过

2014年8月3日20时，莫某驾驶重型厢式货车载货自浙江省永康市开往浙江省永嘉县瓯北镇方向。8月4日凌晨3时55分，途经104国道1883km+770m（永嘉县东瓯街道和一村地方），由于疲劳致注意力不集中，驶入对向车道与对向由王某驾驶的轻型厢式货车发生碰撞，造成轻型厢式货车上驾驶员王某和乘坐人员朱某、柳某三人当场死亡且两车不同程度损坏。

二 事故原因和性质

1 直接原因

（1）莫某驾驶超载（核载：4950kg，实载：21485kg）且制动性能不符合标准的肇事车辆，途经事故路段，由于疲劳致注意力不集中，将车驶入对向车道内与对向来车发生碰撞，是造成事故的主要原因。

（2）王某驾驶的轻型厢式货车虽然制动存在安全隐患，不符合技术要求，但与事故无因果关系。而该车内实际载人数超过核定载人数（核载2人，实载3人），加重了事故的后果。

2 间接原因

肇事车辆所在企业安全管理混乱，未认真落实企业安全生产责任制，未和驾驶员签订过任何安全生产责任书。安全管理制度不到位，未对驾驶员进行公司内部备案，未对聘用的驾驶员从业资格证书和从业经历进行过任何了解，未对驾驶员进行过任何形式岗位技能、安全操作规程、安全生产法律法规方面的学习和培训。

3 事故性质

经调查认为，这是一起较大道路交通责任事故。

三 事故防范措施

（1）交通运输部门应加强对安全生产工作的组织领导，认真研究安全管理工作中存在的突出问题和薄弱环节,根据实际道路交通状况对部分事故多发路段的安全防护设施进行完善；加大行车上路检查力度，尤其是加强重点时段重点路段的检查密度、频次，切实确保行车安全。

（2）公安交警部门应加强执勤空档管理力度，严查疲劳驾驶的违法行为；加强对车辆超载违法行为查处力度；加强交通安全宣传教育，提高交通参与者安全意识。

（3）企业应加强安全生产企业主体责任的落实，完善内部安全管理，有效加强对挂靠车辆、挂靠驾驶员的安全监管。高度重视从业人员的安全教育培训工作，采用案例教育等多种形式，不断提高从业人员的安全意识、法制意识、责任意识和技能水平。

案例5 山西朔州市6.3重大道路交通事故

一 事故经过

2008年6月3日6时50分，北京冀东广龙物流有限责任公司朔州分公司一辆重型大货车，行驶到山西省右玉县至朔城区省道36km+43m处，违法越过公路中心黄虚线超

车，与相向行驶的朔州汽车运输有限责任公司一辆依维柯客车正面相撞，造成22人死亡、3人受伤的重大道路交通事故。

二 事故原因

1 直接原因

（1）重型大货车严重违法驾驶，驾驶员安全意识差。

（2）依维柯客车核载17人，实载24人，严重超员。

2 间接原因

（1）两家企业安全管理不到位，安全管理水平低，安全生产主体责任未有效落实。

（2）有关部门监督管理不到位，安全监管力度差。

三 事故防范措施

（1）企业应落实好安全生产主体责任，建立健全安全生产责任制，完善内部安全管理。加强对车辆和驾驶员的安全管理，杜绝超员超载、违法违章驾驶等行为。

（2）加强对驾驶员的安全培训教育，提高驾驶员安全意识。

（3）安全监督管理部门和有关主管部门应加强对道路运输企业的安全监督管理，加强对道路运输企业的安监监督检查工作。

（4）深化道路交通安全隐患排查治理，加大对运输企业、车辆、驾驶员、道路等各个环节安全隐患排查治理力度，对于查出的问题要及时进行整改，做到排查不留死角、整治不留后患。

第七章　道路旅客运输企业及汽车客运站安全管理

第一节　道路旅客运输企业及汽车客运站安全生产管理基础

一　道路旅客运输企业驾驶员安全管理

1　驾驶员的聘用条件

道路旅客运输企业应当建立客运驾驶员聘用制度。依照劳动合同法，严格客运驾驶员录用条件，统一录用程序，对客运驾驶员进行面试，审核客运驾驶员安全行车经历和从业资格条件，积极实施驾驶适宜性检测，明确新录用客运驾驶员的试用期。客运驾驶员的录用应当经过企业安全生产管理部门的审核，并录入企业动态监控平台（或监控端）。

对3年内发生道路交通事故致人死亡且负同等以上责任的，交通违法记分有满分记录的，以及有酒后驾驶、超员20%、超速50%或12个月内有3次以上超速违法记录的驾驶员，道路旅客运输企业不得聘用其驾驶客运车辆。

从事客运经营的驾驶员，应当符合下列条件：

（1）取得相应的机动车驾驶证1年以上；

（2）年龄不超过60周岁；

（3）3年内无重大以上交通责任事故；

（4）掌握相关道路旅客运输法规、机动车维修和旅客急救基本知识；

（5）经考试合格，取得相应的从业资格证件（图7-1）。

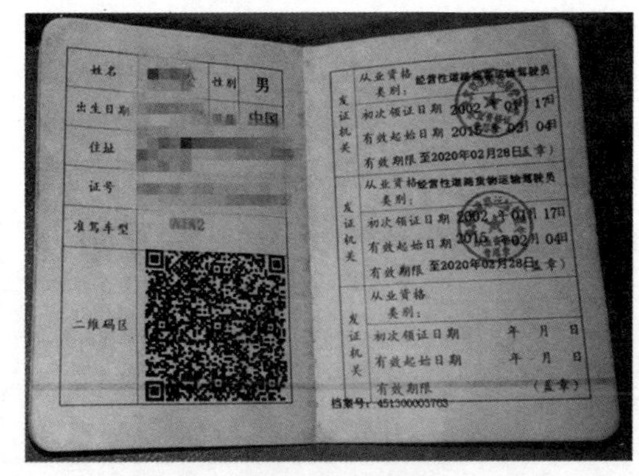

图7-1　道路运输从业资格证

2　驾驶员管理

（1）道路旅客运输企业应当建立客运驾驶员从业行为定期考核制度。客运驾驶员从业行为定期考核的内容主要包括：客运驾驶员违法驾驶情况、交通事故情况、服务质量、安全运营情况、安全操作规程执行情况、参加教育与培训情况以及客运驾驶员心

理和生理健康状况等。考核的周期不大于3个月。客运驾驶员从业行为定期考核的结果应与企业安全生产奖惩制度挂钩。

（2）道路旅客运输企业应当建立客运驾驶员信息档案管理制度。客运驾驶员信息档案实行一人一档，包括客运驾驶员基本信息、客运驾驶员体检表、安全驾驶信息、诚信考核信息等情况。

（3）道路旅客运输企业应当建立客运驾驶员调离和辞退制度。对交通违法记满分、诚信考核不合格以及从业资格证被吊销的客运驾驶员要及时调离或辞退。

（4）道路旅客运输企业应当建立客运驾驶员安全告诫制度。安全管理人员对客运驾驶员出车前进行问询、告知，督促客运驾驶员做好对车辆的日常维护和检查，防止客运驾驶员酒后、带病或者带不良情绪上岗。

（5）道路旅客运输企业应当建立防止客运驾驶员疲劳驾驶制度。关心客运驾驶员的身心健康，定期组织客运驾驶员进行体检，为客运驾驶员创造良好的工作环境，合理安排运输任务，防止客运驾驶员疲劳驾驶。

（6）对驾驶员进行法律、法规、规章制度、操作规程、职业健康、危险有害因素辨识、应急救援等相关安全知识的宣传教育培训。

（7）建立考核机制，定期对驾驶员进行考核。

（8）定期对驾驶员进行日常安全检查，并协助有关部门做好驾驶员的审验工作。

（9）客运驾驶员在从事道路运输活动时，应当携带相应的从业资格证件，并应当遵守国家相关法规和道路运输安全操作规程，不得违法经营、违章作业。

（10）客运驾驶员从事道路运输活动时不得超载运输，连续驾驶时间不得超过4h，每天累计驾驶时间不得超过8h。

（11）客运驾驶员应按照规定填写行车日志。

（12）客运驾驶员应当采取必要措施保证旅客的人身和财产安全，发生紧急情况时，应当积极进行救护。

3 客运驾驶员的法律责任

（1）有下列行为之一的客运驾驶员，由县级以上道路运输管理机构责令改正，处200元以上2000元以下的罚款；构成犯罪的，依法追究刑事责任：

①未取得相应从业资格证件，驾驶道路客运车辆的；

②使用失效、伪造、变造的从业资格证件，驾驶道路客运车辆的；

③超越从业资格证件核定范围，驾驶道路客运车辆的。

（2）客运驾驶员有下列不具备安全条件情形之一的，由发证机关吊销其从业资格证件：

①身体健康状况不符合有关机动车驾驶和相关从业要求且没有主动申请注销从业资格的；

②发生重大以上交通事故，且负主要责任的；

③发现重大事故隐患，不立即采取消除措施，继续作业的。

被吊销的从业资格证件应当由发证机关公告作废并登记归档。

二 道路旅客运输企业及汽车客运站营运管理

1 运营许可及要求

（1）道路旅客运输企业应当按照道路运输管理机构决定的许可事项从事客运经营活动，不得转让、出租道路运输经营许可证件，不得挂靠经营。

（2）道路客运企业的全资或者绝对控股的经营道路客运的子公司，其自有营运客车在10辆以上或者自有中高级营运客车5辆以上时，可按照其母公司取得的经营许可从事

客运经营活动。

（3）经许可机关同意，在农村客运班线上运营的班车可采取区域经营、循环运行、设置临时发车点等灵活的方式运营。

（4）客运班车应当按照许可的线路、班次、站点运行，在规定的途经站点进站上下旅客，无正当理由不得改变行驶线路，不得站外上客或者沿途揽客。

（5）客运车辆驾驶员应当随车携带道路运输证、从业资格证等有关证件，在规定位置放置客运标志牌。客运班车驾驶员还应当随车携带《道路客运班线经营许可证明》。

（6）遇有下列情况之一，客运车辆可凭临时客运标志牌运行：

①原有正班车已经满载，需要开行加班车的；

②因车辆抛锚、维护等原因，需要接驳或者顶班的；

③正式班车客运标志牌正在制作或者不慎灭失，等待领取的。

（7）凭临时客运标志牌运营的客车应当按正班车的线路和站点运行；属于加班或者顶班的，还应当持有始发站签章并注明事由的当班行车路单；班车客运标志牌正在制作或者灭失的，还应当持有该条班线的《道路客运班线经营许可证明》或者《道路客运班线经营行政许可决定书》的复印件。

（8）客运包车应当凭车籍所在地道路运输管理机构核发的包车客运标志牌，按照约定的时间、起始地、目的地和线路运行，并持有包车票或者包车合同，不得按班车模式定点定线运营，不得招揽包车合同外的旅客乘车。客运包车除执行道路运输管理机构下达的紧急包车任务外，其线路一端应当在车籍所在地。省际、市际客运包车的车籍所在地为车籍所在的地区，县际客运包车的车籍所在地为车籍所在的县。非定线旅游客车可持注明客运事项的旅游客票或者旅游合同取代包车票或者包车合同。

（9）省际临时客运标志牌、省际包车客运标志牌由省级道路运输管理机构按照交通运输部的统一式样印制，交由当地县级以上道路运输管理机构向道路旅客运输企业核发。省际包车客运标志牌和加班车、顶班车、接驳车使用的省际临时客运标志牌在一个运次所需的时间内有效，因班车客运标志牌正在制作或者灭失而使用的省际临时客运标志牌有效期不得超过30天。

（10）从事省际包车客运的企业应按照交通运输部的统一要求，通过运政管理信息系统向车籍地道路运输管理机构备案后方可使用包车标志牌。省内临时客运标志牌、省内包车客运标志牌样式及管理要求由各省级交通主管部门自行规定。在春运、旅游“黄金周”或者发生突发事件等客流高峰期运力不足时，道路运输管理机构可临时调用车辆技术等级不低于三级的营运客车和社会非营运客车开行包车或者加班车。非营运客车凭县级以上道路运输管理机构开具的证明运行。

2 经营方式

道路旅客运输经营，是指用客车运送旅客、为社会公众提供服务、具有商业性质的道路客运活动。

道路旅客运输经营方式主要有：班车（加班车）客运、包车客运、旅游客运。

（1）班车客运及其划分。

班车客运，是指营运客车在城乡道路上按照固定的线路、时间、站点、班次运行的一种客运方式。

班车客运包括直达班车客运和普通班车客运。加班车客运是班车客运的一种补充形式，在客运班车不能满足需要或者无法正常运营时，临时增加或者调配客车按客运班线车的线路、站点运行的方式。

①直达班车客运：由始发站直达终点、中途只作必要的停歇，但不上下旅客的班车客运。

②普通班车客运：站距较短，在途中的站点都要停靠上下旅客的班车客运。

③加班车客运：在客流量高峰时期，在正班车不能满足旅客的乘车需要时，道路运输企业增开的班车。加班车不列入公告的班次时刻表。需开行加班车时，在开行前一天公告，或在开行前临时公告，即时售票上车。

（2）包车客运及其划分。

包车客运，是指以运送团体旅客为目的，将客车包租给用户安排使用，提供驾驶劳务，按照约定的起始地、目的地和路线行驶，按行驶里程或者包用时间计费并统一支付费用的一种客运方式。

①按照其经营区域划分为省际包车客运和省内包车客运。省内包车客运分为市际包车客运、县际包车客运和县内包车客运。

②按计费方法不同划分为计程包车和计时包车。

（3）旅游客运及其划分。

旅游客运，是指以运送旅游观光的旅客为目的，在旅游景区内运营或者其线路至少有一端在旅游景区（点）的一种客运方式。

旅游客运从营运组织形式上可分为旅游班车和旅游包车两种形式。

①旅游班车：实行定班、定线、定时，在风景浏览点和城市及景点与景点之间的线路上运营的班车，服务对象是旅游者。

②旅游包车：按照用户要求的线路、景点、时间等，运送团体旅游者的旅游客运。

3 运输线路

道路旅客运输线路，是指营业性运输客车的运行路径，它以始发点、经过点、到达点为路径界限。

按经营项目和营运方式，道路旅客运输线路划分为：班车线路、旅游客运线路等。包括营运客车运行的路线、班次、发车时间和停靠站点。

（1）班车客运线路。

班车客运线路根据经营区域和营运线路长度分为4种类型。

①一类客运班线：地区所在地与地区所在地之间的客运班线或者营运线路长度在800km以上的客运班线。

②二类客运班线：地区所在地与县之间的客运班线。

③三类客运班线：非毗邻县之间的客运班线。

④四类客运班线：毗邻县之间的客运班线或者县境内的客运班线。

（2）旅游客运线路。

旅游客运线路须有固定的发车点和浏览点，旅游班车须按公告的线路行驶、停靠，并应保证乘客有足够的浏览时间。

旅游客运按照营运方式分为两种类型：

（1）定线旅游客运：按照班车客运管理。

（2）非定线旅游客运：按照包车客运管理。

4 运营安全管理

道路旅客运输的基本任务是最大限度地满足人民群众对出行的需要，尽可能地为旅客提供物质和文化方面的良好服务，保证安全、经济、便利地将旅客送往目的地。

旅客从进站购票、候车、乘车至到达目的地后下车离开车站的整个过程是旅客运输的全过程。在运输过程中，运输单位要按照运输工作的基本原则照顾好旅客，为旅客服务并及时处理出现的问题，包括旅客受到意外伤害以及遇到的各种困难，尽最大努力保证旅客生命财产的安全。企业在运营过程中应做到以下几点。

（1）不得强迫旅客乘车，不得中途将旅客交给他人运输或者甩客，不得敲诈旅客，不得擅自更换客运车辆，不得阻碍其他经营者的正常经营活动。

（2）严禁客运车辆超载运行，在载客人数已满的情况下，允许再搭乘不超过核定载客人数10%的免票儿童。客运车辆不得违反

规定载货。

（3）应当遵守有关运价规定，使用规定的票证，不得乱涨价、恶意压价、乱收费。

（4）应当在客运车辆外部的适当位置喷印企业名称或者标识（图7-2），在车厢内显著位置公示道路运输管理机构监督电话、票价和里程表。

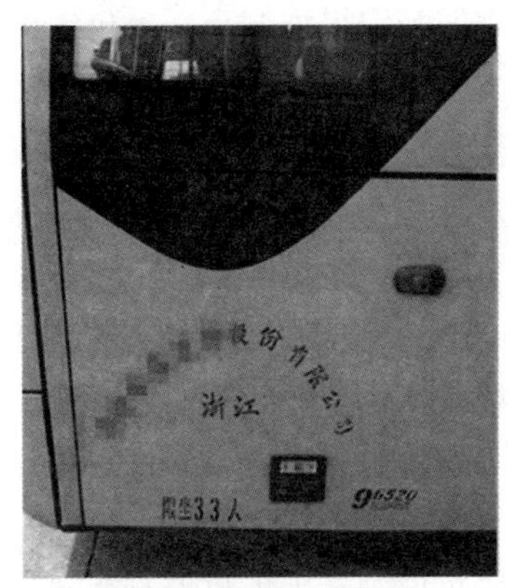

图7-2　客车外部标识

（5）企业应当为旅客提供良好的乘车环境，确保车辆设备、设施齐全有效，保持车辆清洁、卫生，并采取必要的措施防止在运输过程中发生侵害旅客人身、财产安全的违法行为。

（6）当运输过程中发生侵害旅客人身、财产安全的治安违法行为时，道路旅客运输企业在自身能力许可的情况下，应当及时向公安机关报告并配合公安机关及时终止治安违法行为。

（7）不得在客运车辆上从事播放淫秽录像等不健康的活动。

（8）应当为旅客投保承运人责任险。

（9）企业在安排运输任务时应当严格要求客运驾驶员在24h内累计驾驶时间不得超过8h（特殊情况下可延长2h，但每月延长的总时间不超过36h），连续驾驶时间不得超过4h，每次停车休息时间不少于20min。对于单程运行里程超过400km（高速公路直达客运600km）的客运车辆，企业应当配备两名以上客运驾驶员。对于超长线路运行的客运车辆，企业要积极探索接驳运输的方式，创造条件，保证客运驾驶员停车换人、落地休息。对于长途卧铺客车，企业要合理安排班次，尽量减少夜间运行时间。

（10）对于三级以下（含三级）山区公路达不到夜间安全通行要求的路段，道路旅客运输企业不应在夜间（晚22时至早6时）安排营运客车在该路段运行。

（11）道路旅客运输企业应当对途经高速公路的营运客车乘客座椅安装符合标准的安全带。驾乘人员负责做好宣传工作，发车前、行驶中要督促乘客系好安全带。

（12）道路旅客运输企业应当与汽车客运站签订进站协议，明确双方的安全责任，严格遵守汽车客运站安全生产的有关规定。

5 动态监控

道路旅客运输企业应当按照标准建设道路运输车辆动态监控平台，或者使用符合条件的社会化卫星定位系统监控平台（以下统称监控平台），对所属道路运输车辆和驾驶员运行过程进行实时监控和管理。道路运输企业新建或者变更监控平台，在投入使用前应当通过有关专业机构的系统平台标准符合性技术审查，并向原发放《道路运输经营许可证》的道路运输管理机构备案。

旅游客车、包车客车、三类以上班线客车在出厂前应当安装符合标准的卫星定位装置。

道路运输经营者应当选购安装符合标准的卫星定位装置的车辆，并接入符合要求的监控平台（图7-3）。

道路运输企业应当在监控平台中完整、准确地录入所属道路运输车辆和驾驶员的基础资料等信息，并及时更新。

道路旅客运输企业监控平台应当接入全国重点营运车辆联网联控系统（以下简称联网联控系统），并按照要求将车辆行驶的动态信息和企业、驾驶员、车辆的相关信息逐级上传至全国道路运输车辆动态信息公共交换平台。

图7-3　GPS动态监控平台

道路旅客运输企业应当配备专职监控人员。专职监控人员配置原则上按照监控平台每接入100辆车设1人的标准配备，最低不少于2人。

道路运输企业应当建立健全动态监控管理相关制度，规范动态监控工作：

（1）系统平台的建设、维护及管理制度；

（2）车载终端安装、使用及维护制度；

（3）监控人员岗位职责及管理制度；

（4）交通违法动态信息处理和统计分析制度；

（5）其他需要建立的制度。

道路运输企业应当根据法律法规的相关规定以及车辆行驶道路的实际情况，按照规定设置监控超速行驶和疲劳驾驶的限值，以及核定运营线路、区域及夜间行驶时间等，在所属车辆运行期间对车辆和驾驶员进行实时监控和管理。

设置超速行驶和疲劳驾驶的限值，应当符合客运驾驶员24h累计驾驶时间原则上不超过8h，日间连续驾驶不超过4h，夜间连续驾驶不超过2h，每次停车休息时间不少于20min，客运车辆夜间行驶速度不得超过日间限速80%的要求。

监控人员应实时分析、处理车辆行驶动态信息，及时提醒驾驶员纠正超速行驶、疲劳驾驶等违法行为，并记录存档至动态监控台账；对经提醒仍继续违法驾驶的驾驶员，应及时向企业安全管理机构报告，安全管理机构应立即采取措施制止；对仍继续违法驾驶的人员，道路运输企业应及时报告公安机关交通管理部门，并在事后解聘驾驶员。

动态监控数据应当至少保存6个月，违法驾驶信息及处理情况应当至少保存3年。对存在交通违法信息的驾驶员，道路运输企业在事后应当及时给予处理。

道路运输经营者应当确保卫星定位装置正常使用，保持车辆运行实时在线。

卫星定位装置出现故障不能保持在线的道路运输车辆，道路运输经营者不得安排其从事道路运输经营活动。

不得破坏卫星定位装置以及恶意人为干扰、屏蔽卫星定位装置信号，不得篡改卫星定位装置数据。

卫星定位系统平台应当提供持续、可靠的技术服务，保证车辆动态监控数据真实、准确，确保提供监控服务的系统平台安全、稳定运行。

道路旅客运输企业应当运用动态监控手段做好营运车辆的组织调度，并及时发送重特大道路交通事故通报、安全提示、预警信息。

第二节　车辆管理

一　车辆等级评定与审验

道路旅客运输企业应当依据国家有关技术规范对客运车辆进行定期维护，确保客运车辆技术状况良好。

客运车辆的维护作业项目和程序应当按

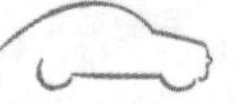

照国家标准《汽车维护、检测、诊断技术规范》（GB 18344—2001）等有关技术标准的规定执行。

严禁任何单位和个人为道路旅客运输企业指定车辆维护企业；车辆二级维护执行情况不得作为道路运输管理机构的路检路查项目。

道路旅客运输企业应当定期进行客运车辆检测，车辆检测结合车辆定期审验的频率一并进行。

道路旅客运输企业应在规定时间内，到符合国家相关标准的机动车综合性能检测机构进行检测。机动车综合性能检测机构按照国家标准《营运车辆综合性能要求和检验方法》（GB 18565—2016）和《汽车、挂车及汽车列车道路车辆外廓尺寸、轴荷和质量限值》（GB 1589—2016）的规定进行检测，出具全国统一式样的检测报告，并依据检测结果，对照行业标准《道路运输车辆技术等级划分和评定要求》（JT/T 198—2013）进行车辆技术等级评定（图7-4）。客运车辆技术等级分为一级、二级和三级。

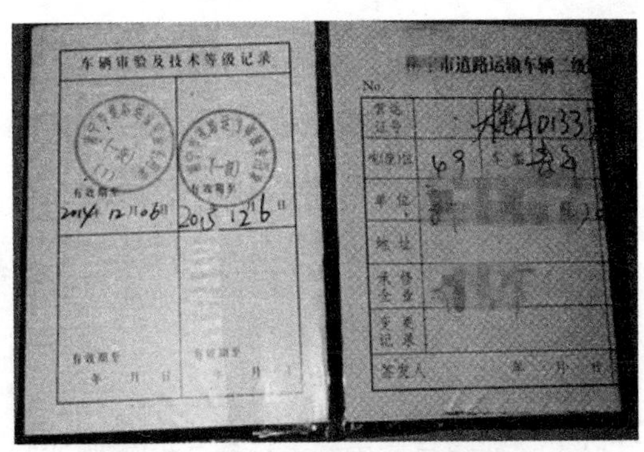

图7-4 车辆审验及技术等级记录

营运客车类型等级评定由县级以上道路运输管理机构依据行业标准《营运客车类型划分及等级评定》（JT/T 325—2013）和交通部颁布的《营运客车类型划分及等级评定规则》的要求实施。

县级以上道路运输管理机构应当定期对客运车辆进行审验，每年审验一次。审验内容包括：车辆违章记录，车辆技术档案，车辆结构、尺寸变动情况，按规定安装、使用符合国家标准的行车记录仪情况，道路旅客运输企业为客运车辆投保承运人责任险情况。

审验符合要求的，道路运输管理机构在《道路运输证》审验记录栏中注明；不符合要求的，应当责令限期改正或者办理变更手续。

道路旅客运输企业不得使用已达到报废标准、检测不合格、非法拼（改）装等不符合运行安全技术条件的客车以及其他不符合国家规定的车辆从事道路旅客运输经营。

二 车辆安全设施

道路旅客运输企业应当定期检查车内安全带、安全锤、灭火器、故障车警告标志的配备是否齐全有效，确保安全出口通道畅通，应急门、应急顶窗开启装置有效，开启顺畅，并在车内明显位置标示客运车辆行驶区间和线路、经批准的停靠站点。

1 安全带

道路客车车辆均应按规定装置汽车安全带，卧铺客车的每个铺位均应安装两点式汽车安全带。汽车安全带应可靠有效，安装位置应合理，固定点应有足够强度。

2 灭火器

客车应装备灭火器，灭火器在车上应安装牢靠并便于取用。仅有一个灭火器时，应设置在驾驶员附近；当有多个灭火器时，应在客厢内按前、后，或前、中、后分布，其中一个应靠近驾驶员座椅。如图7-5所示。

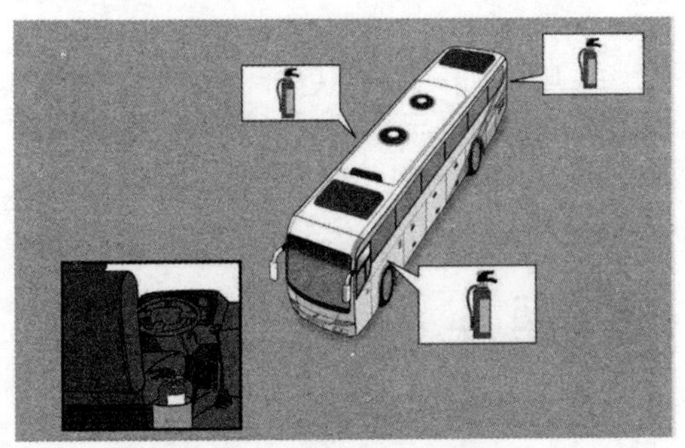
图7-5 客车内灭火器位置

3 应急门

应急门的净高应大于等于1250mm，净宽应大于等于550mm；但车长小于等于7m的客车，应急门的净高应大于等于1100mm，如自门洞最低处向上400mm以内有轮罩凸出，则在轮罩凸出处应急门净宽可减至300mm。

通向应急门的引道宽度应大于等于300mm，不足300mm时允许采用迅速翻转座椅的方法加宽引道。专用校车沿引道侧面设有折叠座椅时，在折叠座椅打开的情况下（对在不使用时能自动折叠的座椅，在座椅处于折叠位置时），引道宽度仍应大于等于300mm。

应急门应有锁止机构且锁止可靠。应急门关闭时应能锁止，且在车辆正常行驶情况下不会因车辆振动、颠簸、冲撞而自行开启。

当车辆停止时，应急门不用工具应能从车内外很方便打开，并设有车门开启声响报警装置。允许从车外将门锁住，但应保证始终能用正常开启装置从车内将其打开，门外手柄应设保护套，且离地面高度（空载时）应小于等于1800mm。

4 应急窗

应急窗应采用易于迅速从车内、外开启的装置，或在钢化玻璃上标明易击碎的位置，并在每个应急窗的邻近处提供一个应急锤以方便地击碎车窗玻璃，且应急锤取下时应能通过声响信号实现报警。

安全顶窗应易于从车内、外开启或移开或用应急锤击碎。安全顶窗开启后，应保证从车内外进出的畅通。弹射式安全顶窗应能防止误操作。

企业应当在车厢内前部、中部、后部明显位置标示客运车辆车牌号码、核定载客人数和投诉举报座机、手机电话，方便旅客监督举报。

三 车辆技术管理

1 客运车辆技术要求

从事道路客运经营的客车技术要求，必须满足如下条件：

（1）车辆的外廓尺寸、轴荷和最大允许总质量应当符合《汽车、挂车及汽车列车外廓尺寸、轴荷及质量限值》（GB 1589—2016）的要求。

（2）车辆的技术性能应当符合《道路运输车辆综合性能要求和检验方法》（GB 18565—2016）的要求。

（3）车型的燃料消耗量限值应当符合《营运客车燃料消耗量限值及测量方法》（JT 711—2016）的要求。

（4）车辆技术等级应当达到二级以上。国际道路运输车辆、从事高速公路客运以及营运线路长度在800km以上的客车，技术等级应当达到一级。技术等级评定方法应当符合国家有关道路运输车辆技术等级划分和评定的要求。

（5）从事高速公路客运、包车客运、国际道路旅客运输，以及营运线路长度在800km以上客车的类型等级应当达到中级以上。其类型划分和等级评定应当符合国家有关营运客车类型划分及等级评定的要求；

（6）本规定所称高速公路客运，是指营运线路中高速公路里程在200km以上或者高速公路里程占总里程70%以上的道路客运。

2 客运车辆数量要求

（1）经营一类客运班线的班车客运经营者应当自有营运客车100辆以上、客位3000个以上，其中高级客车在30辆以上、客位900个以上；或者自有高级营运客车40辆以上、客位1200个以上；

（2）经营二类客运班线的班车客运经营者应当自有营运客车50辆以上、客位1500个以上，其中中高级客车在15辆以上、客位450个以上；或者自有高级营运客车20辆以上、客位600个以上；

（3）经营三类客运班线的班车客运经营者应当自有营运客车10辆以上、客位200个以上；

（4）经营四类客运班线的班车客运经营者应当自有营运客车1辆以上；

（5）经营省际包车客运的经营者，应当自有中高级营运客车20辆以上、客位600个以上；

（6）经营省内包车客运的经营者，应当自有营运客车5辆以上、客位100个以上。

3 车辆技术管理

道路旅客运输企业车辆技术管理应包括以下方面：

（1）应当遵守有关法律法规、标准和规范，认真履行车辆技术管理的主体责任，建立健全管理制度，加强车辆技术管理。

（2）鼓励设置相应的部门负责车辆技术管理工作，并根据车辆数量和经营类别配备车辆技术管理人员，对车辆实施有效的技术管理。

（3）应当加强车辆维护、使用、安全和节能等方面的业务培训，提升从业人员的业务素质和技能，确保车辆处于良好的技术状况。

（4）应当根据有关道路运输企业车辆技术管理标准，结合车辆技术状况和运行条件，正确使用车辆。

（5）鼓励企业依据相关标准要求，制定车辆使用技术管理规范，科学设置车辆经济、技术定额指标并定期考核，提升车辆技术管理水平。

（6）建立车辆技术档案制度，实行一车一档。档案内容应当主要包括：车辆基本信息，车辆技术等级评定、客车类型等级评定或者年度类型等级评定复核、车辆维护和修理（含《机动车维修竣工出厂合格证》）、车辆主要零部件更换、车辆变更、行驶里程、对车辆造成损伤的交通事故等记录。档案内容应当准确、翔实。

（7）车辆所有权转移、转籍时，车辆技术档案应当随车移交。

（8）应当运用信息化技术做好道路运输车辆技术档案管理工作。

4 车辆维护与维修

企业应当建立车辆维护制度，车辆维护分为日常维护、一级维护和二级维护。日常维护由驾驶员实施，一级维护和二级维护由企业组织实施，并做好记录。

企业应当依据国家有关标准和车辆维修手册、使用说明书等，结合车辆类别、车辆运行状况、行驶里程、道路条件、使用年限等因素，自行确定车辆维护周期，确保车辆正常维护。车辆维护作业项目应当按照国家关于汽车维护的技术规范要求确定。

日常维护是由驾驶员每日出车前、行车中和收车后负责执行的车辆维护作业。其作业中心内容是清洁、补给和安全检视。

（1）出车前的检查包括：

①检查行车证件、牌照是否齐全，并检查随车装置、工具及备件等是否齐全带足；

②环绕车辆一周，检视车身外表情况和各部机件完好状况，是否有漏油、漏水、漏电现象；

③擦拭门窗玻璃、清洁车身外表。保持灯光照明装置和车辆号牌清晰；

④检查燃油箱储油量、散热器的冷却液量、曲轴箱内机油量、制动液量（液压制动车）、蓄电池内电解液量等是否合乎要求；

⑤检查发动机风扇皮带是否有老化、断裂、起毛线等现象，松紧度是否合适；

⑥检查轮胎外表和气压，剔除胎间及嵌入胎纹间的杂物、小石子，轮胎气压应符合规定，还要注意带好备胎并放置牢靠；

⑦检查转向机构是否灵活，横、直拉杆等各连接部位是否有松旷；

⑧检查轮毂轴承、转向节主销是否松动，轮胎、半轴、传动轴、钢板弹簧等处的螺母是否紧固；

⑨检视驾驶室内各个仪表和操纵装置的完好情况。检查灯光、刮水器、室内镜、车外后视镜、门锁与升降器手摇柄等是否齐全有效；

⑩检查转向盘、离合器踏板、制动踏

板自由行程和驻车制动器的情况是否正常，离合器踏板与制动踏板自由行程应符合正常规定值，注意转向盘自由转动量不得超过30°；

⑪起动发动机后，检查发动机有无异响和异常气味，察看仪表工作是否正常。

（2）行驶途中的检查，包括：

①车辆起步后，应缓慢行驶一段距离，其间应检查离合器、转向、制动等各部分的工作性能；

②在行驶中，应经常注意察看车上的各种仪表，察听发动机及底盘声音。如发觉操纵困难、车身跳动或颤抖、机件有异响或焦臭味时，即应停车检查并进行必要的调整和修理；

③车辆经过涉水路段后应注意检查行车制动器的效能；

④行驶中发动机动力突然下降，应检查是否是冷却液或机油量不足引起的发动机过热所致（注意水温高时不准打开水箱盖）；

⑤行驶中转向盘的操纵忽然变得沉重并偏向一侧，应检查是否因其中一边轮胎泄气所致；

⑥检查冷却液和机油量，有无漏水、漏油现象，气压制动有无漏气现象；

⑦检查车轮制动器有无拖滞、“发咬”或发热现象，驻车制动器作用是否可靠；

⑧检查轮毂、制动毂（盘）、变速器、分动器和驱动桥温度有无异常；

⑨检查转向、制动装置和传动轴、轮胎、钢板弹簧各连接部位是否牢固可靠。

（3）收车后的检查，应包括：

①停车后，应将驻车制动器操纵杆拉紧，并把变速杆挂入一挡或倒挡，自动变速器的汽车应挂入停车挡，以防止汽车自动滑移，发生危险；

②熄火前，观察电流表、机油表、水温表、气压表的工作是否正常；

③检查有无漏油、漏水、漏气现象，视需要补充燃油、润滑油和冷却液；

④检查轮胎气压，清除胎间及表面的杂物；

⑤检查油水分离器中是否有积水和污物，注意清除干净；

⑥对于气压制动装置的车辆，应将储气筒内的空气放净并关好放气开关，对于液压制动的车辆，应检查主缸制动液液面高度；

⑦检查、整理随车的工具和附件，并切断电源；

⑧打扫车厢，清洁整车外表，察看部件有无破损；

⑨及时排除已发现的故障，为下次出车做好准备。

企业可以对自有车辆进行二级维护作业，保证投入运营的车辆符合技术管理要求，无须进行二级维护竣工质量检验。企业不具备二级维护作业能力的，可以委托二类以上机动车维修经营者进行二级维护作业。机动车维修经营者完成二级维护作业后，应当向委托方出具二级维护出厂合格证。企业应当遵循视情修理的原则，根据实际情况对车辆进行及时修理。

5 客车检测要求

企业应当定期到机动车综合性能检测机构，对道路运输车辆进行综合性能检测，自道路运输车辆首次取得《道路运输证》当月起，首次经国家机动车辆注册登记主管部门登记注册不满60个月的，每12个月进行1次检测和评定；超过60个月的，每6个月进行1次检测和评定。企业应按照该周期和频次，委托汽车综合性能检测机构进行综合性能检测和技术等级评定。客车综合性能检测应当委托车籍所在地汽车综合性能检测机构进行。

企业应当选择通过质量技术监督部门的计量认证、取得计量认证证书并符合满足《汽车综合性能检测站能力的通用要求》（GB 17993—2005）等国家相关标准的检测机构进行的车辆综合性能检测。

汽车综合性能检测机构对新进入道路运输市场车辆应当按照《道路运输车辆燃料

消耗量达标车型表》进行比对。对达标的新车和在用车辆，应当按照《道路运输车辆综合性能要求和检验方法》（GB 18565—2016）、《道路运输车辆技术等级划分和评定要求》（JT/T 198—2016）实施检测和评定，出具全国统一式样的道路运输车辆综合性能检测报告，评定车辆技术等级，并在报告单上标注。车籍所在地县级以上道路运输管理机构应当将车辆技术等级在《道路运输证》上标明。

汽车综合性能检测机构应当确保检测和评定结果客观、公正、准确，对检测和评定结果承担法律责任。

道路运输管理机构和受其委托承担客车类型等级评定工作的汽车综合性能检测机构，应当按照《营运客车类型划分及等级评定》（JT/T 325—2016）进行营运客车类型等级评定或者年度类型等级评定复核，出具统一式样的客车类型等级评定报告。

汽车综合性能检测机构应当建立车辆检测档案，档案内容主要包括：车辆综合性能检测报告（含车辆基本信息、车辆技术等级）、客车类型等级评定记录。车辆检测档案保存期不少于两年。

6 车辆的更新与报废

1 车辆的更新

用效率更高、能耗更低、性能先进的新车更换再用车辆，称为车辆更新。车辆更新是企业维持简单再生产和扩大再生产的基本手段之一，是提高车况、降低运行消耗、提高经济效益的重要措施。车辆更新包含了四方面含义。

（1）同类型新车辆替换在用车辆。

（2）高效率、低能耗、性能先进的车辆替换性能差的在用车辆。

（3）在用车辆尚未达到报废程度，但性能较差，无法满足营运需求被替换。

（4）在用车辆已达到报废条件而被替换。

2 车辆报废

车辆经过长期使用后，技术性能变差，维修频率高，运输效率低，物料消耗增加，维修费用增高，经济效果不好。因此，车辆使用后期必然导致报废。

车辆的报废应严格按照2013年5月1日实施的《机动车强制报废标准规定》的相关要求执行，并制定企业运营车辆的报废管理制度。

车辆的报废条件分为以下几方面：

（1）到达规定使用年限。

《机动车强制报废标准规定》对不同使用用途和类型的车辆规定了其最高使用年限，其具体使用年限见表7-1。

机动车强制报废年限表 表7-1

序号	机动车类型	报废年限（年）	序号	机动车类型	报废年限（年）
1	小、微型出租客运汽车	8	11	专用校车	15
2	中型出租客运汽车	10	12	大、中型非营运载客汽车（大型轿车除外）	20
3	大型出租客运汽车	12	13	三轮汽车、装用单缸发动机的低速货车	9
4	租赁载客汽车	15	14	其他载货汽车（包括半挂牵引车和全挂牵引车）	15
5	教练载客汽车	10	15	有载货功能的专项作业车	20
6	中型教练载客汽车	12	16	无载货功能的专项作业车	30
7	大型教练载客汽车	15	17	全挂车、危险品运输半挂车	10
8	公交客运汽车	13	18	集装箱半挂车	20
9	小、微型营运载客汽车	10	19	正三轮摩托车	12
10	大、中型营运载客汽车	15	20	其他摩托车	13

（2）达到规定行驶里程。

达到下列行驶里程的机动车，其所有人可以将机动车交售给报废机动车回收拆解企业，由报废机动车回收拆解企业按规定进行登记、拆解、销毁等处理，并将报废的机动车登记证书、号牌、行驶证交公安机关交通管理部门注销：

①小、微型出租客运汽车行驶60万km，中型出租客运汽车行驶50万km，大型出租客运汽车行驶60万km；

②租赁载客汽车行驶60万km；

③小型和中型教练载客汽车行驶50万km，大型教练载客汽车行驶60万km；

④公交客运汽车行驶40万km；

⑤其他小、微型营运载客汽车行驶60万km，中型营运载客汽车行驶50万km，大型营运载客汽车行驶80万km；

⑥专用校车行驶40万km；

⑦小、微型非营运载客汽车和大型非营运轿车行驶60万km，中型非营运载客汽车行驶50万km，大型非营运载客汽车行驶60万km；

⑧微型载货汽车行驶50万km，中、轻型载货汽车行驶60万km，重型载货汽车（包括半挂牵引车和全挂牵引车）行驶70万km，危险品运输载货汽车行驶40万km，装用多缸发动机的低速货车行驶30万km；

⑨专项作业车、轮式专用机械车行驶50万km。

（3）经修理和调整仍不符合机动车安全技术国家标准对在用车有关要求的。

（4）经修理和调整或者采用控制技术后，向大气排放污染物或者噪声仍不符合国家标准对在用车有关要求的。

（5）在检验有效期届满后连续3个机动车检验周期内未取得机动车检验合格标志的。

《中华人民共和国道路交通安全法》第十四条明确规定，机动车实行强制报废制度，达到报废条件的机动车不得上路行驶。企业在申请车辆报废时，由其主管部门鉴定、审批，并报交通运输管理部门备案。需要报废而尚未批准的车辆应妥善保管，不得拆卸和更换总成、零件和附属装备。凡经批准报废的车辆，企业应及时办理吊销营运证，不得转让或挪作他用，总成和零件不得拼装车辆，车辆报废相关材料应至少保存2年。

第三节 道路旅客运输企业及汽车客运站突发事件应急处置

一 突发事件应急处置流程

道路运输企业对于突发事件一般遵从以下处理流程：

（1）首要任务就是控制和遏制事故，防止事故扩大，减少人员伤害或财产损失。

（2）将突发的事件情况或紧急状态迅速通知企业相关安全人员。

（3）及时向上级部门和当地人民政府报告，取得政府主管部门和专业救援机构的指导和支持，积极配合专业的应急救援机构的工作，尽量减少人员伤亡和财产损失。

（4）关闭、转移、隔离相关的危险设施设备或系统。

（5）紧急状态关键时期，授权披露有关信息，指定一名高级管理人员作为该信息的唯一出处，防止发生信息误导。

二 应急处置措施

道路旅客运输企业突发事件一般有道路交通事故、火灾、自然灾害事件、公共卫生事件、社会安全事件等。

1 道路交通事故应急处置

（1）事故发生后，事故现场有关人员应当立即向本单位负责人报案；单位负责人接到报案后，应当立即向相关主管机关报告事故情况。

（2）同时配合救援机构，开展救援工作，尽量减少人员伤亡和财产损失。

（3）企业指派相关负责人处理事故。

（4）在公安交管部门的指导下，同受害人沟通，依照国家相关规定进行赔偿。

（5）保险公司索赔。

2 火灾事故应急处置

（1）及时通知企业领导，拨打“119”火警。

（2）及时接通火灾报警装置或火灾事故广播，组织疏散人员、车辆等，在安全条件下转移、隔离重大危险源。

（3）停止运行相关装置（风机、防火阀等），防止火灾扩大。

（4）选择正确有效的方法灭火或配合专业消防人员灭火。

（5）火扑灭后，将消防装置恢复到正常运行状态。

3 自然灾害和公共卫生事件应急处置

（1）报告上级有关部门，配合组织营救和救治受害人员，疏散、撤离并妥善安置受到威胁的人员以及采取其他救助性措施。

（2）迅速控制危险源，标明危险区域，封锁危险场所，划定警戒区，以及其他控制措施。

（3）禁止或者限制使用有关设备、设施，关闭或者限制使用有关场所，中止人员密集的活动或者可能导致危害扩大的生产经营活动以及采取其他保护措施等。

4 社会治安事件应急处置

（1）报告上级有关部门，强制隔离使用器械相互对抗或者以暴力行为参与冲突的当事人，妥善解决现场纠纷和争端，控制事态发展。

（2）对特定区域内的建筑物、交通工具、设备、设施以及燃料、燃气、电力、水的供应进行控制。

（3）封锁有关场所、道路、查验现场人员的身份证件，限制有关公共场所内的活动等。

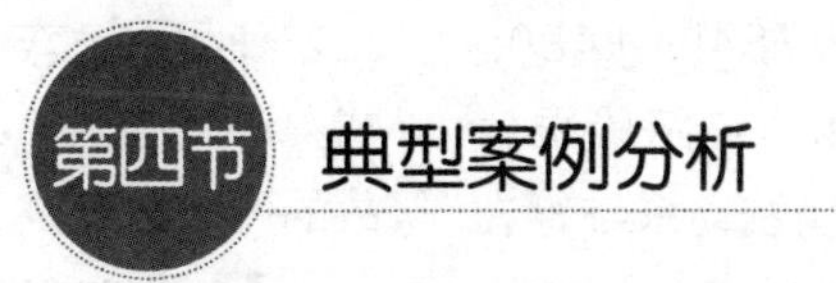

第四节 典型案例分析

案例1 四川马尔康县“3. 13”重大道路交通事故

一 事故经过

2012年3月13日12时25分许，驾驶员王某驾驶大型客车从成都市前往四川省阿坝州马尔康县，车辆行驶至国道317线219km处，在限速40km的长坡弯道，以83km/h的车速行驶，与道路左侧防护栏发生碰撞，客车沿防护栏想前滑行56.1m后，冲毁护栏并越过路侧排水沟和路外土堆，继续向前滑行41m后坠入65m的斜坡下，事故共造成15人死亡、6人

受伤。

二 事故原因

1 直接原因

根据事故调查报告，本案例事发路段为长下坡路段，限速为40km/h，事故发生车辆设计行驶速度为83km/h，超速107.5%。经调查认定，超速行驶是造成本次事故的直接原因。

2 间接原因

（1）驾驶员安全意识淡薄。

驾驶员安全意识薄弱，存在违章驾驶行为，经常超速驾驶车辆，据事发单位GPS动态监控平台记录显示，该驾驶员每月有1500多次超速行为。

（2）企业安全管理不到位。

企业安全管理存在漏断，未对驾驶员开展有效的安全培训教育，安全管理制度未落实，GPS动态监控平台未对车辆进行有效监控，对违章、违规驾驶车辆未进行及时、有效的提醒和纠正。

三 事故责任

大型客车驾驶员对此次事故发生负有直接责任，鉴于其已在事故中死亡，不再追究责任；大型客车所属道路运输企业董事长、总经理等5名安全管理负责人未能落实安全生产管理职责，被依法追究相应责任。

四 事故防范措施

（1）健全企业安全生产责任制，明确各岗位安全职责。

（2）严格执行落实安全管理制度和奖惩制度，完善各项安全管理措施，确保安全工作确实落实到位，对违章、违规人员实施严格惩处，纠正其不安全行为。

（3）加强驾驶员的教育培训，提高其安全意识，规范其安全行为。

案例2　连霍高速河南三门峡市“8·31”重大道路交通事故

一 事故经过

2012年8月31日上午8时50分，驾驶员郭某驾驶一辆中型客车从灵宝市出发，行驶至连霍高速三门峡市境内784km+480m处，行驶速度约为85.6km/h（该路段限速70km/h），因遇大雨，且车辆制动系统存在问题，车辆发生侧滑，撞向道路左侧中央隔离墙，随后又冲破道路右侧防护栏，坠入深20m的沟内，事故造成11人死亡、14人受伤。

二 事故原因

1 直接原因

根据事故调查报告，本案例中，中型客车未能按要求进行定期检测、维护，出站前未做车辆例检，车辆制动系统存在隐患。驾驶员郭某不具备道路运输从业资格且超速行驶。乘务员辛某未督促乘客系好安全带，并且，事发车辆约40%的安全带存在问题，不能正常使用，汽车在出站前也未对乘客安全带情况进行检查，这些因素最终导致了这起事故的严重后果。

2 间接原因

发生事故车辆所在企业的安全管理存在严重漏洞和不足。

（1）违法聘用不具备道路运输从业资格的人员作为驾驶员，驾驶员管理混乱。

（2）安全设施不到位。车辆上的安全带损坏不进行更换。

（3）车辆未定期维护检测、维修。未定期对车辆进行检测、维护维修，让故障隐

患车辆上路运营。

（4）安全教育培训不到位。

（5）安全职责不落实。

（6）动态监控工作不落实。

三 事故责任

驾驶员郭某因交通肇事罪被依法追究刑事责任，该企业被处以60万元经济处罚并停业整顿，企业经理、副经理等5名责任人员均被依法追究相应的刑事责任。

四 事故防范措施

（1）严格执行相关法律法规要求，建立健全企业安全生产责任制，并落实到位。

（2）建立完善的规章管理制度，包括驾驶员管理制度、车辆维护、维修管理制度、安全教育培训管理制度等，并有效落实执行。

（3）定期对车辆进行检测、维护。

（4）加强安全隐患排查。

（5）加强安全培训教育。

案例3　京珠高速河南省信阳市7·22特别重大道路交通事故

一 事故经过

2011年7月21日10时7分，驾驶员孙某、邹某驾驶大型卧铺客车从威海交运集团客运二分公司停车场出发前往湖南省长沙市。7月22日凌晨3时43分，当客车（实载47人）行驶至京珠高速公路河南省信阳市境内938km+115m处时，突然发生爆燃，客车继续前行145m至京珠高速公路938km+260m处，与道路中央隔离护栏剐蹭碰撞后停车，共造成41人死亡、6人受伤，客车严重烧毁，直接经济损失2342.06万元。

二 事故原因

1 直接原因

驾驶员使用大型卧铺客车违规运输15箱共300kg危险化学品偶氮二异庚腈并堆放在客车行李舱后部，在车辆运输过程中，偶氮二异庚腈在挤压、摩擦、发动机放热等综合因素作用下受热分解并发生爆燃。

2 间接原因

（1）威海交运集团及其客运二分公司、威海汽车站客运安全管理混乱。

（2）威海市交通运输管理部门组织开展客运市场管理和监督检查工作不到位。

（3）该危化品所属的生产企业危险化学品安全管理混乱。

（4）危化品生产单位所在地淄博市安全监管部门组织开展危险化学品安全生产监督检查工作不到位。

（5）淄博市质量技术监督管理部门组织开展危险化学品产品质量监督检查工作不到位。

（6）山东省公安厅交警总队高速公路交警支队青州大队、河南省开封市公安局交警支队高速公路交警支队组织开展高速公路交通安全执法工作不到位。

（7）淄博市临淄区人民政府及其辛店街道办事处贯彻落实国家有关危险化学品安全管理的法律法规不到位，对有关监管部门履行职责的情况督促检查不到位。

三 事故责任

经调查认定，京珠高速河南信阳"7·22"特别重大卧铺客车燃烧事故是一起责任事故。驾驶员孙某在事故中死亡，邹某

因重大责任事故罪被依法追究相应责任；大型卧铺客车所属企业经理、副经理等3人对事故负主要领导责任，被依法追究相应责任；危险货物生产企业控股股东，法定代表人等5人因涉嫌以危险方法危害公共安全罪依法追究相应责任。

四 事故防范措施

（1）进一步落实道路客运企业的安全生产主体责任。

（2）进一步加强道路交通违法行为的打击力度。

（3）进一步加强危险化学品的安全管理。

（4）进一步加强对企业从业人员的安全培训教育。

第八章 机动车维修企业安全管理

第一节 机动车维修企业常用应急救援知识

一 中毒事故的应急救援

中毒事故容易发生的部位包括：地下室和密闭房间内、储存油漆等有毒化学物品的仓库和人工挖孔桩井下及地下室防水作业。职业中毒事故的预防措施及应急措施有才下内容。

1 根除毒物

从生产工艺流程中消除有毒物质，用无毒或低毒物质代替有毒物质是最理想的防毒措施。

2 降低毒物浓度

（1）革新技术，改造工艺。尽量采用先进技术和工艺流程，避免开放式生产，消除毒物逸散条件。

（2）通风排毒。安装通风装置时，首先考虑毒物逸出局部就地排出，尽量缩小其扩散范围。在地下室和密闭房间内作业以及储存油漆等有毒化学物品的仓库，都必须安装通风设备，保持新鲜空气流通。局部排毒设备的结构和样式，以尽量接近毒物逸出处，最大限度阻止毒物扩散，而又不妨碍生产操作，便于检修为原则。经通风设备排出的废气，要加以净化回收。

（3）建筑布局卫生。不同生产工序的布局，不仅要满足生产上的需要，而且要考虑卫生上的要求。有毒逸散作业，应单独的房间内；可能发生剧毒泄漏的生产设备应隔离。使用容易积存或被吸附的毒物或能发生有毒粉尘飞扬的工房，其内部装修应符合卫生要求。

3 搞好个体防护和个人卫生

除普通工作服外，对某些作业工人还需特殊质量和要求的防护服装、防毒口罩、防毒面具。应设置清洗设施、淋浴室及存衣室，配备个人专用更衣箱。接触经皮肤吸收及局部作用危险性大的毒物，要有皮肤洗消和冲洗眼的设施。

4 增强体质

合理实施有毒作业保健待遇制度，因地制宜开展体育活动，注意安排夜班工人的休息睡眠，做好季节性多发病的预防。

5 安全卫生管理

对于特殊有毒作业，应制定有针对性的规章制度，及时调整劳动制度和劳动组织。

6 健康监护与环境检测

（1）实施就业前健康检查，排除有职

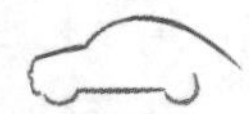

业禁忌症者（心脏病、高血压、过敏性皮炎及有外伤者）参加接触毒物作业。

（2）按规定进行环境检测，定期检测作业场所空气中的毒物浓度，在人工挖孔桩井下作业施工中，当井深超过5m，每天下井前必须进行有毒气体或缺氧检测，符合标准后才能下井作业，否则应采取井下换气措施，直至符合要求才能下井作业。进行人工挖孔桩井及地下室有毒有害防水材料施工时，应设置临时通风排气设施，作业人员应适时轮换，并保持监护人员与操作人员及时联络，以免发生意外。

（3）坚持定期健康检查，尽早发现工人健康受损情况并及时处理。

二 化学品烧伤的应急救援

化学品烧伤主要包括被强酸烧伤和被强碱烧伤。

1 强酸烧伤的急救方法

酸烧伤后立即用水冲洗是最为重要的急救措施，冲洗后一般不需用中和剂，必要时可用2%~5%的氢氧化镁或肥皂水处理创面后，仍用大量清水冲洗，以除去剩余的中和溶液。创面处理一般采用烧伤的处理方法。由于酸烧伤后形成的痂皮完整，宜采用暴露疗法。

2 强碱烧伤的急救方法

碱烧伤后，应立即用用大量清水冲创面，冲洗时间越长，效果越好，达到10h，效果尤佳，但伤后2h处理者效果最差。如创面pH值达7以上，可用0.5%~5%醋酸，2%硼酸湿敷创面再用清水冲洗。

创面冲洗干净后，最好采用暴露疗法，以便观察创面的变化。深度烧伤应及早进行切痂植皮手术。全身处理同一般烧伤。

三 高温灼伤的应急救援

在机动车维修过程中，一旦发生灼伤事故，可采取以下急救措施。

（1）发生灼烫事故后，迅速将烫伤人脱离危险区进行冷辽，面积较少的烫伤应用大量冷水清洗，大面积烫伤的要立即送到医院。

（2）火焰烧伤：应迅速脱去燃烧的衣服，或就地打滚压灭火焰或用水浇，切记站立喊叫或奔跑呼救，避免面部和呼吸道灼伤。

（3）物料烫伤：高温物料烫伤时，应立即清除身体部位附着的物料，必要时脱去衣服，然后冷水清洗，如果贴身衣服与伤口连在一起，切勿强行撕脱，以免伤口加重，可用剪刀先剪开，然后将衣服慢慢脱去。

（4）化学烧伤：受伤后应首先将浸有化学药品的衣服脱去，并立即用大量的水清洗损伤面的化学药品。

（5）对烫伤严重的应禁止大量饮水防止休克；对呼吸道损伤的应保持呼吸畅通，解除气道阻塞。

（6）在救援过程中发生中毒、休克的人员，应立即将伤者撤离到通风良好的安全地带。如果受伤人员呼吸和心脏均停止，应立即采取人工呼吸。

（7）在医务人员未接替抢救之前，现场抢救不得放弃现场抢救。

四 油漆存放区的应急救援

油漆存放区也是机动车维修车间存在的一个重大安全隐患，日常事故预防及应急措施具体如下：

1 预防措施

（1）对易引起打火的电器线路部分进行定期检修；

（2）仓库存放量不能超过1个月的用量；

（3）必须将仓库周围清理整洁，避免火势迅速向四周曼延并为救援队员提供便利的施救空间；

（4）保持仓库内安全通道畅通。

2 应急对策

（1）通知事故现场人员立即撤离，切断仓库总电源，然后通知应急救援队员；

（2）救援队应一边组织队员运用现有的灭火设备（干粉灭火器）以及沙子或土对起火点进行灭火，并撤离起火点周围易燃易爆物品，同时上报保卫科；

（3）人员撤离完毕后应及时清点人数并上报给救援队长；

（4）若仍有人无法撤离时，应组织队员进行施救并立即通知救护人员做好救护准备；

（5）人员撤离完毕后若仍无法控制事故现场，应立即拨打火警电话119请求救援。

五 火灾应急救援

维修车间一旦发生火灾或火灾安全隐患，可采取以下措施进行应急救援。灭火的基本方法包括冷却灭火法、隔离灭火法、窒息灭火法、抑制灭火。火灾救援常用设备的使用方法以及火灾应急救援措施如下：

1 灭火器的使用方法

一般工厂常用灭火器[手提储压式（ABC）干粉灭火器]灭火。

（1）使用前先将灭火器翻转摇动数次，拉出保险销。

（2）不可倒置使用，直接对准火焰根部压下压把左右扫射即可。

（3）注意事项：压下压把后，中途不应松手；否则该瓶灭火器内未喷出的干粉因气压不足而失去灭火作用。

2 消防栓的使用

（1）适用扑灭多种类型的火灾，水是分布最广、使用最方便、补给最容易的灭火剂，但不能用于补救与水能发生化学反应的物质引起的火灾，以及高压电器设备和档案、资料等引起的火灾。

（2）使用方法：将存放消防栓的仓门打开，将水带取出，平放打开，将阀头接在水袋上，对准火源，双手托起阀头，打开水阀。

3 报警程序和接警处置程序

无论任何部门（人员）发现火灾应立即通知当值调度，有调度报告相关人员，视火势大小按指令拨打“119”。报警时应讲清楚报警人的姓名、地址、工作单位、联系电话，失火的准确地理位置，失火的情况，如起火时间、燃烧特征、火势大小、有无被困人员、有无重要物品、失火周围有何重要建筑、行车路线、消防车和消防队员如何方便地进入或接近火灾现场等。

4 扑救初期火灾的程序和措施

（1）值班人员在接到火警后，应迅速赶往失火地点，听从消防安全负责人的统一指挥实施灭火，防止火势蔓延。

（2）值班人员发现有人员被火势围困，应先救人，后灭火，如发现有易燃易爆危险物品受到火势威胁时，应迅速组织人员将易燃危险物品转移到安全地点。

（3）如起火物为化学药品或易燃易爆危险物品时，应在确定无爆炸危险的情况下，用干粉灭火器、沙子等物品进行扑救，用火将周围的可燃物品淋湿，但严禁用水扑救化学药品或易燃易爆危险物品火灾；如不能确定有无爆炸危险的，应在安全地点做好准备，等待消防部门的指挥人员的调令和火灾现场总指挥、副总指挥的命令。

（4）在公安消防队到达火灾现场后，应听从公安消防部门指挥人员的指挥，配合灭火工作。

六 触电事故应急救援

如遇触电事故时，在现场的人员要立即向经理汇报险情；在保证自身安全的情况下，现场人员迅速进行抢救触电者脱离电源。

（1）首先查明险情，车间管理人员主持商定抢救方案。对低压触电事故的处理，采取边抢救边汇报的处理方式。对高压触电

事故采取边准备边汇报的处理方式。

（2）抢救组电工负责快速使触电者脱离低压电气线路的电源，方法如下：

如果事故离电源开关较近，应立即切断电源开关；如果事故离电源开关太远，来不及立即断开，救护人员可用干燥的衣服、手套、绳索、木板、木棒等、绝缘杆等绝缘物作为工具，拉开触电者或挑开电源线使之脱离电源；如果触电者因抽筋而紧握电线，可用干燥的木柄斧、胶把钳等工具切断电线；或用干木板、干胶木板等绝缘物插入触电者身下，以隔断电流。

（3）脱离电源后的救护。触电者脱离电源后，应尽量在现场救护，先救后搬；搬运中也要注意触电者的变化，按伤势轻重采取不同的救护方法。

（4）对特殊的触电险情无法抢救时，只能经领导同意后向供电局调度室报警求救。请供电局抢险队处理，医院电工进行配合。

（5）在抢救触电者恢复清醒的情况下，用担架将伤员抬到医院急诊科继续救护。

（6）对发生触电事故的电气线路设备，进行全面检查和修复工作。

（7）触电事故应急抢险完毕后，负责人立即召集有关班组的全体同志进行事故调查，找出事故原因、责任人并制订整改措施，并对应急预案的有效性进行评审、修订。

七 机械伤害应急救援

维修车间发生机械伤害后，在医护人员没有带来之前，应检查受伤者的伤势，心跳及呼吸情况，视不同情况采取不同的急救措施。

（1）对被机械伤害的伤员，应迅速小心地使伤员脱离伤源，必要时，拆卸机器，移出受伤的肢体。

（2）对发生休克的伤员，应首先进行抢救。遇有呼吸、心跳停止者，可采取人工呼吸或胸外心脏按压法，使其恢复正常。

（3）对骨折的伤员，应利用木板、竹片和绳布等捆绑骨折处的上下关节，固定骨折部位；也可将其上肢固定在身侧，下肢与下肢缚在一起。

（4）对伤口出血的伤员，应立即以头低脚搞得姿势躺卧，使用消毒纱布或清洁织物覆盖伤口上，用绷带较紧的包扎，以压迫止血，或选择弹性较好的橡皮管、橡皮带或三角巾、毛巾、带状布巾等。对上肢出血者，捆绑在其上臂上1/2处，对下肢出血者，捆绑在其腿上2/3处，并每隔25~40min放松一次，每次放松0.5~1min。

（5）对剧痛难忍者，应让其服用止痛剂和镇静剂。采取上述急救措施之后，要根据病情轻重，及时把伤员送到医院治疗。在转送医院的途中，应尽早减少颠簸，并密切注意伤员的呼吸、脉搏及伤口等的情况。

八 油气泄漏应急救援

（1）现场发现的人员立即报告应急指挥部，通信组根据泄漏情况报报警（119、120等），并视泄漏量情况及时报告政府有关部门。

（2）疏散警戒组建立警戒区。在指定范围内实行全面戒严。划出警戒线，设立明显标志，以各种方式和手段通知警戒区内和周边人员迅速撤离，禁止一切车辆和无关人员进入警戒区。

（3）消除所有火种。立即在警戒区内停电、停火，灭绝一切可能引发火灾和爆炸的火种。进入危险区前用水枪将地面喷湿，以防止摩擦、撞击产生火花，作业时设备应确保接地。

（4）控制泄漏源。在保证安全的情况下堵漏或翻转容器，避免液体气体漏出。如管道破裂，可用木楔子、堵漏或卡箍法堵漏，随后用高标号速冻水泥覆盖法暂时封堵。

（5）导流泄压。若各流程管线完好，可通过出液管线、排污管线，将液态导入紧急事故罐，或采用注水升浮法，将油气界位抬高到泄漏部位以上。

（6）罐体掩护。从安全距离，利用带架水枪以开花的形式或固定式喷雾水枪对准罐壁和泄漏点喷射，以降低温度和可燃气体的浓度。

（7）控制蒸气云。用中倍数泡沫或干粉覆盖泄漏的液相，减少液化气蒸发，用喷雾水（或强制通风）转移蒸气云飘逸的方向，使其在安全地方扩散掉。

（8）现场监测。随时用可燃气体检测仪监视检测警戒区内的气体浓度，人员随时做好撤离准备。

第二节 典型案例分析

案例1 河北唐山市冀东报废汽车回收拆解中心“3·20”物体打击事故

一 事故概况

2013年3月20日13时，河北省唐山市冀东报废汽车回收拆解中心新立庄回收拆解厂东部中段场地承租人王某安排其雇用的作业人员于某、王某和翟某拆解、分拣承租区内的报废汽车零部件，于某在承租区中部负责使用乙炔气割枪（使用的作业气体为氧气和液化石油气）进行切割拆解作业，当于某切割完后车轴北端轮胎第4个紧固螺栓时，因轮毂受热将热量传递至轮胎，使轮胎内空气受热膨胀，导致轮胎突然爆裂，爆裂产生的冲击波致于某受伤倒地，经抢救无效，于3月24日12时左右死亡。

二 事故原因

1 直接原因

于某使用乙炔气割枪切割轮胎紧固螺栓时，因轮毂受热将热量传递至轮胎，使轮胎内空气受热膨胀，导致轮胎突然爆裂，爆裂产生的冲击波将于海明击伤致死，这是事故发生的直接原因。

2 间接原因

唐山市冀东报废汽车回收拆解中心未设置独立的安全管理机构，安全管理制度不健全，未将承租单位的安全管理工作有效的纳入本企业安全管理体系，安全管理存在漏洞。

唐山市冀东报废汽车回收拆解中心未对承租单位从业人员进行有效的安全教育和安全培训，致使从业人员安全知识匮乏，安全防范意识不强。

唐山市冀东报废汽车回收拆解中心对承租单位从业人员职业资质审核把关不严，致使承租单位从业人员无证上岗。

唐山市冀东报废汽车回收拆解中心新立庄回收拆解厂东部中段场地承租人王某安全意识不强，安全管理不到位，雇用不具备职业资质人员从事报废汽车拆解工作，未对从业人员进行安全教育培训。

三 事故性质

经调查认定，唐山市冀东报废汽车回收拆解中心“3·20”物体打击事故是一起生产

安全责任事故。

四 事故防范和整改措施

（1）加强对从业人员的安全管理和安全教育培训，从本质上提升从业人员的安全意识，严防各类事故发生。要强化安全意识，不得雇用不具备相应职业资质的人员进行相关作业。

（2）举一反三，认真吸取事故教训，开展安全生产大检查，对事故发生区域要全面停产整顿，全面排查和及时消除各类事故隐患，对不符合安全要求的要立即整改，达不到整改要求的，坚决不允许作业，杜绝类似事故再次发生。

（3）建立健全安全管理机构，完善安全管理制度，全面落实安全管理责任制。要加强对承包经营单位的管理，强化从业人员的安全教育培训，同时要严把从业人员的职业资质审核关，对不具备职业资质的坚决不允许上岗作业。

（4）唐山市商务局要加强对所属企业安全生产工作的监督管理，督促企业落实安全生产主体责任，加大对企业安全生产工作的督促检查，确保所属企业安全管理责任制落到实处。

案例2　陕西西安市美联汽车修理市场“12·8”起重机械重大事故

一 事故概况

2004年12月8日12时40分，在陕西省西安市西郊沣惠路31号的美联汽车修理市场展厅施工工地，发生一起起重机械倾覆重大事故，造成6人死亡，17人受伤，其中5人重伤。

事故设备是西安秦泰机械有限公司非法制造的简易载货升降平台。该设备由1台电动机及摆线针轮减速机通过链条传动与同一轴上的2个卷筒组成。每个卷筒上同时缠绕2 根钢丝绳，此时，4根钢丝绳分别通过吊环与平台的四角连接。起升高度为12.6m，起升速度14.52m/min，平台尺寸6000mm×3200mm。

2004年12月8日上午，该市场内一个新建的汽车展厅举行封顶仪式。12时40分，仪式结束后，承办方邀请参加仪式的23位来宾，违规使用运输建筑材料的升降机前往楼顶参观。升降机升至二楼时，卷筒轴断裂，两侧轴承座破损，卷筒飞出，平台两侧钢丝绳松弛，造成平台西侧下沉倾斜，乘坐人员随之全部滑落坠地。由于冲击作用，平台东侧吊环随之被拉断，导致平台板翻转垮落，造成6人死亡、17人受伤的重大事故。

二 事故原因分析

（1）卷筒轴强度不够，在重载时发生断裂是该事故的直接原因。

（2）未按有关规定选用吊环是事故扩大的重要原因。

（3）该设备制造单位非法制造，不能保证安全质量，且在未完成安装调试即交付使用，项目单位违章采用非法制造的起重机械，在明知该设备未完成安装、调试的情况下，让23人乘载货升降机，是造成事故的主要原因。

三 预防同类事故的措施

（1）特种设备必须依法生产，坚决打击、取缔非法制造特种设备的行为。

（2）特种设备使用单位必须严格执行法规要求，使用合法、安全的起重机械，认

真落实安全管理制度，强化作业人员的安全教育和培训，提高作业人员的安全责任意识，载货升降机严禁人货混用，严禁违章操作。

（3）明确各管理部门职责，强化环节监控，加强对起重机械使用和监督管理，严格执行有关国家法律法规和安全技术规范，依法进行现场安全监督。

案例3 安徽汽车维修厂槽罐车爆炸事故

一 事故经过

2012年9月5日上午，安徽省蚌埠市禹会区一汽车修理厂内，一辆正在维修的大型危险品运输槽罐车突然发生爆炸，导致现场的一名驾驶员和两名维修工受伤。

二 事故原因

1 直接原因

事故车辆为蚌埠市万方运输有限公司所有，该车辆9月3日曾运输过甲醇，卸货后，前往该区翔雨汽车修理厂内维修。在修理时，该车为空罐，在未清洗槽罐、未使用惰性气体置换、未检测罐内可燃气体浓度的情况下，动火维修。罐内残余甲醇挥发与空气混合，处于爆炸极限状态，遇明火被引爆，造成了该起事故。

2 间接原因

（1）从业人员违章操作，安全知识水平差，安全知识技能不足，安全意识薄弱。

（2）企业内部安全管理混乱，安全生产主体责任未落实，未对从业人员进行安全培训教育，未对现场危险作业实行作业许可制度，安全管理制度不完善，且未有效落实。

三 防范措施

（1）企业应有效落实安全生产主体责任，建立健全安全生产责任制，完善安全管理制度并有效落实。

（2）按规定对从业人员实施安全培训教育，提高从业人员安全知识技能和安全意识。

（3）加强现场安全管理，对动火作业等现场危险作业实施作业许可制度，履行审批手续，并有专人进行现场管理。

案例4 瑞安汽修企业触电事故

一 事故概述

2004年6月8日13时左右，瑞安市愉达汽车修理部职工颜某、陈某在愉达汽车修理部对面路边的水井旁用高压水枪清洗颜某的自备车。清洗过程中颜某被水枪电击了一下，就跟陈某说水枪有电，陈某未信，于是颜某再试一次，导致触电摔倒，后脑损伤，经抢救无效死亡。

经现场勘查发现，颜某仰面倒地的水泥地上正好有一个14mm粗的钢筋环凸出地面，颜某后脑着地时正好摔在钢筋环上，后脑受伤。

二 事故原因

1 直接原因

按规定，当发现直接危及人身安全的紧急情况时，应停止作业或者在采取可能的应急措施后撤离作业场所，而颜某在知道水枪漏电后还继续使用，导致触电后仰面倒地，后脑受伤死亡。这是造成事故的直接原因。

2 间接原因

（1）死者颜某安全意识淡薄，在非上班时间违规冲洗自备车，明知水枪有漏电现象还继续使用，以至触电后倒地，后脑受伤死亡。

（2）企业安全意识淡薄，安全管理制度不健全，对职工安全生产监管不到位，没有教育和敦促职工遵守劳动纪律，对职工违规现象不加制止，以致死亡事故发生，是造成事故的间接原因。

三 防范措施

（1）企业应强化安全管理，完善安全管理制度，规范从业人员的安全行为，杜绝从业人员“三违”行为的发生。

（2）企业应加强对从业人员的安全培训教育，提高从业人员安全知识水平和安全意识。

第九章 出租汽车企业安全管理

第一节 出租汽车企业安全管理基础

一 经营管理

（1）出租汽车公司应严格遵守国家、省的相关法律、法规、规章及规定，同时遵守下列规定：

①经营期内保证符合经营资质条件；

②组建公司内部管理机构，建立健全公司内部管理制度，制定服务规范和安全行车、服务管理、投诉处理等管理制度；

③聘用具有出租汽车从业资格的驾驶员，实行员工制管理，签订劳动用工合同，按时、足额缴纳基本养老、失业、医疗等社会保险费；聘用驾驶员的劳动报酬标准在行业管理部门、行业协会指导下制定；

④全额出资购买车辆，不得变相转卖出租汽车经营权；

⑤按照国家规定接受市道路运输管理机构年度审验，对出租汽车进行技术等级评定和维护、检测，保持技术性能完好；

⑥及时受理乘客来信来访和投诉，协助市道路运输管理机构妥善处理相关事项；

⑦不得将出租汽车交给无《道路旅客运输驾驶员从业资格证》或者《服务监督卡》的人员驾驶；

⑧严格执行物价部门规定的收费标准，不得违价收费，实行明码标价；

⑨按照规定领购和发放出租汽车票据，建立票据登记簿，不得借用、串用票据；

⑩定期向市道路运输管理机构填报车辆管理档案和营运资料，并接受服务质量信誉考核；

⑪定期组织驾驶员进行政策法规、文明服务、职业道德、安全营运等方面的教育培训；

⑫按规定在出租汽车上安装GPS终端及配套设施，并保持设备正常使用；

⑬服从因抢险救灾、突发事件以及重大公益性活动等特殊情况的统一调度；

⑭维护社会稳定，切实加强从业人员的教育和管理，防止违法上访、游行示威、停运等事件的发生。

（2）个体出租汽车经营者应严格遵守国家、省的相关法律、法规、规章及规定，同时遵守下列规定：

①聘用具有出租汽车从业资格的驾驶员，与驾驶员签订劳动合同或者经营承包合同；

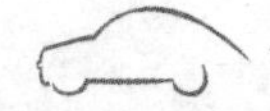

②按照国家规定接受市道路运输管理机构年度审验，对出租汽车进行技术等级评定和维护、检测，保持技术性能完好；

③及时受理乘客来信来访和投诉，协助市道路运输管理机构妥善处理相关事项；

④不得将出租汽车交给无《道路旅客运输驾驶员从业资格证》或者《服务监督卡》的人员驾驶；

⑤严格执行物价部门规定的收费标准，不得违价收费；

⑥按照规定领购和使用出租汽车票据，不得借用、串用票据；

⑦接受市道路运输管理机构服务质量信誉考核，如实提供必要资料；

⑧定期组织驾驶员接受行业管理部门或者出租汽车协会组织的政策法规、文明服务、职业道德、安全营运等方面的教育培训；

⑨按规定在出租汽车上安装GPS终端设备及配套设施，并保持设备正常使用；

⑩服从因抢险救灾、突发事件以及重大公益性活动等特殊情况的统一调度；

⑪主动参与行业文明创建、优质服务活动；

⑫维护社会稳定，不参与违法上访、游行示威、停运等事件。

二 车辆管理

（1）更新出租汽车车辆的车体颜色与规定颜色不一致的，出租汽车经营者应当将车体颜色更改为出租汽车规定颜色。

出租汽车需要更新的，必须按照行业管理部门要求清除原有出租汽车相应的营运标识，并变更为区别于本市出租汽车的其他车体颜色。

（2）鼓励出租汽车经营者升级换代营运车辆。出租汽车车辆在使用6年（计算整年以月为单位）后更新为提档升级车型的，在现有经营期限的基础上，奖励经营期1年；出租汽车车辆在6年内提前更新为提档升级车型的，在奖励经营期1年的基础上，再按提前更新的时间奖励相应经营期限。延长的经营期限以月为计算单位。

1.6L排气量以下提档升级为1.6L排气量的出租汽车只享受一次车辆更新提档升级的奖励政策；1.6L排气量基础上又再次提档为1.8L排气量以上的，可以连续享受奖励政策。

出租汽车在更新提档升级车型后，再次申请车辆更新的，不得降低车型档次。

（3）出租汽车经营者在购置车辆后，应当在市道路运输管理机构指定的地点，按规定的流程喷印、安装出租汽车标志顶灯、价格标签、里程计价器、出租汽车综合信息系统、待租显示器、服务监督卡、营运号牌、车身标志颜色及两侧营运标志和监督投诉电话等标志及设施。

出租汽车的行业管理部门通过招投标的方式确定具有资质的汽车修配公司开展出租汽车专用车体颜色的改色工作。

（4）出租汽车“油改气”必须到具有资质的专业改装公司进行，并向市道路运输管理机构备案。年审时应当提供“油改气”的安装合格证及定期检验合格标志，未能提供安装合格证及检验合格标志的，不予年审。

（5）出租汽车的车容、车貌应符合以下要求：

①车身漆色鲜亮，无破损、无脱落、无积垢，保持车辆清洁；

②标志顶灯安装规范，外壳完整，字迹清晰；车辆前方号牌上方安装营运号牌，字迹清晰；

③车前门两侧印贴营运标志、在规定位置喷印监督电话号码和标志，字迹、图案清晰，无褪色和缺字；

④车后门两侧规定位置张贴价格标签，并保持完整、规范；

⑤在规定位置安装计价器，确保性能良好，计程计价准确；

⑥副驾驶座平台右侧按规定放置当班出租汽车驾驶员《服务监督卡》，如图9-1所示；

图9-1　出租汽车服务监督卡

⑦按管理部门要求安装GPS卫星定位、LED显示屏和安全防盗抢等装置；

⑧车辆配备灭火器、安全锤、故障警示牌等安全设施（图9-2），设备齐全有效，车门车窗开闭自如，锁止可靠；

图9-2　出租汽车安全设施

⑨车内按规定配置座套，保持干净整洁，无破损，每周最少清洗更换1次；

⑩车厢内外卫生清洁，无尘土、无脏物、无异味、后备箱内无杂物，雨、雪停后1日内及时清理车身污渍或者残雪；

⑪车辆内外不设置、张贴未经批准的广告，不做个性化装饰，及时清除过期标识。

（6）建立出租汽车计价器统一管理、备案登记制度。

根据行业发展需要对计价器功能提档升级的，应及时更新换代产品。出租汽车更新时，原有计价器可以继续使用的，需持技术监督部门检验合格证明申请留用；不能继续使用的，应在道路运输管理机构的监督下销毁。

三 驾驶员管理

（1）从事出租汽车客运服务的驾驶员，应当参加职业培训，取得《道路旅客运输驾驶员从业资格证》和《服务监督卡》。

道路运输管理机构应当建立出租汽车从业人员信息库，录入出租汽车驾驶员相关信息，指导其与出租汽车公司或者个体经营者签订聘用合同。

（2）出租汽车驾驶员应严格遵守国家、省的相关法律、法规、规章及规定，同时遵守下列规定：

①运营时携带《道路运输证》《道路旅客运输驾驶员从业资格证》《服务监督卡》等营运证件，如图9-3所示；

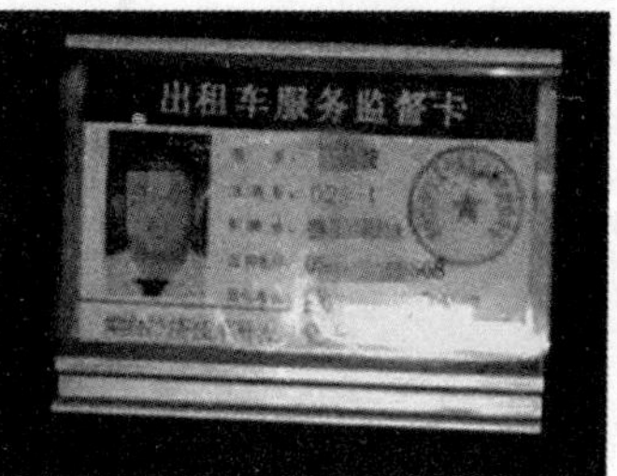

图9-3　出租汽车相关营运证件

②言谈举止文明得体，严格使用规范用语，礼貌待客；

③公司出租汽车驾驶员统一着装，个体出租汽车驾驶员穿着行业管理部门要求颜色及样式的服装；

④按照物价部门规定的价格标准收费；

⑤如实给付乘客有效票据，不得转借、串用票据；

⑥按照乘客合理要求使用车内空调、音响等设施；

⑦车辆发生故障、事故或者由于驾驶员原因不能继续行驶的，不得收费；

⑧不得无故拒载或者招揽他人同乘；

⑨未经管理部门允许，不得装载、使用车载对讲设施；

⑩按照规定使用计价器，不得使用未经检测或者检测不合格的计价器，不得私自改动、串用或者破坏计价器准确度；

⑪按照乘客要求的路线行驶；乘客未提出要求的，应当选择距离最短的路线行驶；因故需绕道行驶时，应当征得乘客同意；

⑫不得在规定的营运范围以外驻地营运；

⑬对市道路运输管理机构通知的违章或者投诉调查积极予以配合；

⑭积极参加行业管理部门组织的各种会议、学习及公益性活动；

⑮发现乘客遗失物品的，应当及时归还失主或者交有关部门依法处置；

⑯在火车站、汽车站、风景区、商业区、学校等大型的客流集散地设有出租汽车停车区域的，应当依序候客，不得强行揽客，扰乱站场秩序；

⑰未经乘客同意，不得有吸烟、打手机、吃零食等不礼貌行为。

（3）出租汽车驾驶员不得有下列拒载行为：

①车辆开启空车待租标志，遇乘客示意停车后不载乘客的；

②车辆开启空车待租标志，在停靠站点或者路边候客而不载乘客的；

③载客途中未经乘客同意，无正当理由中断、终止服务的；

④在非交接班时间以交接班为由拒绝载客。

（4）有下列情形之一的，出租汽车驾驶员可以谢绝或者终止服务：

①乘客在禁止停车的路段或遇到红灯停驶时要求搭乘的；

②乘客携带国家规定的危险物品及其他禁止携带的物品的；

③乘客携带超出车辆行李舱容积物品的；

④乘客携带宠物及其他污损车辆物品的；

⑤醉酒者、精神病患者在无人陪同时乘车的；

⑥乘客有其他违法要求或者违法行为的。

（5）有下列情形之一的，乘客有权拒绝支付车费：

①未按规定使用计价器或者计价器故障继续营运的；

②不向乘客出具有效的车费专用票据的；

③未经乘车人同意，强行拼客的；

④在起步里程内发生车辆故障或者交通事故以及因违章接受处理，无法继续提供运送服务的。

四 监督管理

（1）市道路运输管理机构依法加强对出租汽车营运情况的监督检查，及时制止和查处扰乱出租汽车市场秩序的行为。被检查单位和个人应当如实提供有关资料和情况，不得拒绝或者妨碍检查。

（2）市道路运输管理机构依法定期对出租汽车经营者和出租汽车驾驶员进行年度审验和诚信考核。

（3）市道路运输管理机构和出租汽车经营者应当建立投诉举报制度，公开投诉举

报方式，建立投诉档案，及时受理投诉。

市道路运输管理机构和出租汽车经营者应当自受理投诉之日起15个工作日内调查处理完毕，同时答复投诉人；依法应当由其他部门调查处理的，及时移送有关部门。

（4）投诉人投诉出租汽车服务的，应当提供书面材料、车费票据和车辆牌号等证据，配合市道路运输管理机构的调查；拒绝配合的，视为自动撤回投诉。

第二节 出租汽车驾驶员从业资格和出租汽车安全隐患

一 出租汽车驾驶员驾驶资格和从业资格

驾驶证是驾驶机动车依法应当取得的驾驶资格凭证。驾驶员无驾驶资格驾驶机动车上道路行驶是一种非常危险和严重违反《中华人民共和国道路交通安全法》的行为。驾驶员无驾驶资格的情形见表9-1。

驾驶员无驾驶资格行为　表9-1

类型	具体行为
驾驶员无驾驶资格	驾驶证未审查
	驾驶证被扣留
	驾驶证被暂扣、吊销、注销、撤销
	超出准驾驶车型
	未降低准驾驶车型
	到期未换证
	身体不适宜驾驶

从业资格证是对交通运输资格的确认。也就是说没有从业资格证，就不能从事道路交通运输。驾驶员无从业资格的情形见表9-2。

驾驶员无从业资格行为　表9-2

类型	具体行为
驾驶员无从业资格	未取得或未携带驾驶证、行驶证、内部准驾证、准行手续，以及驾驶车辆与证件标明车型不符等无证驾驶车辆行为
	年龄超过60周岁
	未取得从业资格证
	超出从业资格证范围
	发生重大以上交通事故，且负主要责任
	连续3个考核周期诚信考核等级均为B级
	超过从业资格证件有效期180日未申请换证
	在1个考核周期累计积分有3次以上达到20分

二 出租汽车车辆的不安全因素

1 车辆本身特点的不安全因素

车辆在行驶过程中其本身就是一种危险源，出租汽车的行驶特点不同于其他车辆，其行驶持续时间更长，行驶环境更加复杂，相比一般车辆，存在更多不安全因素。

2 车辆技术状况的不安全因素

车辆技术状况的不安全因素主要包括车辆技术状况不良、安全装置失效以及车辆突发故障等。在行驶过程中，如发生轮胎爆裂、发动机故障、电器故障、制动失灵等情况，极易造成交通事故。

3 车辆安全设施配备不齐全

出租汽车应按规定配备相应的安全设施设备，包括安全锤、灭火器、安全警示牌、GPS车载终端、防劫设施等，安全设施配备齐全有效是保障车辆和人员安全的重要措施。如果安全设施破损或缺失，一旦发生突发事件，将无法及时进行处置或扑救，从而引发严重的安全事故，造成人员伤亡或财产损失等。

第三节 出租汽车驾驶员应急处置原则和对策

一 遇险时的处置原则

在行车中遇到险情时，如果驾驶员能够采取果断措施，避险方法得当，可将大事化小、小事化了，反之则会加重事故损失。为了防止避险失当加重事故后果，行车中应遵守下列处置原则：

（1）先顾人后顾物原则。所谓先顾人后顾物，就是当险情同时威胁到人员和物资时，要先顾及人员。因为人的生命只有一次，物资损坏可以补偿，而人的生命却毫无补偿办法。为此，驾驶员在避让车辆与物资相撞时，必须排除人员伤害。在危急情况下，车辆要向物的一方避让，不可向人员一方避让，宁愿物资受损，也要确保人员安全。

（2）避重就轻原则。所谓避重就轻，就是当险情发生时，要权衡轻重，尽量减小事故损失。在紧急避险时，车辆应靠近损失较小或危害较轻的一方避让，避开损失较大或危害较重的一方。此时，一般可不受各项管制措施和有关条例的限制，甚至可采取平时绝对禁止的做法。例如，道路右侧情况复杂，人员较多，而道路左侧情况简单或人员较少，紧急避让时，就应紧靠左方，以减轻事故的损坏后果。

（3）先人后己原则。所谓先人后己，就是当险情危及人员生命时，驾驶员要宁愿牺牲自己也要保护他人生命安全。例如，公交车发生严重的侧面相撞时，驾驶员应迅速打方向变为车头相撞，从而保护乘客的安全。一旦事故发生，驾驶员应先抢救处在危险中的乘客或受伤人员，不得为保护自身安全而擅离职守。当车辆起火或有爆炸危险时，驾驶员应奋不顾身地将危险车辆驶离人群、工厂、村镇，尽量减少事故车辆对人民生命、财产的威胁。当发生人员伤亡的重大事故时，驾驶员不顾受害者生命安危，不仅不尽义务保护现场，反而破坏、伪造现场，嫁祸于人或驾车潜逃，都是严重违法的行为。

（4）先方向后制动原则。所谓先方向后制动，就是当险情发生后，驾驶员在做避让动作时，应先顾方向后顾制动。因为在事故前转动方向，可使车辆避开事故的中心位置，有时甚至能脱离危险转危为安。若方向转动落后于制动的使用，就会使车辆失去避让的机会和机动能力。但是，对一些需要缩短制动距离的事故，应在转动方向的同时采取紧急制动。

二 驾驶员应急避险的基本对策

驾驶员应急避险的基本对策主要有以下几项：

（1）防患于未然。车辆在行驶中遇到的情况错综复杂，驾驶员时刻要有预防危险的心理准备。驾车时，应遵守交通法规，集中精力，谨慎驾驶，做到遇见障碍时提前采取措施，变紧急情况为一般情况，做到见微知著，防患于未然，有准备、有措施、有余地、有把握。

（2）注意信息。驾驶员要善于选择应付突变的有用交通信息。例如，对方车辆大小、形状和装载情况等对驾驶员应付突变用处不大，而它的转向灯和制动等信息对驾驶员应付突变是很有用的，因此，驾驶员要集中注意这些信息。

（3）留有余地。在行车中，驾驶员必须对交通突变点保持充分的缓冲空间和缓冲时间，以便在交通突变发生时，可根据先兆早做思想准备。

（4）冷静处置。驾驶员应有良好的心

理素质，在遇到险情时，能保持头脑清醒，冷静地处置险情。

（5）合理避让避险时要依据相对的位置和距离来采取以下不同的措施：一是在较近的距离内，使用转向改变相对的位置，避开事故中心，比使用制动器避险效果要好；二是在制动安全区内，可以采取紧急制动，使车辆停下来；三是在非制动安全区内，采取先制动后转向的措施，先利用制动器减速，再使用转向避开事故中心，制动时不要踩死不放，以防止转向失控；四是要考虑到路面和车速，在冰、雪、雨路面上紧急制动不仅不起减速作用，反而会因车辆滑移起加速作用，产生很大的冲击力，会造成事故后果扩大，为此要慎用制动器。

（6）加强锻炼。驾驶员要经常锻炼自己的反应能力，一是必须经常总结各种交通突变情况和交通突变地点的特征，以最快速度识认交通标志（在国外驾驶学校里有专门用来提高驾驶员反应能力的课程和设备）；二是要熟练地掌握和运用应付各种突变的方法和措施，这也是驾驶员的一种反应能力。

第四节 典型案例分析

案例1 酒后驾车事故

2014年6月22日凌晨3时许，重庆南岸区汇龙路，一辆出租汽车在违规掉头时与一辆直行小轿车相撞，发生交通事故，辆车受损严重，交警调查发现出租汽车驾驶员属酒后驾驶行为，将其行政拘留15日，并处5000元罚款，吊销机动车驾驶证的处罚，而且5年内不得重新取得机动车驾驶证。事故现场如图9-4所示。

【案例分析】

由于营运车辆的特殊性，驾驶员要更加严格遵守交通法律。正因为如此，与驾驶一般车辆相比，酒后驾驶营运车辆的违法行为将受到更加严厉的法律制裁。按照《中华人民共和国道路交通安全法》相关规定，饮酒后驾驶机动车的，处暂扣6个月机动车驾驶证，并处1000元以上2000元以下罚款；饮酒后驾驶营运机动车的，处15日拘留，并处5000元罚款，吊销机动车驾驶证，5年内不得重新取得机动车驾驶证。

图9-4 事故现场图

案例2 驾驶员肇事逃逸

2009年8月5日凌晨，重庆连日暴雨造成龙头寺火车站宝华路进站下穿道积水一度深达1．58m，而一辆载有5名乘客的出租汽车行驶经过此处被淹，司机文某置乘客安危于不顾，自顾逃命，最终导致2名乘客被淹死，其中包括一名2岁多的男童。弃乘客而自己逃

生的司机文某因涉嫌交通肇事被依法刑拘。事故现场如图9-5所示。

图9-5　事故现场图

据被淹死男童的妈妈张女士介绍，5日清晨，她们全家带着孩子乘坐出租汽车到龙头寺火车站赶火车回老家，5时40分左右，她们乘坐的出租汽车刚行驶至龙头寺宝华路下穿道前，大家就发现轮胎被下面的积水淹没了，急忙喊司机后退，但司机仍坚持往前开，很快车子就全部被淹没。司机随即打开车门从水中游走，并未顾及车内乘客的呼救。由于司机打开门，积水涌进车内，出租汽车迅速下沉，最后只有3名乘客游出水逃生。而据司机文某介绍，当时雨下得比较大，他没有注意设置在路旁的警示锥形筒，所以就把车开进了积水中，水不到几秒钟就漫进了驾驶室，他很害怕就先跑了出来。

6时多，消防人员赶到事发现场进行施救。此时，施救人员发现，被淹没出租汽车副驾驶位置上1名2岁多男童和后排座1名妇女已经死亡。据北部新区交警支队负责人介绍，驾驶员文某（2000年考取了A2驾驶证）系四川武胜人，8月5日凌晨5时多，驾驶渝BT28XX号出租汽车搭载5人从沙坪坝到龙头寺火车站，行至龙头寺火车站附近的宝华大道，越过交警设置的警示锥形筒，冲入1.58m深的积水中，造成车内1名大人和1名小孩死亡的重大道路交通事故，肇事司机文辉涉嫌交通肇事罪被刑拘。

【案例分析】

车辆在行驶中，发生碰撞、碾轧、剐蹭、翻车、坠车、爆炸、失火等造成人员或牲畜伤亡、车辆损毁、建筑物倒塌等均称为交通肇事。这起事件本来是完全可以避免的。文某在营运过程中，突遇大雨，不顾警示标志行驶进入积水中，且在只有一米多深的积水中有机会施救的情况下，放弃施救而选择逃跑，造成严重后果，应该追究其刑事责任。同时出租汽车公司也应该吸取教训，切实有效地对出租汽车驾驶员进行思想道德建设，加强对驾驶员进行面对突发事件的应急处理能力的培训，在面对暴雨暴雪、地震、台风、楼宇坍塌或者自燃等突发事件中，教会驾驶员如何进行简单的自救和救助车内乘客。

案例3　车辆迎面相撞事故

2003年12月24日晚，栗某驾驶捷达出租汽车，沿焦作市建设路由东向西行驶，由于车速较快，与陈某驾驶的夏利出租汽车迎面相撞，造成陈某当场死亡，3名乘客身受重伤。

【案例分析】

交警事故责任认定，栗某驾驶机动车跨越道路中心黄实线，行驶到道路左侧，应负全责。驾驶员在车辆驾驶过程中，应严格遵守交通规则，切忌违章违规驾驶。同时，出租汽车企业应加强对驾驶员的安全教育培训，提升其驾驶技能，提高安全意识。

案例4　出租汽车气瓶爆炸

2004年7月10日，下午4时10分左右，位于二环路南四段44号的成都鲁能永丰加气站内发生一起重大爆炸事故：一辆捷达出租汽车气瓶爆炸，驾驶员张某当场死亡，另一位出租汽车司机被爆炸引起的气浪震伤。事故现场如图9-6所示。

【案例分析】

事故调查显示，事故原因是捷达出租汽车使用了复合材料气瓶发生爆炸导致。

复核材料气瓶由玻纤制成，在安全上存在一定的隐患，导致其在使用过程中发生爆炸。出租汽车企业应加强对出租汽车安全安装气瓶的管理，气瓶的安装上选择安全性能高的钢气瓶进行安装，降低因气瓶造成事故发生的可能性。

图9-6　事故现场图

案例5　侧面相撞事故案例

2007年10月25日下午1时20分左右，在通辽市新建大街与民航路交叉路口，一辆夏利出租汽车和一辆长安面包车发生相撞，夏利车前部严重损坏。据现场一位目击者介绍，当时夏利车由东向西正常行驶，面包车由南向北行驶时遇上红灯，驾驶员闯红灯导致两车相撞。夏利车撞到面包车的侧面，面包车当即被撞侧翻。当时面包车的驾驶员被困在车内，后来自己从车中爬了出来。

【案例分析】

夏利车由东向西正常行驶至新建大街与民航路交叉路口，面包车由南向北行驶时闯红灯，造成两车相撞。

汽车侧面相撞多发生在交叉路口，当发现即将撞车时驾驶员应采取下列措施：

（1）侧面相撞的撞击部位若是在驾驶室，危险相当大。避免的办法是提前发现险情，迅速调转车头方位，让车身部分与来车相撞。

（2）如来车正对着驾驶室部位撞击时，驾驶员应迅速往驾驶室另一侧移动，同时用手拉转向盘，以便控制转向和借助转向盘稳住身体。

（3）如事先估计要发生撞击时，可立即顺车转向，努力使侧面相撞变成碰擦，以减小损伤程度。

第十章 机动车驾驶培训机构安全管理

第一节 机动车驾驶培训机构安全生产管理基础

一 安全教学目标管理制度

驾培机构实行安全教学目标管理制度，制订驾培机构安全教学的方针和目标，并将目标层层分解到下属各单位及部门。按照上下关系，驾培机构应与交通行业管理部门签订目标安全管理责任书。

机动车驾驶驾培机构安全包括2个方面：一是车辆运行安全，即不发生行车安全事故；二是教学过程安全，在机动车驾驶培训过程中不发生安全事故。

二 教学车辆机务安全管理

1 教练车机务管理的任务与职责

教练车是驾培机构的主要教学设备，是机务管理工作的主要对象。驾培机构机务管理工作的主要任务是:保持车况完好，降低消耗，发挥车辆效能，及时保证教学的需要。其主要职责是：

（1）认真贯彻执行上级有关汽车机务管理的方针、政策、规章和制度。

（2）制订各自管理范围内的规章、制度、定额和技术标准，并监督、检查执行情况。

（3）建立健全科学的管理系统。

（4）积极推行现代化管理方法，采用先进技术，不断提高管理水平。

（5）积极开展各种经验交流、合理化建议和咨询服务等活动。

2 教练车机务管理的基础工作

（1)确保教练车技术状况符合《机动车运行安全技术条件》（GB 7258—2012）的要求和《营运车辆技术等级划分和评定要求》(JT/T 198—2004）所规定的二级车以上技术条件。

（2）落实每年1～2次的教练车综合性能检测。

（3）按规定为教练车安装副制动器、副后视镜、灭火器及其他安全防护装置和培训计时管理设备。

（4）按要求为教练车配置以下统一标识：号牌、车门两侧喷涂培训机构名称和行业管理部门统一的监督电话等。

（5）教练车必须建立健全技术档案，并按国家规定的机动车报废标准及时报废、更新。

第二节 教练车与教练员安全管理

一 教练车安全管理

1 教练车安全要求

教练车的技术状况应符合《机动车运行安全技术条件》（GB 7258—2012）的要求和《营运车辆技术等级划分和评定要求》（JT/T 198—2004）所规定的二级车以上技术条件。教练车整车装备及外观检查、动力性、燃油经济性、制动性、转向操纵性、前照灯发光强度和光束照射位置、排放污染物限值、可靠性等应符合二级车辆的标准。

教练车由于场地驾驶多，转向机构容易损坏；学员驾驶动作错误多，驻车制动器和转向灯容易损坏。教练车作为驾驶培训专用的工具，除具备基本的安全条件外，还必须要有较高的综合性能。

2 教练车档案建立与管理

教练车档案管理是驾校常规管理的重要组成部分，是提高教学质量，办好驾校的基础。档案材料的形式、收集、整理和归档，简历预立卷制度，都应纳入档案归档工作程序。档案工作列入驾校工作计划及各处室计划管理，做到年初有计划，年终有总结。档案管理工作的有关要求，列入相关人员工作职责、考核内容中，做到考核结果与奖惩挂钩。对归档的案卷的完整性、准确性，系统要有检查控制措施。建立和健全档案人员的岗位责任制，试行文件的收发登记制度。

教练车登记的内容包括：机动车的《车辆整车出厂合格证》、车辆购置附加费缴纳凭证、规定的机动车第三者责任保险凭证、车牌号、《机动车登记表》、厂牌型号、发动机号码、车身颜色、每年的耗油记录、事故记录、行驶记录、车架号码和汽车维护记录。

3 教练车安全技术状况的影响因素

（1）制动系技术状况对安全行车影响最大。制动器摩擦片与制动鼓（或制动盘）磨损量过大、油污或卡滞，液压制动系统中有空气，制动液渗漏及总泵内制动液不足，气压制动系统控制阀或制动气室密封不良，以及空气压缩机皮带松弛等均会引起制动器作用迟缓、制动力不足，从而使制动距离增大。如果左右轮制动器技术状况不同，则可能因制动力不均而引起汽车制动跑偏。特别是制动气室膜片破裂、总泵皮碗损坏、分泵皮碗翻转、油管或气管断裂将会造成制动失效，这是行车中最危险的情况。

（2）转向系的技术状况变坏影响汽车的操纵性。转向轴弯曲及轴承损坏等将引起转向沉重，使汽车转向不灵活，不能迅速地避让路面障碍物。轴承、主销、衬套磨损会造成机件连接松旷，将引起汽车在行驶中摆头，不能保持正常的运动轨迹。转向节臂、转向节弯曲变形，则会引起汽车单向跑偏。最严重的是横直拉杆球头严重磨损后松脱，将造成转向失灵，使汽车失去控制。

（3）信号装置损坏或故障会影响行车安全。在通过繁华街道、村镇和车辆行人较多的路段时，喇叭损坏容易引发意外事故；如果行进中制动灯或尾灯不亮，很容易发生追尾事故；转向灯不亮或灯光微弱，则可能造成与车辆、行人不正常的接触。特别是在夜间行车时，若前照灯光束调整不当，就起不到照明作用；若前照灯损坏，将会带来更大的危险。

（4）轮胎故障会影响车辆安全行驶。汽车左右轮的气压不同、磨损程度不同、花纹不同，均会造成左右制动力不均，从而引起制动跑偏。轮胎被刺伤、划伤时，在长时间高速运行的情况下，很容易发生爆胎。尤其是前轮爆胎，会使汽车急剧偏行，非常危险，极易导致翻车事故。

（5）前桥、钢板弹簧损坏将影响车辆正常行驶。前桥磨损和变形会使前轮定位改变，从而引起汽车行驶中摆头或转向沉重。钢板弹簧常出现折断、弹性减弱和窜动等现象，这会使车身向一侧倾斜。

4 教练车的维护与修理

《汽车维护、检测、诊断技术规范》（GB/T 18344—2016）将车辆维护分为日常维护、一级维护和二级维护，其核心内容是“定期检测、强制维护、视情修理”。

1 日常维护

日常维护是发挥车辆效率、节约维修费用、降低能耗、延长车辆使用寿命的重要环节。日常维护的作业内容是清洁、补给和安全检视，由教练员负责执行。一般情况下，教练员应该带领学员共同完成，维护时间为出车前、行驶中和收车后。

日常维护的主要内容有：

（1）对外观、发动机外表进行清洁，以保持车容整洁。

（2）对各部位润滑油(脂)、燃油、冷却液、制动液、各种工作介质和轮胎气压进行检视补给。

（3）对制动、转向、传动、悬架、灯光信号等安全部位和位置以及发动机运转状况进行检视、校紧，以确保行车安全。

2 定期维护

定期维护包括一级维护和二级维护。

（1）一级维护。一级维护是一项运行性维护作业，即在日常使用过程中以确保车辆正常运行为目的的作业。一级维护由维修企业负责执行，除日常维护作业外，以清洁、润滑和紧固为作业中心内容，并检查有关制动、操纵等安全部件。

（2）二级维护。二级维护是以消除隐患为目的的性能恢复性作业，尤其是恢复安全性能。为此，保证车辆二级维护作业的全面性和彻底性很重要。二级维护由维修企业负责执行。除一级维护作业外，以检查、调整转向节、转向摇臂、制动蹄片和悬架等经过一定时间使用后容易磨损或变形的安全部件为主，并拆检轮胎，进行轮胎换位，检查调整发动机工作状况和排气污染控制装置。

3 修理

教学车辆修理应该贯彻“视情修理”的原则，即根据车辆检测诊断和技术鉴定的结果，视具体情况按不同作业范围和深度进行。这样既能够防止拖延修理而造成车况恶化，又可防止因车况恶化而形成的教学事故隐患。

二 教练员安全管理与培训

与一般学校教师不同，教练员所面对的教学对象层次多样化，教学内容专业性强，教学要求严格，教学过程存在一定的风险性。

提高驾驶员的整体素质，把好驾驶培训的质量关，教练员的作用非常关键。教练员不仅要对学员驾驶操作技术进行培养，更要传授给学员安全行车的知识和处置交通情况的能力，培养学员的安全意识和遵章守法的意识，增强学员的社会责任感，引导学员树立“安全第一、珍爱生命”的行车理念，养成良好的驾驶习惯，最终能够独立安全驾驶车辆。

教练员在传播汽车文化、汽车科学技术方面，起着桥梁和纽带的作用。教练员的素质直接影响学员的素质。因而担任培养汽车驾驶员的教练员，必须具有良好的道德品质、丰富的专业知识、过硬的驾驶技能、丰富的教学能力和较高的组织能力。

教练员管理是驾校生存的一个重要因素，一个有生命力的驾校，需要拥有一支高素质的教练员队伍。要充分认识到教练员与驾驶员有着根本的区别，吸引培养和使用教练员人才，是保证驾校在驾培市场竞争中持续、健康和快速发展的决定因素。

1 教练员安全管理

教练员是驾培机构安全的首要当事人和责任人，做好教练员的安全管理是驾培机构的首要任务。教练员的安全管理，主要体现在以下几个方面。

1 把好“准入关”，严格教练员的准入

驾培机构负责人和人事管理部门须杜绝人情观、面子观，谨防准入标准的降低。否则，低标准的准入将会给教学安全带来隐患。

录用教练员须满足相应的条件，并建立教练员录用的考察制度进行必要的考察，做好面试工作，了解其安全知识水平，必要时还可通过试驾和试岗的方式，以便更加全面地了解对方的驾驶技能水平和实际教学能力。

2 建立教练员安全档案

录用教练员后应当建立教练员安全档案，档案内容主要是:

（1）教练员教学过程的安全情况记录，在教学或个人驾驶过程中发生的交通事故情况、事故责任、事故损失等。

（2）教学安全检查记录，如教学脱岗、证件检查、车辆安全设施检查等。

（3）安全学习情况记录，参加安全学习和各种安全会议的记录。

（4）教练员所签订的年度安全目标责任书及其履行情况。

（5）记录教练员参加安全知识考试、竞赛情况等。

2 教练员培训管理

教练员和驾驶员有着根本的区别，教练员比驾驶员有更多的专业知识和安全意识，有更多丰富的实践经验和更高的操作技能，具有理论教学和实际操作教学能力，具备一个教师的素质和教书育人的品质。因此，教练员的培训和定期教育，对驾校的发展与生存尤其重要。

1 教练员培训的目的

驾校教练员培训的目的是通过培训向教练员传递驾校的核心理念，驾校文化、品牌意识以及岗位技能的标准要求，改善岗位人员的工作态度、专业素养及能力，增强驾校的比较优势，实现驾校的战略目标；另一方面将教练员的个人发展目标与驾校的战略发展目标统一起来，满足教练员自我发展的需要，调动教练员工作的积极性和热情，增强驾校的凝聚力。

2 教练员培训的原则

（1）理论联系实际，学以致用的原则。教练员培训要侧重针对性和实践性，以工作的实际需要为出发点，与驾校岗位的特点紧密结合，与培训对象的年龄、知识结构紧密结合。例如某驾校针对教练员的岗位，要求掌握汽车的构造与使用，在教授学员驾驶技能的同时教授学员对汽车使用过程中简单故障的排查与处理，使学员知道这家驾校不仅教学车，还教修车，因此受到了学员的欢迎。假如教练不懂汽车的构造与使用，就无法胜任岗位要求。只有通过培训，才能达到这一要求。

（2）全员培训与重点提高的原则。对于驾校的文化、职业道德等内容，要有计划有步骤地对全体在职人员进行培训，提高全员素质。同时重点培训一批岗位骨干和管理人员。

（3）因材施教的原则。针对每个教练员的实际技能，特别是新教练员，要根据每个人的性格特点和能力，采用不同的培训方式和方法，使其尽快达到驾校的岗位要求。

（4）讲求实效的原则。每个驾校的具体情况不同，教练员的培训内容不在“多”，而在“精”。为此，必须制定全面的培训计划，采用比较实用的培训手段。

（5）激励导向原则。引导教练员向建

设学习型团队发展，将教练员的培训及自学同工资、奖惩、福利结合起来，让接受培训者在某种程度上得到鼓励。

3 教练员培训管理内容

教练员培训分入门培训和在职培训两部分。入门培训针对的是新录用的教练员，培训的内容包括驾校的基本概况、校纪校规、专业基础知识、驾校文化、教学能力、组织能力，教学规范等内容。在职培训是对全体教练员的岗位培训，内容包括适应性培训、业务知识培训、专业能力培训、新知识培训、廉政教育培训、市场分析研究、教练法研究等。

教练员培训重点是总结和交流教学经验，提高和改革教学方法，解决教员队伍存在的问题和知识更新。教练员培训的一个重要环节，是不可忽视对老教练员的社会责任、安全意识、教学理念的再教育培训。要打破教练员已经形成的旧思维和传统理念，要在改造他们的客观世界的同时改造其主观世界，确保教练员队伍的纯洁和市场信誉。

3 教练员的培养与教育

教练员的培养和教育，是驾校管理最重要的环节之一。驾校如果没有一支高素质的教练员队伍，那将难于在市场上生存。现在驾校的教练员成分复杂，多数没有经过系统培训和严格考核，文化水平参差不齐，安全意识、专业水平不高，教学水平低下，传统观念根深蒂固，整体素质较低，普遍存在着不恪守职业道德的行为，缺少自尊、自爱、自强，只练不教、索要财物等不廉洁的行为，在很大程度上制约了培训质量的提高。

1 教练员培养教育的目的

教练员培养教育的目的，就是通过培训、学习、研讨等多种形式，向教练员传递驾校的核心理念，驾校文化、品牌意识以及岗位技能的标准要求，改善岗位人员的工作态度、专业素养及能力，增强驾校的比较优势，实现驾校的战略目标。另一方面，要将教练员的个人发展目标与驾校的战略发展目标统一起来，满足教练员自我发展的需要，调动教练员工作的积极性和热情，增强驾校的凝聚力。

2 打造职业化教练员队伍

随着驾培市场竞争的日趋激烈，越来越多的驾校更加重视教练员队伍建设，教练员的素质已成为驾校之间比较优势的重要因素。教练员的素质和教学水平、方法，是确保驾校培训质量和社会信誉的重要环节。几年来，各省在培养新时期教练员方面做了大量的工作，采用办教练员大专班、短训班、对教练员进行再教育等多种形式，打造职业化教练员。另外，机动车驾驶教练员职业技能标准的出台已接近尾声，也将进一步推进教练员职业化的进程。

第三节 教练车事故处理

当发生教学行车事故而自身受伤不严重时，教练员应该保持清醒，做好现场处理以及事后索赔等工作，防止人员和车辆进一步受损。

一 现场处理

迅速报警或通知有关部门。当事故发生后，要以尽可能快的速度向公安机关交通管理部门或交通警察报告，不要隐瞒事故，如造成人员死亡或危险化学品运输事故，还应及时向交通部门报告；如有人员伤亡，要以尽可能快的速度向医疗机构求助。在通知有关部门时，尽说明事故的准确位置。另外，还应向保险公司报告，并尽快向车主汇报事

故发生的全部细节。当事人逃逸，造成现场变动、证据灭失，公安机关交通管理部门无法查证交通事故事实的，逃逸的当事人承担全部责任；当事人故意破坏、伪造现场、毁灭证据的，也应承担全部责任。

保护好事故现场。当事故发生后，在迅速报警或通知有关部门时，应保护好现场，并阻止在同一地点发生另外事故。开启危险报警闪光灯，或者放置闪光三角牌向其他车辆示警，一定要保证能够被其他驾驶员看见，以避免事故。

积极救护伤员。尽可能做好伤员的救护工作，扎住伤员伤口，防止大出血，给伤员取暖。除非有起火的危险，或确有车辆需要通过，否则不要轻易移动重伤员。

二 事故处理的程序与索赔

1 事故处理的程序

（1）简易程序处理。

对于交通事故情况简单、仅造成车物损失或人员受轻微伤的轻微或一般事故，当事人对事故事实及责任认定无争议的，可适用简易程序。简易程序处理交通事故时，当事人应当填写事故发生的时间、地点、天气、当事人姓名、机动车驾驶证号、联系方式、机动车牌号、保险凭证号、事故形态、碰撞部位、赔偿责任人等内容的协议书或者文字记录，共同签名后立即撤离现场，协商赔偿数额和赔偿方。

（2）一般程序处理。

不适用简易程序的其他交通事故或当事人不同意使用简易程序的交通事故，公安机关交通管理部门将按一般程序处理。

2 事故处理的索赔

在事故发生48h内通知保险公司，告知事故发生时间、地点、过程、原因、事故损失及施救情况。保险公司将立即派人到事故现场，根据对事故的不同情况采用不同的处理程序。当事人在进行理赔时需要准备相应的单证，索赔单证必须在车辆修复或事故结案3个月内交予保险公司，否则不予赔偿。

行车、教学事故的处理应以公安机关交通管理部门的裁决书为准。驾培机构安全管理部门根据公安机关交通管理部门的裁决，提出对事故责任者的内部处理意见，报分管安全的驾培机构负责人和安委会审批。驾培机构安委会根据事故级别、责任大小和所造成的影响，按驾培机构有关规定，审批对事故当事人处理的决定。

要建立完整的事故档案。发生重大及以上事故，必须做到一事一档。

驾培机构必须按规定填报安全责任事故统计报表。

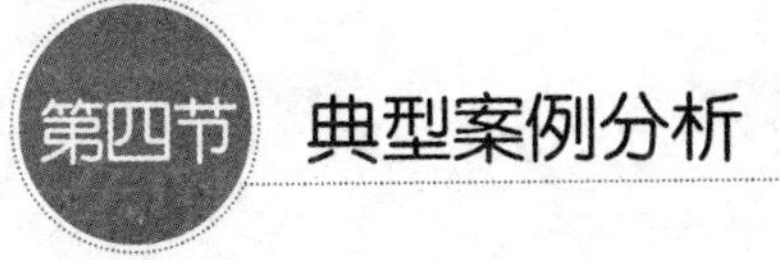

第四节 典型案例分析

案例1　一教练车发生事故　两名学员死亡

2009年8月6日下午5时，一辆乘坐了4人的教练车在行驶过程中突然冲到逆向车道上，与对向开来的一辆农用小型货车发生猛烈碰撞。小型货车一头栽进路旁湖中，教练车上的2名年轻学员不幸殒命，如图10-1所示。

事故发生5~6min后，交警和消防部门的抢险人员赶到现场，此时，落水的小型货车驾驶员和1名乘客正挣扎着游了上来，看起来没

有大碍，而教练车上却是一片鲜血，乘坐在副驾驶位置的1名年轻男子头部严重受伤，当场身亡，后座上的2人伤势也较重，只有当时开车的教练陈某在民警赶到时还能出声应答。赶到现场的民警和消防队员迅速对变形的车辆展开破拆施救，然而由于伤势过重，后座上的1名学员在被送往医院不久后不治身亡。

从警方处获悉，该路段的监控显示，事发前该教练车突然驶上了逆向车道，与对向车辆发生碰撞，货车栽入水中，教练车则被撞得掉了个头。据警方初步了解，在事故中身亡的2名学员林某和石某分别只有22岁和28岁。事发时驾车的是教练陈某，这辆教练车在事故发生时尚未持有正式车辆号牌。

图10-1 一教练车发生事故现场图

案例2 大学女教师学车意外身亡 教练应承担事故全责

2005年3月28日下午13时30分左右，某大学24岁的女教师朱某在教练员童某的陪同下练车，在通往沿江大提的一条正在施工、泥泞湿滑的便道上，突然出现一个90° 的直弯，经验不足的朱老师眼见拐过去有难度，就下意识地紧急制动，车辆瞬间侧滑翻入路旁的水沟中。朱老师送医院抢救无效死亡，童教练无碍。

童教练28岁，有6年驾龄，持机动车驾驶教练员证2年。

《中华人民共和国道路交通安全法实施条例》明确规定“学员在学习驾驶中有道路交通安全违法行为或者造成交通事故的，由教练员承担责任”。朱老师尚在学习驾驶中，没有应急处置能力，而且教练员让学员在没有安全保障的路线上练车是个重大失误，所以童教练应承担交通事故全部责任，童教练所在的驾校也应承担一定的民事责任。

案例3 一驾校教练车逆行酿事故 多名女学员受伤

2009年5月17日下午13时30分左右，312国道某高架桥下，一辆越野车与一辆逆向行驶的教练车相撞。事故造成教练车上多名女学员受轻伤，如图10-2所示。

事发前，一辆越野车行驶至312国道某高架桥下出口处时，突然遇一辆驾校的教练车迎面而来，由于制动不及时，两车相撞。事故造成了越野车前部严重受损，车辆前部发动机及发动机罩扭曲变形，水箱破损严重，教练车两侧车门玻璃破碎，车身中间呈凹陷状，正在车内学习驾驶的多名女学员因撞击

图10-2 教练车逆行酿事故

而受轻伤。一位目睹事故发生经过的市民说："教练车是教别人学习驾驶的，在这个地段逆向行驶真不应该啊！"

事故原因初步确定为教练车逆向行驶。

案例4 学车出事故 驾校赔偿16万元

驾校学员赵某在外出练车过程中和一辆外地拖拉机相撞，赵某和同车的另一位乘员都因伤势过重死亡。赵某的家属一纸诉状将驾校以及拖拉机驾驶员、拖拉机挂靠的公司、保险公司一并告到法院，要求四被告共同承担赵某死亡造成的各项损失50余万元。

赵某是家里的顶梁柱，有年近六旬的父母，儿子刚刚十来岁。2008年夏天，赵某在当地一家著名驾校报名参加机动车驾驶培训。8月的一天下午，轮到赵某驾车上路练习，当时车上还有另一位乘员。没想到中途教练车跟一辆外地牌照拖拉机相撞，赵某驾驶的教练车严重变形，人被死死卡在里面，而车上的另一位乘员也严重受伤，2人都因伤势过重先后死亡。

事后，经交管部门认定，拖拉机驾驶员王某负事故的主要责任，而赵某只负事故的次要责任。

法院认为，王某的拖拉机在保险公司投保，因本事故死亡2人，交强险和第三者责任险应保留一定份额。保险公司赔付过后，剩余部分再由驾校、王某、拖拉机挂靠单位按各自事故责任赔偿。法院一审判决赵某学车所在的驾校赔偿其家属各项损失16万余元，保险公司赔偿15万余元，王某及其车辆挂靠公司一同赔偿赵某家属近21万元，四被告相互负连带赔偿责任。

案例5 学车出事故 一学员死亡

2005年11月12日下午15时30分左右，学员张某驾驶一辆教练车正在练车，当时另一名学员陈某坐在教练车后排。在行驶过程中，车辆突然失控冲破道路防护栏，翻下路面，造成车上1名学员受伤，另外1名学员死亡。据生还的学员介绍，事发时教练员在车外，没有坐在副驾驶的位置上，因此教练员负事故全责。

案例6 学员练车出事故 教练韩某被判刑

2007年9月8日9时，某驾校教练员韩某带领杜某等13名学员练习驾驶技术。当学员杜某驾车时，韩某在副驾驶座位上负责监护。杜某开车由一挡逐渐增至四挡后，教练员韩某让其靠边停车，杜某向右侧转动转向盘并踩制动踏板，韩某见车要驶出路面，便向左侧转动转向盘。此间，杜某松开制动踏板致车辆侧翻，造成教练车上学员1人死亡、1人轻伤、11人轻微伤。事故发生后，韩某当即委托学员拨打120急救电话，并拨打110报警。案发后，驾校与死者家属达成赔偿协议，一次性赔偿22万元，同时与其他受伤人员也达成协议。

法院经审理认为，韩某身为机动车教练员，在教学员驾驶技术时，未能确保行车安全，其行为违反了《中华人民共和国道路交通安全法实施条例》，触犯了《中华人民共和国刑法》，构成交通肇事罪。鉴于其犯罪后能主动向公安机关报案，并如实供述犯罪事实，具有自首情节，被害人家属获得赔偿后已谅解了被告人的过失犯罪行为，故依照《中华人民共和国刑法》有关规定，判处被告人韩某有期徒刑2年，缓刑2年。

案例7　教练下车喝水 事故就这样发生

2009年7月6日下午15时30分左右，1名教练车的教练员下车喝水时，1名上车练习刚3日的学员上车发动教练车，冲上路边约30cm高的花台，然后冲过路边2m多高的堡坎翻覆，险些坠入长江中，路边1名等候上车练习的学员躲闪不及，也被车顶下堡坎受伤。

按规定，在教学过程中，教练员是不能离开车辆及学员的，如果教练员在车上，事故就可以避免。

案例8　学员驾车出事故　教练获刑入监狱

2008年12月20日17时左右，学员洪某驾驶重型普通货车在驾校院内练习坡道起步项目，身为教练的徐某未随车指导。17时24分，洪某在由西向东倒车下坡的过程中，车尾驶向路南侧围墙，因车速过快，将站在围墙边的学员严某夹挤在围墙与车尾之间，致其当场死亡。经法医鉴定，严某前胸多处粉碎性骨折，车尾弯曲的保险杠从左侧脊椎穿透，公安局交通巡逻警察大队认定，教练员徐某负此事故的全部责任。

案例9　徒弟撞人　师傅担责

2004年10月11日上午10时30分，学员温某在教练员谢某的随车指导下，来到道路上学习机动车驾驶技能。因操作不当，将迎面骑自行车的涂某撞倒在地。事后，涂某被送往当地医院治疗，花费医疗费等3万余元。事故发生后，交警部门认定教练车在事故中负全部责任。

根据《中华人民共和国道路交通安全法实施条例》第二十条规定：在道路上学习驾驶，应当按照公安机关交通管理部门指定的路线、时间进行；在道路上学习机动车驾驶技能应当使用教练车，在教练员随车指导下进行，与教学无关的人员不得乘坐教练车；学员在学习驾驶中有道路交通安全违法行为或者造成交通事故的，由教练员承担责任。因此，教练员谢某应承担事故的全部责任。

案例10　杭州西溪路教练车事故

2010年3月18日上午7时，某驾校教练车在训练场地进行场地教学训练，学员张某驾驶车辆正进行倒桩移库驾驶训练，车上还有另外一名学员，教练员来某在教练车外

指导。随后，教练车突然冲出场地撞破围栏以及隔离墩，撞向围墙，致使围墙倒塌，砸倒了正路过此地的六年级小学生徐某，如图10-3所示。徐某经抢救无效死亡，学员张某受轻伤。

教练员来某严重违反教学规范，未随车教学，致使学员张某因操作失误，在发生紧急情况时，未能采取有效应对措施，最终造成事故，是造成这次事故的主要原因。在本次事故中，教练员负全责，驾校负连带责任。驾校对训练场地的防护设施日常巡查不严，对场地周围安全隐患认识不足，是造成这次事故的次要原因。场地管理员对教练员的违规行为、教练行为监管不力，也是造成此次事故的原因之一。

图10-3　教练车撞坏围墙

第十一章 城市公共汽车客运企业安全管理

第一节 城市公共汽车客运企业安全管理基础

一 城市公共汽车驾驶员和其他从业人员的教育培训

1 驾驶员的教育培训要求

针对新上岗的城市公交驾驶员，岗前理论培训应不少于12学时，实际驾驶操作不少于30学时，并要提前熟悉和了解客运车辆性能和客运线路情况。岗前教育培训的内容是法律法规、标准规范、文明驾驶与职业道德、企业的各项安全管理制度等内容。

城市公交运输企业应当组织和督促本企业的客运驾驶员参加继续教育，保证客运驾驶员参加教育和培训的时间，提供必要的学习条件。再教育培训的内容包括法律法规、典型交通事故案例警示、技能训练、应急处置等。客运驾驶员应当每月接受不少于2次、每次不少于1h的教育培训，且每次培训后对培训效果做出评估，并进行考核，考核合格后方可上岗作业。

另外对于在生产过程中违章的驾驶员应进行重点培训教育。在节假日、雨雪天气和其他特殊时期可以增加培训的次数，开展针对性的培训教育和注意事项，以及在发生紧急情况下的应急措施。

2 其他从业人员的教育培训内容

生产经营单位的主要负责人要组织制定并实施本单位安全生产教育和培训计划。安全生产管理机构以及安全生产管理人员要组织或者参与本单位安全生产教育和培训，如实记录安全生产教育和培训情况。

生产经营单位应当对从业人员进行安全生产教育和培训，保证从业人员具备必要的安全生产知识，熟悉有关的安全生产规章制度和安全操作规程，掌握本岗位的安全操作技能，并向从业人员如实告知作业场所和工作岗位存在的危险因素、防范措施以及事故应急措施。生产经营单位必须为从业人员提供符合国家标准或者行业标准的劳动防护用品，并监督、教育从业人员按照使用规则佩戴、使用。知悉自身在安全生产方面的权利和义务，未经安全生产教育和培训合格的从业人员，不得上岗作业。

生产经营单位应当建立安全生产教育和培训档案，如实记录安全生产教育和培训的时间、内容、参加人员以及考核结果等情况。

用人单位应当对劳动者进行上岗前的职业卫生培训和在岗期间的定期职业卫生培训，普及职业卫生知识，督促劳动者遵守职业病防治法律、法规、规章和操作规程，指导劳动者正确使用职业病防护设备和个人使用的职业病防护用品。

劳动者有义务学习和掌握相关的职业卫生知识，增强职业病防范意识，遵守职业病防治法律、法规、规章和操作规程，正确使用、维护职业病防护设备和个人使用的职业病防护用品，发现职业病危害事故隐患应当及时报告。

劳动者不履行前款规定义务的，用人单位应当对其进行教育。

岗前培训的主要内容包括：国家道路交通安全和安全生产相关法律法规、安全行车知识、典型交通事故案例警示教育、职业道德、安全告知知识、应急处置知识、企业有关安全运营管理的规定等。

通过对从业人员的教育培训，提高从业人员的安全生产意识。

二 城市公共汽车驾驶员和车辆管理

1 城市公交驾驶员管理

（1）城市公交驾驶员在社会发展中的重要作用。

城市公交驾驶员，是城市公交企业主要管理的对象，是服务于广大人民群众的摆渡者，对广大人民群众的生命和财产负有社会责任。城市公交驾驶员的职业道德和社会责任直接体现一个城市的文明程度，是一座城市能够运行的血液，在社会发展中起着不可或缺的作用。

（2）机动车驾驶员应当取得相应的机动车驾驶证，依据《中华人民共和国道路交通安全法》中的相关规定机动车驾驶员的相关条件如下：

①驾驶机动车，应当依法取得机动车驾驶证。

申请机动车驾驶证，应当符合国务院公安机关交通管理部门规定的驾驶许可条件；经考试合格后，由公安机关交通管理部门发给相应类别的机动车驾驶证。

②驾驶员应当按照驾驶证载明的准驾车型驾驶机动车；驾驶机动车时，应当随身携带机动车驾驶证。

公安机关交通管理部门以外的任何单位或者个人，不得收缴、扣留机动车驾驶证。

③机动车的驾驶培训实行社会化，由交通主管部门对驾驶培训学校、驾驶培训班实行资格管理，其中专门的拖拉机驾驶培训学校、驾驶培训班由农业（农业机械）主管部门实行资格管理。

驾驶培训学校、驾驶培训班应当严格按照国家有关规定，对学员进行道路交通安全法律、法规、驾驶技能的培训，确保培训质量。

任何国家机关以及驾驶培训和考试主管部门不得举办或者参与举办驾驶培训学校、驾驶培训班。

④驾驶员驾驶机动车上道路行驶前，应当对机动车的安全技术性能进行认真检查；不得驾驶安全设施不全或者机件不符合技术标准等具有安全隐患的机动车。

⑤机动车驾驶员应当遵守道路交通安全法律、法规的规定，按照操作规范安全驾驶、文明驾驶。

饮酒、服用国家管制的精神药品或者麻醉药品，患有妨碍安全驾驶机动车的疾病，过度疲劳影响安全驾驶的，不得驾驶机动车。

任何人不得强迫、指使、纵容驾驶员违反道路交通安全法律、法规和机动车安全驾驶要求驾驶机动车。

⑥公安机关交通管理部门依照法律、行政法规的规定，定期对机动车驾驶证实施审验。

⑦公安机关交通管理部门对机动车驾驶员违反道路交通安全法律、法规的行为，除依法给予行政处罚外，实行累积记分制度。

公安机关交通管理部门对累积记分达到规定分值的机动车驾驶员，扣留机动车驾驶证，对其进行道路交通安全法律、法规教育，驾驶员申请重新考试；考试合格的，发还其机动车驾驶证。

对遵守道路交通安全法律、法规，在1年内无累积记分的机动车驾驶员，可以延长机动车驾驶证的审验期。具体办法由国务院公安部门规定。

（3）城市公交企业应当建立驾驶员聘用的相关管理制度。

①依照劳动合同法，严格客运驾驶员录用条件，统一录用程序，对城市公交驾驶申请人进行面试，审核驾驶员安全行车经历和从业资格条件，积极实施驾驶适宜性检测，明确新录用城市客运驾驶员的试用期。城市客运驾驶员的录用应当经过企业安全生产管理部门的审核，并录入企业动态监控平台。

②对3年内发生道路交通事故致人死亡且负同等以上责任的，交通违法记分有满分记录的，以及有酒后驾驶、吸毒或者注射麻醉药品的、思想不端正或者有反社会心理的等有违法记录的驾驶员，城市公交运营企业不得聘用其驾驶城市公交车辆。

（4）城市公交运营企业应当建立客运驾驶员岗前培训制度。

岗前培训的主要内容包括：国家道路交通安全和安全生产相关法律法规、安全行车知识、典型交通事故案例警示教育、职业道德、安全告知知识、应急处置知识、企业有关安全运营管理的规定等。城市公交驾驶员岗前理论培训不少于12学时，实际驾驶操作不少于30学时，并要提前熟悉和了解公交车辆性能和公交线路情况。

（5）城市公交运营企业应当建立客运驾驶员安全教育、培训及考核制度。定期对城市公交驾驶员开展法律法规、典型交通事故案例警示、技能训练、应急处置等教育培训。

城市公交运营企业应在城市公交驾驶员接受教育与培训后，对驾驶员教育与培训的效果进行考核。驾驶员教育与培训考核的有关资料应纳入驾驶员教育与培训档案。城市公交驾驶员教育与培训档案的内容应包括：教育或培训的内容、培训时间、培训地点、授课人、参加培训人员的签名、考核人员、安全管理人员的签名、培训考试情况等。档案保存期限不少于3年。

城市公交运营企业应当每月查询1次客运驾驶员的违法和事故信息，及时进行针对性的教育和处理。

（6）城市公交运营企业应当建立城市公交驾驶员从业行为定期考核制度。城市公交驾驶员从业行为定期考核的内容主要包括：驾驶员违法驾驶情况、交通事故情况、服务质量、安全运营情况、安全操作规程执行情况、参加教育与培训情况以及驾驶员心理和生理健康状况等。考核的周期不大于3个月。城市公交驾驶员从业行为定期考核的结果应与企业安全生产奖惩制度挂钩。

（7）城市公交运营企业应当建立城市公交驾驶员信息档案管理制度。城市公交驾驶员信息档案实行一人一档，包括客运驾驶员基本信息、客运驾驶员体检表、安全驾驶信息、诚信考核信息等情况。

（8）城市公交运营企业应当建立公交驾驶员调离和辞退制度。对交通违法记满分、诚信考核不合格以及从业资格证被吊销的城市公交驾驶员要及时调离或辞退。

（9）城市公交运营企业应当建立城市公交驾驶员安全告诫制度。安全管理人员对驾驶员出车前进行问询、告知，督促驾驶员做好对车辆的日常维护和检查，防止驾驶员酒后、带病或者带不良情绪上岗。

（10）城市公交运营企业应当建立防止驾驶员疲劳驾驶制度。关心驾驶员的身心健康，定期组织公交驾驶员进行体检，为公交

驾驶员创造良好的工作环境，合理安排出行任务，防止公交驾驶员疲劳驾驶。

（11）城市公交驾驶员要积极学习公司的各项管理制度并严格执行，同时城市公交驾驶员要参加公司组织的应急演练，在运行过程中发现突发事件时能及时应对，增强社会责任心，在运行中发现有危害公共安全的团体或个人要沉着冷静，及时报警，确保乘客的人身和财产安全。

2 城市公交驾驶车辆管理

1 城市公交车辆的分类

（1）根据《公共汽车类型划分及等级评定》（JT/T 888—2014），分类标准如下：

①为城市内运输乘客设计和制造的客车，根据是否设有站立区可分为：

a.设有乘客站立区的公共汽车，即最大设计车速小于70km/h，设有座椅和乘客站立区，并有足够的空间供频繁停站市乘客上下车走动，有固定的线路和车站，主要在城市建成区运营的客车。

b.未设置乘客站立区的公共汽车，即未设置乘客站立区，有固定的线路和车站，主要在城市道路运营的客车。

②根据公共汽车类型按车长分为特大型、大型、中型和小型4种，见表11-1。

（2）公共汽车按照等级划分。

公共汽车按等级分类见表11-2。

城市公共汽车按车长分类表（单位：m） 表11-1

类型	特大型		大型	中型	小型
车长L	双层公共汽车	单层公共汽车（含铰接车）			
	13.7≥L≥12	18≥L>12	12≥L>9	9≥L>6	6≥L>4.5

城市公共汽车按等级分类表 表11-2

类型	特大型			大型			中型		小型	
等级	高二级	高一级	普通级	高二级	高一级	普通级	高一级	普通级	高一级	普通级

（3）按照《城市公共交通分类标准》（CJJ/T 114—2007）进行分类如下：

①城市公共交通应按系统形式、载客工具类型、客运能力进行分类。

②城市公共交通分类，应采用大类、中类、小类3个层次。

③城市公共交通类别，应采用汉语拼音字母与阿拉伯数字混合型代码表示，城市公共交通分类代码的大类，采用城市公共交通“公交”两字的汉语拼音大写字母“GJ”和一位阿拉伯数字表示，中类和小类各增加一位阿拉伯数字表示。

④城市公共交通分类应符合表11-3的规定。

（4）按照《城市公共交通常用名词术语》（GB 5655—1999）中定义如下：

①单车，单机车：只有一节车厢的公共电、汽车。

②通道式公共汽车，铰接式公共汽车：二节或三节车厢以活络方式连接，且车厢相通的公共汽车。

③双层公共汽车：有上、下两个乘坐空间的公共汽车。

④低地板式公共汽车：一种地板高度比常规低很多的公共汽车。

⑤无轨电车：由外界输电线供电，无轨道的电动公共车辆。

城市公共交通分类表 表11-3

分类名称及代码			主要指标及特征		
大类	中类	小 类	车辆和线路条件	客运能力（N） 平均运行速度（v）	备 注
城市道路公共交通GJ_1	常规公共汽车GJ_{11}	小型公共汽车GJ_{111}	车长：3.5~7m 定员：≤40人	N:≤1200人次/h v：15~25km/h	适用于支路以上等级道路
		中型公共汽车GJ_{112}	车长：7~10m 定员：≤80人	N:≤2400人次/h v：15~25km/h	适用于支路以上等级道路
		大型公共汽车GJ_{113}	车长：10~12m 定员：≤110人	N:≤3300人次/h v：15~25km/h	适用于次干路以上等级道路
		特大型（铰链）公共汽车GJ_{114}	车长：13~18m 定员：135~180人	N:≤5400人次/h v：15~25km/h	适用于主干路以上等级道路
		双层公共汽车GJ_{115}	车长：10~12m 定员：≤120人	N:≤3600人次/h v：15~25km/h	适用于主干路以上等级道路
	快速公共汽车系统GJ_{12}	大型公共汽车GJ_{121}	车长：10~12m 定员：≤110人	N:≤1.1万人次/h v：25~40km/h	适用于主干路及公交专用道
		特大型（铰链）公共汽车GJ_{122}	车长：13~18m 定员：110~150人	N:≤1.5万人次/h v：25~40km/h	适用于主干路及公交专用道
		超大型（双铰链）公共汽车GJ_{123}	车长：≥23m 定员：≤200人	N:≤2.0万人次/h v：25~40km/h	适用于主干路以上等级道路及公交专用道
	无轨电车GJ_{13}	中型无轨电车GJ_{131}	车长：7~10m 定员：≤80人	N:≤2400人次/h v：15~25km/h	适用于支路以上等级道路
		大型无轨电车GJ_{132}	车长：10~12m 定员：≤110人	N:≤3300人次/h v：15~25km/h	适用于支路以上等级道路
		特大型（铰链）无轨电车GJ_{133}	车长：13~18m 定员：120~170人	N:≤5100人次/h v：15~25km/h	适用于主干路以上等级道路

注：城市道路公共交通GJ_1中的出租汽车GJ_{14}、城市轨道交通GJ_2（地铁系统、轻轨系统、单轨系统、有轨电车、磁浮系统、自动导向轨道系统、市域快速轨道系统）、城市水上公共交通GJ_3（城市客渡、城市车渡）、城市其他公共交通GJ_4（客运索道、客运缆车、客运扶梯、客运电梯）等，不在本教材培训范围中。

⑥通道式无轨电车，铰接式无轨电车：二节或三节车厢以活络方式连接，且车厢相通的无轨电车。

⑦双动源无轨电车：在脱离外界输电线的路段上，由蓄电池供电或内燃机驱动的无轨电车。

（5）按照车辆的动力性能分为：电动、压缩天然气、液化石油气、混合动力等。按照《电动公共汽车通用技术条件》（CJ/T 350—2010）将电动公共汽车分为以动力蓄电池存储电能或主要以直动力蓄电池为动力源的纯电动城市公共交通用客车。电动公共汽车代号为BEB，电动公共汽车产品用数额“6”表示。

燃气汽车分为压缩天然气（CNG）汽车，液化天然气（LNG）汽车，吸附天然气（ANG）汽车和液化石油气（LPG）汽车。

（6）按照《城市客车分等级技术要求与配置》（CJ/T 162—2002）划分如下：

①城市客车按运行特点分为：

a.市区城市客车（市内公共汽车）：是为城市客运而设计和装备的客车，这种车辆设有座椅及站立乘客的位置，并有足够的空间工频繁停站时乘客上下车走动用（图11-1）。

b.城郊城市客车（城郊公共汽车）：是为城郊间客运而设计和装备的客车，这种车

辆设有座椅及可供短途乘客站立的位置。

②以车辆长度为主要参数，分为：

a.特大型城市客车：车辆长＞13m，且≤18m的铰接客车；车辆长＞10m，且≤12m的双层客车。

b.大型城市客车：车辆长＞10m，且≤12m的客车。

c.中型城市客车：车辆长＞7m，且≤10m的客车。

d.小型城市客车：车辆长＞3.5m，且≤7m的客车。

图11-1　快速公交

③城市客车按照等级划分如下：

a.特大型城市客车分为超1级、高级、中级、普通级4个等级；

b.大型城市客车分为超2级、超1级、高级、中级、普通级5个等级；

c.中型城市客车分为超1级、高级、中级、普通级4个等级；

d.小型城市客车分为高级、中级、普通级3个等级。

2 城市公交车辆的管理

（1）《中华人民共和国道路交通安全法》中对机动车的规定如下：

①国家对机动车实行登记制度。机动车经公安机关交通管理部门登记后，方可上道路行驶。尚未登记的机动车，需要临时上道路行驶的，应当取得临时通行牌证。

②申请机动车登记，应当提交以下证明、凭证：

a.机动车所有人的身份证明；

b.机动车来历证明；

c.机动车整车出厂合格证明或者进口机动车进口凭证；

d.车辆购置税的完税证明或者免税凭证；

e.法律、行政法规规定应当在机动车登记时提交的其他证明、凭证。

公安机关交通管理部门应当自受理申请之日起5个工作日内完成机动车登记审查工作，对符合前款规定条件的，应当发放机动车登记证书、号牌和行驶证；对不符合前款规定条件的，应当向申请人说明不予登记的理由。

公安机关交通管理部门以外的任何单位或者个人不得发放机动车号牌或者要求机动车悬挂其他号牌，本法另有规定的除外。

机动车登记证书、号牌、行驶证的式样由国务院公安部门规定并监制。

③准予登记的机动车应当符合机动车国家安全技术标准。申请机动车登记时，应当接受对该机动车的安全技术检验。但是，经国家机动车产品主管部门依据机动车国家安全技术标准认定的企业生产的机动车型，该车型的新车在出厂时经检验符合机动车国家安全技术标准，获得检验合格证的，免予安全技术检验。

④驾驶机动车上道路行驶，应当悬挂机动车号牌，放置检验合格标志、保险标志，并随车携带机动车行驶证。

机动车号牌应当按照规定悬挂并保持清晰、完整，不得故意遮挡、污损。

任何单位和个人不得收缴、扣留机动车号牌。

⑤有下列情形之一的，应当办理相应的登记：

a.机动车所有权发生转移的；

b.机动车登记内容变更的；

c.机动车用作抵押的；

d.机动车报废的。

⑥对登记后上道路行驶的机动车，应

当依照法律、行政法规的规定，根据车辆用途、载客载货数量、使用年限等不同情况，定期进行安全技术检验。对提供机动车行驶证和机动车第三者责任强制保险单的，机动车安全技术检验机构应当予以检验，任何单位不得附加其他条件。对符合机动车国家安全技术标准的，公安机关交通管理部门应当发给检验合格标志。

对机动车的安全技术检验实行社会化，具体办法由国务院规定。

机动车安全技术检验实行社会化的地方，任何单位不得要求机动车到指定的场所进行检验。

公安机关交通管理部门、机动车安全技术检验机构不得要求机动车到指定的场所进行维修、保养。

机动车安全技术检验机构对机动车检验收取费用，应当严格执行国务院价格主管部门核定的收费标准。

⑦国家实行机动车强制报废制度，根据机动车的安全技术状况和不同用途，规定不同的报废标准。

应当报废的机动车必须及时办理注销登记。

达到报废标准的机动车不得上道路行驶。报废的大型客、货车及其他营运车辆应当在公安机关交通管理部门的监督下解体。

⑧警车、消防车、救护车、工程救险车应当按照规定喷涂标志图案，安装警报器、标志灯具。其他机动车不得喷涂、安装、使用上述车辆专用的或者与其相类似的标志图案、警报器或者标志灯具。

警车、消防车、救护车、工程救险车应当严格按照规定的用途和条件使用。

公路监督检查的专用车辆，应当依照公路法的规定，设置统一的标志和示警灯。

⑨任何单位或者个人不得有下列行为：

a.拼装机动车或者擅自改变机动车已登记的结构、构造或者特征；

b.改变机动车型号、发动机号、车架号或者车辆识别代号；

c.伪造、变造或者使用伪造、变造的机动车登记证书、号牌、行驶证、检验合格标志、保险标志；

d.使用其他机动车的登记证书、号牌、行驶证、检验合格标志、保险标志。

⑩国家实行机动车第三者责任强制保险制度，设立道路交通事故社会救助基金。具体办法由国务院规定。

⑪依法应当登记的非机动车，经公安机关交通管理部门登记后，方可上道路行驶。

依法应当登记的非机动车的种类，由省、自治区、直辖市人民政府根据当地实际情况规定。

非机动车的外形尺寸、质量、制动器、车铃和夜间反光装置，应当符合非机动车安全技术标准。

（2）公交车辆的其他管理规定。

①城市公交运营企业应当加强车辆技术管理，确保营运车辆处于良好的技术状况。

②城市公交运营企业不得使用已达到报废标准、检测不合格、非法拼（改）装等不符合运行安全技术条件的客车以及其他不符合国家规定的车辆从事城市公交运营。

③城市公交运营企业应当设立负责车辆技术管理的机构，配备专业车辆技术管理人员。

④城市公交运营企业应当按照国家规定建立营运车辆技术档案，实行一车一档，实现车辆从购置到退出市场的全过程管理。

城市公交运营企业应当逐步建立车辆技术信息化管理系统，完善营运车辆的技术管理。

⑤城市公交运营企业应当建立车辆维护制度，企业车辆技术管理机构应制定车辆维护计划，保证车辆按照国家有关规定、技术规范以及企业的相关规定进行维护。

车辆的日常维护由客运驾驶员或专门人员在每日出车前、行车中、收车后执行。一级维护和二级维护应由具备资质条件的车辆

维修企业执行。

⑥城市公交运营企业应当定期检查车内安全带、安全锤、灭火器、故障车警告标志的配备是否齐全有效，确保安全出口通道畅通，应急门、应急顶窗开启装置有效，开启顺畅，并在车内明显位置标示客运车辆行驶区间和线路、经批准的停靠站点。

城市公交运营企业应当在车厢内前部、中部、后部明显位置标示客运车辆车牌号码和投诉举报座机、手机电话，方便旅客监督举报。

⑦城市公交运营企业应当按照国家有关规定建立车辆安全技术状况检测和年度审验、检验制度，严格执行营运车辆综合性能检测和技术等级评定制度，确保车辆符合安全技术条件。逾期未年审、年检或年审、年检不合格的车辆禁止上路行驶。

⑧城市公交车辆改型与报废应当严格执行国家规定的条件要求。对达到国家规定的报废标准或者检测不符合国家强制性要求的客运车辆，不得继续从事客运经营。道路旅客运输企业应当在车辆报废期满前，将车辆交售给机动车回收企业，并及时办理车辆注销登记。车辆报废相关材料应至少保存2年。

⑨城市公交运营企业应当对客运车辆牌证统一管理，建立派车单制度。车辆发班前，企业应对车辆的技术状况进行检查，合格后，企业签发派车单，由客运驾驶员领取派车单和车辆运营牌证。在营运中，客运驾驶员应如实填写派车单相关内容，营运客车完成运输任务后，企业及时收回派车单和运营单证。

派车单的主要内容包括：由企业填写的主要包括车辆、客运驾驶员、线路基本信息，始发点（站），中途停靠点（站），终点（站），批准签发人。由客运驾驶员填写的主要包括旅客人数，运行距离和时间，途中休息时间，天气和道路状况，以及行车中发生的车辆故障、事故等。

⑩城市公交运营企业应自备或租用停车场所，对停放的营运车辆进行统一管理。

⑪对于报废的车辆要进行注销登记，同时对车辆的管理还要遵循其他法律法规的要求。

第二节 城市公共汽车运营应急处置

城市公交在行车过程中发生交通安全事故时，要遵循一些基本的原则，如：冷静判断，果断处置，避重就轻，先人后物，先方向后制动。

一 突发事件的应急处置

1 转向失灵的应急处置

当公交驾驶员发现转向失灵时，应尽快减速，在采取制动措施的同时，注意及时将危险警示信息传递出去，提醒道路上的其他车辆以及行人注意避让。车速较高时，不可紧急制动车速，否则车辆容易发生侧滑，甚至倾翻。同时告知车辆上的乘客坐稳扶好，防治产生碰撞事故，或造成二次伤害事故。

2 制动失效的应急处置

城市公交行车中突然发现制动失效时，驾驶员最重要的是握稳转向盘，设法避开交通复杂、人员较多的地方，并视情抢挂低挡或使用驻车制动进行减速，同时利用上坡道或天然障碍迫使车辆降速、停车。

3 车辆侧滑的应急处置

在雨雪天气或者过泥泞道路时，车辆易发生侧滑现象。车辆侧滑时应避免猛转方向和紧急制动。

车辆发生侧滑时，如果是因为制动引起的，应立即松抬制动踏板；如果是因为转向或者剐蹭引起的，不可踩制动踏板减速，应迅速向侧滑同方向转动转向盘，并及时回转，控制住方向后逐渐停车。

4 车辆制动失效的应急处置

公交车辆在行驶过程中制动失效时，应立即松抬加速踏板，在控制行驶方向的同时，迅速减挡，利用发动机制动，也可缓拉驻车制动器操纵杆进行辅助减速。若以上办法无法有效控制车速，应果断地将车体向有障碍的一侧碰擦，以迫使车辆停止，同时迅速通知车上乘客向车厢中间靠拢，并抓稳车内固定物，避免车身变形挤伤身体。

5 车辆在行驶中熄火的应急处置

公交车辆在行车途中突然出现熄火时，应迅速设法将车辆停到安全的地带，稳定乘客的情绪，疏散乘客至安全区域，开启危险报警闪光灯，设置警告标志，尽快设法维修或者找其他客车来转运旅客，确保旅客能够达到目的地。

6 车辆碰撞的应急处置

当车辆发生碰撞时，如果是正面碰撞，驾驶员应紧急制动，以减少碰撞力。此外，如果不是正面碰撞，应迅速判断撞击的方位和力量，调整方向，努力使证明碰撞变为侧面剐蹭，减少碰撞的伤害程度，同时撞车之后要及时对乘客等人员进行安全处置。

7 爆胎时的应急处置

当觉察到轮胎爆裂时，应及时握紧转向盘，控制方向，同时缓踏制动踏板尽快降低车速后，迅速抢挂低挡。在发动机制动尚未控制车速时前，不要冒险紧急制动停车，以免车辆横甩发生更大的危险。

8 失火时应急处置

车辆着火时，应迅速将车辆驶向人员稀少的空旷地带，远离加油站、建筑物、高压线、树木及其他易燃物品，并设法救火。如果发动机着火，应迅速关闭发动机，尽量不打开发动机罩，从车身通气孔、散热器及车底进行灭火。

9 其他公共交通运营中突发事件的处理

（1）运营中发生冒烟、起火、漏电事故时，立即停车，打开车门，切断电、气源，疏散乘客，用消防器材灭火，及时报警。

（2）发生人员伤亡事故时，积极抢救受伤人员，保护现场，寻找证人，及时向相关部门报告。

（3）发现可能造成严重损害人身安全的可疑危险物品（例如爆炸物、剧毒物等），立即组织乘客离车疏散，迅速报警。

（4）遇有持械抢劫伤人等事件时，保持冷静，并寻机报警。

（5）发生重大盗窃事件时，协助失主报警。

（6）遇有严重传染病流行时，按《中华人民共和国传染病防治法》的要求处理。

（7）遇有突发严重疾病乘客时，立即向急救中心呼救，协助医务人员抢救病人。

（8）发生交通事故时，按交通法规处置。同时组织乘客远离事故现场，选择安全的地方等候，以防发生二次伤害。

通过学习安全应急处理常识，以及学习企业内部的应急预案和现场处置方案，能够在事故发生前或事故发生时第一时间采取安全措施，减少人员伤亡和财产损失，确保安全生产的正常运行。

二 交通事故现场急救常识

伤员紧急救护的基本原则是先抢救重伤员，再抢救轻伤员；先救命，再治伤；先通气止血后包扎固定，妥善转送就近医院。

1 尽量不要移动伤者

除非面临危险，否则不要轻易移动伤者。如果不了解伤情或不懂急救，急于移动伤者可能会进一步加重伤害。对伤势不清楚的伤者，在专业救护人员到来之前，不要急于将伤者送往医院，防止由于一些致命伤没

有被发现，在搬动时加重伤势，导致运送途中死亡。应及时拨打120求救。

2 抢救伤者要预防二次伤害

抢救伤者要沉着冷静，避免二次伤害。抢救压于车底的伤者时，要设法移开车辆或物品，禁止拉拽伤者的肢体；从车中移出伤者或搬运伤者时不要生拉硬扯，动作要轻柔，防止因搬运不当加重伤势；伤病员尽量能用救护车运送，可以使伤者平卧，减少运输途中的损伤。

3 给伤者通气

当意外创伤和急危重伤者出现呼吸困难或停止呼吸时，应争分夺秒进行抢救，排除呼吸道阻塞，开放气道并为人工呼吸做好准备。

通气法：扶起伤者头部，将其轻轻推至侧卧，清理伤者口腔中的食物、渣滓、流质等异物，开放气道。

4 人工呼吸法

伤员呼吸停止后2～4min内便会死亡，在这种情况下，应及时对伤员进行口对口的人工呼吸抢救，以挽救伤员的生命。

（1）让伤员仰卧，面部向上，颈后部（不是头后部）垫一软枕，使其头尽量后仰。

（2）抢救者位于伤员头旁，手捏紧伤员鼻子，以防止空气从鼻孔漏掉；同时用口对着伤员的口吹气，在伤员胸腔扩张后,即停止吹气，让伤员胸壁自行回缩，呼出空气。如此反复进行，约16～20次/min，对儿童每3～4s/次，15～20次/min，要有规律地、正确地反复进行。

（3）吹气时要快而有力，并密切注意伤员的胸部。如胸部有活动，立即停止吹气，并将伤员的头偏听偏向一侧，让其呼出空气。

（4）成人每次吹气量应大于800mL，但不要超过1200mL。低于800mL时，通气可能不足；高于2000mL，常使咽部压力超过食管内压，使胃胀气而导致呕吐，引起误吸。

（5）每次吹气后抢救者都要迅速将头向伤员胸部，以求吸入新鲜空气。

（6）进行4～5次人工呼吸后，应摸摸颈动脉，腋动脉或腹股沟动脉。如果没有动静，必须同时进行心脏按压。

5 胸外心脏按压法

胸外心脏按压是从伤员体外压迫一度停止跳动的心脏，使之恢复跳动的一种急救方法。

（1）使伤员仰卧在硬板上或地上，抢救者站在或跪在伤员侧面（左侧或右侧均可），两手相叠，一只手掌放在胸骨中央下1/2处，另一只手放在前一只手的上面加强力量；将手掌根部放在伤员的胸骨下方、剑突之上。

（2）借自己身体的质量，以手掌根部用力向下作适度压陷，然后放松压力，让胸廓自行弹起，以60～80次/min的规律速度按压，向下按压和松开的时间必须相等；按压的间歇不再使胸部受压，便于使心脏充盈；但手掌根不要抬起离开胸壁，以免改变按压的正常位置。

（3）抢救者的双臂应绷直，双肩应在伤员胸骨的正上方，上半身可向前倾斜，利用上半身的体重和肩、臂部肌肉度和宽度应够大，不然会使压迫心脏的力量减弱而减小的按压的作用。

6 及时进行止血

对于大量出血的伤者，应及时采取有效的止血方法，以免因伤者大量出血而危及生命。常用的止血方法有指压止血法、屈肢加垫止血法、止血带止血法、绞紧止血法等。

（1）指压止血法：指压止血法是指较大的动脉出血后，用拇指压住出血的血管上方（近心端），使血管被压闭住，中断血液。

（2）颞动脉压迫止血法：用于头顶及颞部动脉出血。用拇指或食指在耳前正对下颌关节处用力压迫。

（3）颌外动脉压迫止血法：用于颜面

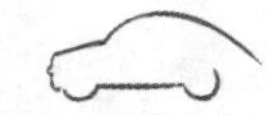

部的出血。用拇指或食指在下颌角前约半寸外，将动脉血管压于下颌骨上。

（4）颈总动脉压迫止血法：常用在头、颈部大出血而采用其他止血方法无效时使用。方法是在气管外侧，胸锁乳深肌前缘，将伤侧颈动脉向后压于第五颈椎上，但禁止双侧同时压迫。

（5）锁骨下动脉压迫止血法：用于腋窝、肩部及上肢出血。用拇指在锁骨上凹摸到动脉跳动处，其余四指放在病人的颈后，以拇指向下内方压向第一肋骨。

（6）肱动脉压迫止血法：用于手、前臂及上臂下部的出血。在病人上臂的前面或后面，用拇指或四指压迫上臂内侧动脉血管。

7 绷带包扎法

用绷带包扎伤口，目的是固定盖在伤口上的纱布，固定骨折或挫伤，并有压迫止血的作用，还可以保护患处。

（1）环形法：多用于手腕部、肢体粗细相等的部位。先将绷带作环形重叠缠绕，第一圈环绕稍作斜状，第二、三圈作环形，并将第一圈之斜出一角压于环形圈内，最后用胶布将带尾固定，也可将带尾剪成两个头，然后打结。

（2）蛇形法：多用于夹板的固定。先将绷带按环形法缠绕数圈，接绷带的宽度作间隔斜着上缠或下缠。

（3）螺旋形法：多用于肢体粗细相同处。先按环形法缠绕数圈，上缠每圈盖住前圈1/3或2/3星螺旋形。

（4）螺缠反折法：多用于肢体粗细不等处。先按环形法缠绕，待缠到渐粗处，将每圈绷带反折，盖住前圈1/3或2/3，依此由下而上地缠绕。

（5）绷带不能打得过紧，也不能过松，不然会引起血液循环不良或松得固定不住纱布；打结时，不要在伤口上方，也不要在身体背后，以免睡觉时压住不舒服。在没有绷带而必须急救的情况下，可用毛巾、手帕、床单（撕成窄条），长筒尼龙袜子等代替绷带包扎。

8 骨折固定法

当发生骨折事故之后，为了使骨折不再加重对周围组织的损伤、减轻患者的疼痛和便于医生的诊断，在运送伤员去医院的途中，应进行必要的固定。

（1）肱骨骨折固定法：伤者手臂呈屈肘状，用两块夹板固定，一块放于臂内侧，另一块放于外侧，用绷带固定。如果有一块夹板，则夹板放在外侧加以固定，用三角巾悬吊伤肢。

（2）大腿骨折固定法：将伤腿拉直，夹板长度上到腋窝，下过腿跟。两块夹板放于大腿内外侧。用绷带或三角巾缠绕固定。

（3）脊柱骨折固定法：严禁乱加搬动，应轻巧平稳地在保持脊柱安定状态下，移至硬板担架上，用三角巾固定后，及早送往医院。切勿扶持伤者走动或使用软担架运送，以免使脊柱骨折加重，引起终身截瘫。

骨折处有出血时应先止血和消毒包扎伤口，然后固定。对于大腿、小腿和脊椎骨折，一般就地固定，不在随便移动伤者。

固定力求稳妥牢固，要固定骨折的两端和上下两个关节。上肢固定时，肢体要弯着绑屈肘状，下肢固定时，肢体要伸直绑。

9 选择适当的搬动方法

要根据伤者的具体情况选择合适的搬运方法和搬运工具，可以减少伤者痛苦，避免致残或死亡，具体搬运方法有担架搬动法和徒手搬运法。同时在搬运过程中要听从医护救助人员的指挥。

通过学习安全生产现场急救常识，能够在突发事件来临时及时、有效地处理现场，减少人员的伤亡和财产的损失，给公司和社会带来利益，促进公司、社会更好地安全发展。

第三节　典型案例分析

案例1　成都新南门3辆公交车站台追尾40余人受伤

事发地点位于成都新南路公交站，时间是2011年7月10日晚19时40分左右。一辆49路公交车进站时，突然撞向停在站台前的另一辆49路车，导致被撞车辆又撞到前方停靠的28路公交车。被撞49路车“受伤”较为严重，其风窗玻璃、前后车窗玻璃被撞碎脱落，散落一地。事发后，共有40名乘客前往医院接受检查治疗。事故现场如图11-2所示。

图11-2　事故现场图

现场：玻璃散落一地，地上斑斑血迹。

20时，在新南路公交站，肇事49路公交车的车头紧紧贴在前方49路公交车后方。被撞车辆的后风窗玻璃和前后车门玻璃已完全脱落，散落在车内、地上，而前风窗玻璃也被撞成蜘蛛网状。地面上留有斑斑血迹。

伤者：距前车2m时，司机才反应过来。

王先生是被撞49路车上的乘客，事发时，他正在后门下车。“我刚下车，脚还没踩稳。撞车时，我还没反应过来，后面就飞出几个人，把我压倒在地。”王先生回忆，事发时后车门大开，在他身后，有3名下车乘客被撞飞在地。

一名林姓女士脸部被划出3条血痕，脚踝部位也被划伤。事发时，她正从前门上车，前门上的玻璃被撞破，落地过程中刺到了她的脸和脚。

原因：驾驶员称“制动踏板失灵”，公交公司表示制动踏板失灵可能性不大。

在事发现场，肇事驾驶员邓师傅表示“当时制动踏板突然失灵了。”

然而，这一说法遭到车上乘客质疑。“不可能是制动踏板坏了，我也是客车驾驶员，事发后，我试了下制动踏板，没问题。”在医院，车上另一名莫姓乘客说。

公交公司相关负责人表示，事发后，公交公司已于第一时间启动应急预案，对伤者展开救治，进行安抚，并承担应该承担的责任。

该负责人表示，每辆公交车在上路前，都会接受检查、保养，他表示，下一步将验车，求证司机的说法是否在推卸责任，并将全力配合有关部门展开事故原因调查。待结果出来后，将按照相关管理制度追究相关责任。

事故原因分析及防范措施：

本事故是一起责任事故，通过公交公司及现场人员的介绍解说，制动踏板失灵的说法被排除。肇事驾驶员在进入车站时，车速未减、注意力不集中，以至于在进入车站时没有能及时发现前面所停车辆而进行减速，造成三车相撞、多人受伤的不幸事故。通过对该事故案例的学习，公交公司要求驾驶员

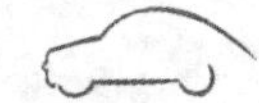

在行车到站及进站时要提前减速，集中注意力并关注周边情况。同时公交公司应加强对从业人员的安全教育，增强从业人员的安全意识，减少事故发生。

案例2　公交车行车过程中驾驶员突发病

2014年2月10日，福建省福州市一公交车驾驶员驾车过程中突发疾病，导致车撞坏护栏、对向车道11车不同程度受损，幸无人员受伤。

2014年2月10日11时许，福州一辆6路公交车由北向南行驶到南二环双福高架桥下时，突然失控撞倒了安全岛上榕树边的宣传牌和交通信号灯。该车驾驶员在将乘客疏散后，重新驾车往福湾路方向行驶，但刚过路口又与一辆奥迪车发生碰撞，随后公交车又撞上道路中间隔离护栏，导致10余片护栏受损，使得对向车道的车辆由于直接被护栏剐蹭或避让不及而互相碰撞，使10辆车辆受损，所幸事故未造成人员伤亡。事故现场如图11-3所示。

福州市仓山交巡警大队10日下午透露，经初步调查，该公交车驾驶员在驾车过程中，因突感到身体不适，导致车辆行驶至双福高架桥下时，本应右转弯往福湾路方向行驶，但车辆未转弯，而是直行撞上了安全岛上的交通信号灯后停车。驾驶员将乘客疏散后，本欲将车开回停车场，没想到病情加重，导致刚过路口就撞上了护栏。后涉案驾驶员已被送往医院治疗。经检查，该驾驶员突发脑梗。

图11-3　事故现场图

事故原因分析及防范措施：

在驾车过程中如感身体不适，应迅速将车停到不影响交通的地方，并打开警示灯，切不可强忍不适继续驾车，以免发生意外。同时公司要按照《职业健康检查管理办法》和《职业健康监护技术规范》（GBZ 188—2014），对驾驶员进行职业健康体检，并按规定周期和检查项目检查。对发现有职业禁忌症或发现有病情的驾驶员应该进行救治或者调离岗位，确保驾驶员能够在行驶过程中保证个人和乘客的安全，减少事故的发生。

案例3　公交急制动，车内乘客摔伤

地点：北京市朝阳路小庄站附近。

原因：公交车驾驶员急踩制动踏板导致乘客摔伤。

结果：乘客三级伤残，法院判公交公司赔偿61万。

经过：2001年10月31日，乘客张女士乘坐公交车回家。当车行至朝阳路小庄站附近时，由于车速过快，公交车与一辆同向行驶的面包车相剐蹭。公交车驾驶员紧急制动，导致张女士被重重地摔了出去，后脑部撞到

车门上，整个身体呈折叠状摔在车门前的深槽内，紧接着，车内其他人纷纷压在她身上，致其当场昏迷。

张女士先后被送入朝阳区第二医院、朝阳医院、朝阳中医院治疗。住院期间，生活不能完全自理，需专人护理，出院时也无明显好转。

2002年8月16日，经北京市公安局公安交通管理局法医鉴定，张女士为“损伤符合三级伤残，伤残赔偿指数为80%”。由于公交车驾驶员紧急制动导致乘客摔伤，法院判公交公司赔偿61万元。

事故原因分析及防范措施：

在本案例中，是由于公交车驾驶员在行驶过程中，行驶速度过快，且在行驶中和小车发生剐蹭之后紧急制动，以至于在行车过程中造成了人员伤亡。针对此事故，驾驶员应该注意在行车过程中，增强个人的安全意识。要减速慢行、注意避让，同时要观察周边情况，并要提示乘客扶好坐稳，使得在突发事件发生时能够降低危害程度，保证个人、乘客和周边行驶车辆和路人的安全。

案例4 东莞一公交车疑超速闯红灯撞死路人

2014年9月25日中午1时30分许，东莞石碣镇塘洪村一名56岁男子唐师傅，在骑电动车过马路时，被一辆疑似闯红灯的公交车撞上，电动车被辗压在车轮下。唐师傅从电动车上横空飞出7~8m之远，卧倒在血泊之中，后经送医院抢救不治身亡。事故现场如图11-4所示。

图11-4 事故现场图

事故原因分析及防范措施：

事故原因：一是公司的安全管理不到位，对从业人员的安全培训教育不够、对从业人员的安全生产行为监督不够，在驾驶员多次违章之后，公司仍旧没有采取任何措施，所以公司对本事故有不可推卸的管理失责。另一方面，驾驶员自身的职业道德素质低下，多次违章闯红灯却未意识到自己的行为已经威胁到其他交通参与者的安全。当地交警或者市民应该对此进行监督，发现驾驶员有不安全行为的时候，应急进行指正或者举报，纠正其违章不安全行为。

因此，公司要建立健全公司的安全教育培训制度，加强对从业人员的安全生产管理和监督，对发现的违章行为及时发现纠正，通报批评并引以为戒。驾驶员的安全法律意识淡薄也是引发本事故的主要原因，应提升自身的职业道德素质，接受公司的教育培训和群众的监督，把乘客及路人的生命安全放到第一位，在行车过程中要确保不伤害别人、不被别人伤害、也不伤害自己。严格按照相关法律法规要求行车，严禁超车、闯红灯等违规驾驶行为。

案例5 公交驾驶员斑马线上撞死母女

2013年11月20日，中北公司驾驶员李某在江南大厦附近将站在斑马线上的陈某母女撞飞，母女2人经抢救无效死亡。该起事故影响恶劣，引起了社会的广泛关注。2014年3月12日，鼓楼区法院开庭审理了此案。法庭上，李某当庭下跪道歉。最终，法院以李某犯交通肇事罪，判处其有期徒刑2年。审理该起刑事案件的李法官在起草《司法建议书》的过程中，意外地发现在这起交通事故之前仅半年，李某还撞伤过68岁的行人钟女士。而钟女士也在近日获得南京鼓楼法院一审判决，支持保险公司一次性赔偿她各项损失23万余元。

疏于观察将人撞成十级伤残：

2013年4月28日傍晚18时30分左右，中北公司8路车驾驶员李某驾驶苏A70988公交车，在行至中央北路中央门北站附近时，因疏于观察，将行人钟女士撞倒受伤。事发后，钟女士被送往南京中大医院接受治疗。经诊断，事故造成钟女士右足第四趾近节趾骨、小趾远节趾骨骨折。

本次事故经交警六大队认定，由肇事驾驶员李某负全责，钟女士无责。经司法鉴定，本次车祸致钟女士右足部外伤后皮肤缺损、右足第四趾近节趾骨及小趾远节趾骨骨折，双足十趾丧失功能20%以上，构成十级伤残。

事发仅6个月又撞死一对母女：

李某作为一个从业时间不长的新驾驶员，给其公司造成了重大损失，同时也给社会造成了恶劣的影响，经过此次事故按理应该吸取教训，格外谨慎，把安全放在首位。然而令人震惊的是，在这次事故发生仅仅6个月后，李某驾驶同一辆车，又酿出震惊全城的车祸，造成一对母女不治身亡的严重后果，原因还是疏于观察、车速过快。

事故原因分析及防范措施：

同一辆车在同一年内出现2次事故，而且还造成了一对母女死亡，是驾驶员行车安全意识淡薄、安全法律法规意识不强，同时也是其所在公司的安全管理存在严重缺陷的具体体现。第一次事故发生之后，公司就应该进行“四不放过”和责任倒查，将安全生产落实到人，加强公司的安全教育培训工作和安全管理行为。公交驾驶员应该严格遵守国家相关的安全法律法规要求，接受公司的安全管理制度和应急救援的培训教育，提升自己的职业道德素质，增强安全意识，规范个人行为。公司要建立健全其安全管理制度和应急救援措施，加强安全管理，要确保对从业人员的安全教育培训到位，杜绝安全生产事故。

案例6 埋头看手机 抬头车撞人

2014年9月5日早上6时左右，高某驾驶大型普通客车从常州汽车站带客到南京溧水汽车站，下完客后开车准备到南京江宁汽车站。8时20分左右，高某沿宁溧线由南往北行驶，车速在70km/h左右，行驶到句容郭庄镇的一处十字路口时，与骑自行车的杨某发生碰撞，杨某后经医院抢救无效死亡。

事故原因分析及防范措施：

事故调查显示，高某事发前多次低头看手机，甚至几次将手机横过来双手握着，并用手指操作屏幕。从行车记录仪的8时14分至8时21分，仅7min时间，高某4次掏手机，低头看了39次。最后一次看完手机后仅仅几秒，高某与骑自行车杨某相撞，导致其

死亡。

在行驶过程中，出现接打电话等不安全行为，缘于驾驶员法律法规意识的淡薄，是对生命的不尊重。《中华人民共和国道路交通安全法实施条例》第六十二条规定，驾驶机动车不得有下列行为：

（1）在车门、车厢没有关好时行车；

（2）在机动车驾驶室的前后窗范围内悬挂、放置妨碍驾驶员视线的物品；

（3）拨打接听手持电话、观看电视等妨碍安全驾驶的行为；

（4）下陡坡时熄火或者空挡滑行；

（5）向道路上抛撒物品；

（6）驾驶摩托车手离车把或者在车把上悬挂物品；

（7）连续驾驶机动车超过4h未停车休息或者停车休息时间少于20min；

（8）在禁止鸣喇叭的区域或者路段鸣喇叭。

其中，第（3）条明文规定：不得有在行驶过程中接打电话等妨碍安全驾驶的行为。驾驶员不仅要学法、懂法，而且还要用法，用法律要求来约束自己的行为。为了确保他人和个人的安全，为了公司的利益，为了社会的安全发展，要杜绝行车过程中接打电话等不安全行为。

另外其他的不安全行为如酒后驾驶、吸毒后驾驶、使用国家违禁药品后驾驶等不安全的驾驶行为，不仅影响到个人及他人的生命安全，同时也是对社会造成安全隐患。因此，驾驶员要学习安全生产法律法规、增强安全生产意识，为了自己，为了家人，文明出行，安全驾驶，要把“安全”的观念挂在嘴上、记在心田、刻在脑中。

总结：

目前,公交正处在一个历史的大转变时期，公交改革的逐步深入，给公交事业带来了新的活力和生机。当然，公交在改革发展逐步深入的同时，也给管理工作提出了更新、更高的要求。

常言道：“千里之堤，溃于蚁穴。”当某个部门在管理上出现了漏洞时，必将“揪一发，而动全身”，影响到整个公交事业的健康发展，这就要求每一位管理人员改变过去心浮气躁、马虎了事的工作作风。只有把每一项工作做精、做细，才能把公交事业做大、做强。

通过对事故案例的分析，可以看出本企业的安全生产管理的情况以及管理人员的职责是否尽到。

第十二章 道路危险货物运输企业安全管理

第一节 道路危险货物运输企业安全生产管理基础

一 道路危险货物运输驾驶员安全管理

1 道路危险货物运输驾驶员的聘用

道路危险货物运输企业应当建立危险货物运输车辆驾驶员聘用制度。依照劳动合同法，严格危险货物运输车辆驾驶员录用条件、统一录用程序，对危险货物运输车辆驾驶员进行面试，审核危险货物运输车辆驾驶员安全行车经历和从业资格条件，积极实施驾驶适宜性检测，明确新录用危险货物运输车辆驾驶员的试用期。危险货物运输车辆驾驶员的录用应当经过企业安全生产管理部门的审核，并录入企业动态监控平台（或监控端）。

对3年内发生道路交通事故致人死亡且负同等以上责任的，交通违法记分有满分记录的，以及有酒后驾驶、超员20%、超速50%或12个月内有3次以上超速违法记录的驾驶员，道路危险货物运输企业不得聘用其驾驶客运车辆。

道路危险货物运输驾驶员应当符合下列条件：

（1）取得相应的机动车驾驶证；

（2）年龄不超过60周岁；

（3）3年内无重大以上交通责任事故；

（4）取得经营性道路旅客运输或者货物运输驾驶员从业资格2年以上；

（5）接受相关法规、安全知识、专业技术、职业卫生防护和应急救援知识的培训，了解危险货物性质、危害特征、包装容器的使用特性和发生意外时的应急措施；

（6）经考试合格，取得相应的从业资格证件。

2 道路危险货物运输驾驶员管理

（1）道路危险货物运输企业应当建立危险货物运输车辆驾驶员从业行为定期考核制度。危险货物运输车辆驾驶员从业行为定期考核的内容主要包括：危险货物运输车辆驾驶员违法驾驶情况、交通事故情况、服务质量、安全运营情况、安全操作规程执行情况、参加教育与培训情况以及危险货物运输车辆驾驶员心理和生理健康状况等，考核的周期不大于3个月。危险货物运输车辆驾驶员从业行为定期考核的结果应与企业安全生产奖惩制度挂钩。

（2）道路危险货物运输企业应当建立危险货物运输车辆驾驶员信息档案管理

制度。危险货物运输车辆驾驶员信息档案实行一人一档，包括危险货物运输车辆驾驶员基本信息、危险货物运输车辆驾驶员体检表、安全驾驶信息、诚信考核信息等情况。

（3）道路危险货物运输企业应当建立危险货物运输车辆驾驶员调离和辞退制度。对交通违法记满分、诚信考核不合格以及从业资格证被吊销的危险货物运输车辆驾驶员要及时调离或辞退。

（4）道路危险货物运输企业应当建立危险货物运输车辆驾驶员安全告诫制度。安全管理人员对危险货物运输车辆驾驶员出车前进行问询、告知，督促危险货物运输车辆驾驶员做好对车辆的日常维护和检查，防止危险货物运输车辆驾驶员酒后、带病或者带不良情绪上岗。

（5）道路危险货物运输企业应当建立防止危险货物运输车辆驾驶员疲劳驾驶制度，关心危险货物运输车辆驾驶员的身心健康，定期组织危险货物运输车辆驾驶员进行体检，为危险货物运输车辆驾驶员创造良好的工作环境，合理安排运输任务，防止危险货物运输车辆驾驶员疲劳驾驶。

（6）危险货物运输车辆驾驶员在从事道路运输活动时，应当携带相应的从业资格证件，并应当遵守国家相关法规和道路运输安全操作规程，不得违法经营、违章作业。

（7）危险货物运输车辆驾驶员从事道路运输活动时不得超载运输，连续驾驶时间不得超过4h，每天累计驾驶时间不得超过8h。

（8）危险货物运输车辆驾驶员应按照规定填写行车日志。

（9）危险货物运输车辆驾驶员应当采取必要措施保证自身的人身和财产安全，发生紧急情况时，应当积极进行救护。

（10）危险货物运输车辆驾驶员应当按照道路交通安全主管部门指定的行车时间和路线运输危险货物。

（11）在道路危险货物运输过程中发生燃烧、爆炸、污染、中毒或者被盗、丢失、流散、泄漏等事故，道路危险货物运输驾驶员、押运人员应当立即向当地公安部门和所在运输企业或者单位报告，说明事故情况、危险货物品名和特性，并采取一切可能的警示措施和应急措施，积极配合有关部门进行处置。

二 道路危险货物运输车辆管理

（1）道路危险货物运输企业或者单位应当按照《道路货物运输及站场管理规定》中有关车辆管理的规定，维护、检测、使用和管理专用车辆，确保专用车辆技术状况良好。

（2）设区的市级道路运输管理机构应当定期对专用车辆进行审验，每年审验1次。审验按照《道路货物运输及站场管理规定》的相关要求进行，并增加以下审验项目：

①专用车辆投保危险货物承运人责任险情况；

②必需的应急处理器材、安全防护设施设备和专用车辆标志的配备情况；

③具有行驶记录功能的卫星定位装置的配备情况。

（3）禁止使用报废的、擅自改装的、检测不合格的、车辆技术等级达不到一级的和其他不符合国家规定的车辆从事道路危险货物运输。

除铰接挂车、具有特殊装置的大型物件运输专用车辆外，严禁使用货车列车从事危险货物运输；倾卸式车辆只能运输散装硫黄、萘饼、粗蒽、煤焦沥青等危险货物。

禁止使用移动罐体（罐式集装箱除外）从事危险货物运输。

（4）运输剧毒化学品、爆炸品专用车辆及罐式专用车辆（含罐式挂车）应当到具

备道路危险货物运输车辆维修资质的企业进行维修。

牵引车以及其他专用车辆由企业自行消除危险货物的危害后，可到具备一般车辆维修资质的企业进行维修。

（5）用于装卸危险货物的机械及工具的技术状况应当符合行业标准《汽车运输危险货物规则》（JT 617—2004）规定的技术要求。

（6）罐式专用车辆的常压罐体应当符合国家标准《道路运输液体危险货物罐式车辆 第1部分：金属常压罐体技术要求》（GB 18564.1—2006）、《道路运输液体危险货物罐式车辆 第2部分：非金属常压罐体技术要求》（GB 18564.2—2008）等有关技术要求。

使用压力容器运输危险货物的，应当符合国家特种设备安全监督管理部门制订并公布的有关技术要求。

压力容器和罐式专用车辆应当在质量检验部门出具的压力容器或者罐体检验合格的有效期内承运危险货物。

（7）道路危险货物运输企业或者单位对重复使用的危险货物包装物、容器，在重复使用前应当进行检查；发现存在安全隐患的，应当维修或者更换。

道路危险货物运输企业或者单位应当对检查情况做出记录，记录的保存期限不得少于2年。

（8）道路危险货物运输企业或者单位应当到具有污染物处理能力的机构对常压罐体进行清洗（置换）作业，将废气、污水等污染物集中收集，消除污染，不得随意排放，污染环境。

（9）有符合下列要求的专用车辆及设备：

①自有专用车辆(挂车除外）5辆以上；运输剧毒化学品、爆炸品的，自有专用车辆(挂车除外）10辆以上。

②专用车辆技术性能符合国家标准《营运车辆综合性能要求和检验方法》（GB 18565—2016）的要求；技术等级达到行业标准《营运车辆技术等级划分和评定要求》（JT/T 198—2004）规定的一级技术等级。

③专用车辆外廓尺寸、轴荷和质量符合相关国家标准《道路车辆外廓尺寸、轴荷和质量限值》（GB 1589—2004）的要求。

④专用车辆燃料消耗量符合行业标准《营运货车燃料消耗量限值及测量方法》（JT 719—2016）的要求。

⑤配备有效的通信工具。

⑥专用车辆应当安装具有行驶记录功能的卫星定位装置。

⑦运输剧毒化学品、爆炸品、易制爆危险化学品的，应当配备罐式、厢式专用车辆或者压力容器等专用容器。

⑧罐式专用车辆的罐体应当经质量检验部门检验合格，且罐体载货后总质量与专用车辆核定载质量相匹配。运输爆炸品、强腐蚀性危险货物的罐式专用车辆的罐体容积不得超过20m^3，运输剧毒化学品的罐式专用车辆的罐体容积不得超过10m^3，但符合国家有关标准的罐式集装箱除外。

⑨运输剧毒化学品、爆炸品、强腐蚀性危险货物的非罐式专用车辆，核定载质量不得超过10t，但符合国家有关标准的集装箱运输专用车辆除外。

⑩配备与运输的危险货物性质相适应的安全防护、环境保护和消防设施设备。

三 道路危险货物运输企业营运管理

（1）道路危险货物运输企业或者单位应当严格按照道路运输管理机构决定的许可事项从事道路危险货物运输活动，不得转让、出租道路危险货物运输许可证件。严禁非经营性道路危险货物运输单位从事道路危险货物运输经营活动。

（2）危险货物托运人应当委托具有道路危险货物运输资质的企业承运。危险货物

托运人应当对托运的危险货物种类、数量和承运人等相关信息予以记录，记录的保存期限不得少于1年。

（3）危险货物托运人应当严格按照国家有关规定妥善包装并在外包装设置标志，并向承运人说明危险货物的品名、数量、危害、应急措施等情况。需要添加抑制剂或者稳定剂的，托运人应当按照规定添加，并告知承运人相关注意事项。危险货物托运人托运危险化学品的，还应当提交与托运的危险化学品完全一致的安全技术说明书和安全标签。

（4）不得使用罐式专用车辆或者运输有毒、感染性、腐蚀性危险货物的专用车辆运输普通货物。其他专用车辆可以从事食品、生活用品、药品、医疗器具以外的普通货物运输，但应当由运输企业对专用车辆进行消除危害处理，确保不对普通货物造成污染、损害。不得将危险货物与普通货物混装运输。

（5）专用车辆应当按照国家标准《道路运输危险货物车辆标志》（GB 13392—2005）的要求悬挂标志，如图12-1所示。

图12-1　危险货物车辆标志

（6）运输剧毒化学品、爆炸品的企业或者单位，应当配备专用停车区域，并设立明显的警示标牌。

（7）专用车辆应当配备符合有关国家标准以及与所载运的危险货物相适应的应急处理器材和安全防护设备。

（8）道路危险货物运输企业或者单位不得运输法律、行政法规禁止运输的货物。法律、行政法规规定的限运、凭证运输货物，道路危险货物运输企业或者单位应当按照有关规定办理相关运输手续。法律、行政法规规定托运人必须办理有关手续后方可运输的危险货物，道路危险货物运输企业应当查验有关手续齐全有效后方可承运。

（9）道路危险货物运输企业或者单位应当采取必要措施，防止危险货物脱落、扬散、丢失以及燃烧、爆炸、泄漏等。

（10）驾驶员应当随车携带《道路运输证》。驾驶员或者押运人员应当按照《汽车运输危险货物规则》（JT 617—2004）的要求，随车携带《道路运输危险货物安全卡》。

（11）在道路危险货物运输过程中，除驾驶员外，还应当在专用车辆上配备押运人员，确保危险货物处于押运人员监管之下。

（12）道路危险货物运输途中，驾驶员不得随意停车。因住宿或者发生影响正常运输的情况需要较长时间停车的，驾驶员、押运人员应当设置警戒带，并采取相应的安全防范措施。运输剧毒化学品或者易制爆危险化学品需要较长时间停车的，驾驶员或者押运人员应当向当地公安机关报告。

（13）危险货物的装卸作业应当遵守安全作业标准、规程和制度，并在装卸管理人员的现场指挥或者监控下进行。危险货物运输托运人和承运人应当按照合同约定指派装卸管理人员；若合同未予约定，则由负责装卸作业的一方指派装卸管理人员。

（14）驾驶员、装卸管理人员和押运人员上岗时应当随身携带从业资格证。

（15）严禁专用车辆违反国家有关规定超载、超限运输。道路危险货物运输企业或者单位使用罐式专用车辆运输货物时，罐体载货后的总质量应当和专用车辆核定载质量相匹配；使用牵引车运输货物时，挂车载货后的总质量应当与牵引车的准牵引总质量相

匹配。

（16）道路危险货物运输企业或者单位应当要求驾驶员和押运人员在运输危险货物时，严格遵守有关部门关于危险货物运输线路、时间、速度方面的有关规定，并遵守有关部门关于剧毒、爆炸危险品道路运输车辆在重大节假日通行高速公路的相关规定。

（17）道路危险货物运输企业或者单位应当通过卫星定位监控平台或者监控终端及时纠正和处理超速行驶、疲劳驾驶、不按规定线路行驶等违法违规驾驶行为。监控数据应当至少保存3个月，违法驾驶信息及处理情况应当至少保存3年。

（18）道路危险货物运输从业人员必须熟悉有关安全生产的法规、技术标准和安全生产规章制度、安全操作规程，了解所装运危险货物的性质、危害特性、包装物或者容器的使用要求和发生意外事故时的处置措施，并严格执行《汽车运输危险货物规则》（JT 617—2004）、《汽车运输、装卸危险货物作业规程》（JT 618—2004）等标准，不得违章作业。

（19）道路危险货物运输企业或者单位应当通过岗前培训、例会、定期学习等方式，对从业人员进行经常性安全生产、职业道德、业务知识和操作规程的教育培训。

（20）道路危险货物运输企业或者单位应当加强安全生产管理，制定突发事件应急预案，配备应急救援人员和必要的应急救援器材、设备，并定期组织应急救援演练，严格落实各项安全制度。

（21）道路危险货物运输企业或者单位应当委托具备资质条件的机构，对本企业或单位的安全管理情况每3年至少进行1次安全评估，出具安全评估报告。

（22）在危险货物运输过程中发生燃烧、爆炸、污染、中毒或者被盗、丢失、流散、泄漏等事故，驾驶员、押运人员应当立即根据应急预案和《道路运输危险货物安全卡》的要求采取应急处置措施，并向事故发生地公安部门、交通运输主管部门和本运输企业或者单位报告。运输企业或者单位接到事故报告后，应当按照本单位危险货物应急预案组织救援，并向事故发生地安全生产监督管理部门和环境保护、卫生主管部门报告。道路危险货物运输管理机构应当公布事故报告电话。

（23）在危险货物装卸过程中，应当根据危险货物的性质，轻装轻卸，堆码整齐，防止混杂、撒漏、破损，不得与普通货物混合堆放。

（24）道路危险货物运输企业或者单位应当为其承运的危险货物投保承运人责任险。

（25）道路危险货物运输企业异地经营（运输线路起讫点均不在企业注册地市域内）累计3个月以上的，应当向经营地设区的市级道路运输管理机构备案并接受其监管。

（26）有符合下列要求的停车场地：

①自有或者租借期限为3年以上，且与经营范围、规模相适应的停车场地，停车场地应当位于企业注册地市级行政区域内。

②运输剧毒化学品、爆炸品专用车辆以及罐式专用车辆，数量为20辆（含）以下的，停车场地面积不低于车辆正投影面积的1.5倍；数量为20辆以上的，超过部分，每辆车的停车场地面积不低于车辆正投影面积；运输其他危险货物的，专用车辆数量为10辆（含）以下的，停车场地面积不低于车辆正投影面积的1.5倍；数量为10辆以上的，超过部分，每辆车的停车场地面积不低于车辆正投影面积。

③停车场地应当封闭并设立明显标志，不得妨碍居民生活和威胁公共安全。

第二节 危险货物的基本特性及分类

一 危险货物的定义与分类

危险货物是指具有爆炸、易燃、毒害、感染、腐蚀、放射性等危险特性，在运输、储存、生产、经营、使用和处置中，容易造成人身伤亡、财产损毁或环境污染而需要特别防护的物质和物品。

根据《危险货物分类和品名编号》(GB 6944—2012)、《危险货物品名表》(GB 12268—2012)危险货物共分为9大类，分别为：第1类爆炸品；第2类气体；第3类易燃液体；第4类易燃固体、易于自燃的物质、遇水放出易燃气体的物质；第5类氧化性物质和有机过氧化物；第6类毒性物质和感染性物质；第7类放射性物质；第8类腐蚀性物质；第9类杂项危险物质和物品，包括危害环境物质。

二 危险货物储运包装

《公路运输危险货物包装检验安全规范》《危险货物运输包装通用技术条件》《道路危险货物运输管理规定》《危险货物包装标志》《汽车运输危险货物规则》等国家有关法律法规、标准规范对危险货物的包装、装卸、运输等进行了严格要求，这就要求在危险货物的道路运输过程中要求一线操作人员（驾驶员、押运人员、装卸人员等为主）严格遵守各项法律法规，在符合安全要求的前提下进行合理的操作，从而进行安全而具有经济效益的商业活动。

1 危险货物的包装标记标识

在道路运输过程中根据不同的为货品的类型、性质，进行不同种类的包装，常见类型的包装根据外观分为箱、桶（圆桶）、袋、罐、轻型标准金属容器。

箱：由金属、木材、胶合板、再生木、纤维板、塑料或其他适当材料制作的完整矩形或多角形容器。

桶（圆桶）：由金属、纤维板、塑料、胶合板或其他适当材料制成的两端为平面或凸面的圆柱形容器。本定义还包括其他形状的容器，例如圆锥形颈容器或提桶形容器。

袋：由纸、塑料薄膜、纺织品、编织材料或其他适当材料制作的柔性容器。

罐：横截面成矩形或多角形的金属或塑料容器。

轻型标准金属容器：横截面呈圆形、椭圆形、矩形或多边形，筒体成锥形收缩，壁厚不小于0.5mm，平底或弧形底带有一个或多个孔，由金属制成圆锥形颈容器和提桶形容器。

（1）危险货物包装标记分类。

根据危险货物分类中，第1类、第2类、第7类、第5类的5.2项，第六类的6.2项，以及第4类的4.1项自反应物质以外的其他各类危险物质，按照其具有的危险程度划分为3个包装类别：

Ⅰ类包装：显示高度危险性的物质；

Ⅱ类包装：显示中等危险性的物质；

Ⅲ类包装：显示轻度危险性的物质。

注：通常Ⅰ类包装可盛装显示高度危险性、中等危险性、轻度危险性的物质；Ⅱ类包装可盛装显示中等危险性、轻度危险性的物质；Ⅲ类包装只可盛装显示轻度危险性的物质。但有时候根据具体盛装的危险货物的特性而定，例如盛装某些液体物质应根据其实际的密度而定。

（2）危险货物的代码。

容器类型的代码：

①代码包括：

a.阿拉伯数字，表示容器的种类，如

桶、罐等，后接；

b.大写拉丁字母，表示材料的性质，如钢、木等；

c.（必要时后接）阿拉伯数字，表示容器在其所属种类中的类别。

②下述数字用于表示容器的种类标记代号：

1——桶；

2——木琵琶桶；

3——罐；

4——箱、盒；

5——袋、软管；

6——复合包装；

7——压力容器；

8——筐、篓；

9——瓶、坛；

0——轻型标准金属容器。

③下述大写字母用于表示材料的种类：

A——钢（一切型号及表面处理的）；

B——铝；

C——天然木；

D——胶合板；

F——再生木；

G——纤维板；

H——塑料；

L——纺织品；

M——多层纸；

N——金属（钢和铝除外）；

P——玻璃、陶瓷或粗陶瓷。

（3）标记。

①标记用于表明带有该标记的容器已成功通过《公路运输危险货物包装检验安全规范》第七章规定的试验要求，并符合相关要求，但标记并不一定能证明该容器可以用来盛装任何物质。

②每一个容器应带有持久、易辨认、与容器相比位置合适、大小适当的明显标志。对于毛重超过30kg的包装件，其标记或表及附件应贴在容器顶部或一侧，字母、数字、符号应不小于12mm；容量为30L或30kg或更少的容器上，其标记至少应为6mm。对于容量为5L或5kg或更少的容器，其标记的尺寸应大小合适。

标记应标明：

a. S——拟装固体的包装标记；L——拟装液体的包装标记：R——修复后的包装标记；(GB)——符合国家标准要求；(UN)——符合联合国规定的要求。

b.单一包装型号由一个阿拉伯数字和一个英文字母组成，英文字母表示包装容器的材质，其左边平行的阿拉伯数字代表包装容器的类型，英文字母右下方的阿拉伯数字，代表同一类型包装容器不同开口的型号。复合包装型号由一个表示包装的阿拉伯数字和一组表示包装材质和包装形式的字符组成。字符为2个大写英文字母和阿拉伯数字。第1个英文字母表示内包装材质，第2个英文字母表示外包装材质，右边阿拉伯数字表示包装形式。如6HA1表示内包装为塑料容器、外包装为钢桶的复合包装。

c. 一个由2部分组成的编号：

（a）一个字母表示设计型号已成功地通过试验的包装类别：

X——Ⅰ类包装；

Y——Ⅱ类包装；

Z——Ⅲ类包装。

（b）相对密度，表示已经按此相对密度对不带内容器的准备装液体的容器设计型号进行过试验。若相对密度不超过1.2，这一部分可省略。对准备盛装固体或装入内容器的容器而言，以kg表示的最大质量。

注：对于轻型标准金属容器，用于装载在23℃时黏度超过200m^2/s的液体时，以kg表示的最大总质量。

d.使用字母“S”表示容器拟用于运输固体或容器，或者对拟装液体的容器（组合容器外）而言，容器已能证明能承受的液压试验压力，用kPa表示。

注：对于轻型标准金属容器，用于装载在23℃时黏度超过200m^2/s的液体时，用字母

"S" 表示。

e.容器制造年份的最后2位数字。型号为1H1、1H2、3H1和3H2的塑料容器还应适当标出制造月份，这可与标记的其余部分分开，在容器的空白处标出。

f. 表明生产国代号，中国为 "CN" 。

g.容器制造厂的代号，该代号应体现该容器制造厂所在的行政区域，各区域代码参见《公路运输危险货物包装检验安全规范》相关附录。

h.生产批次。

除了上述规定的耐久标记外，每一超过100L的新金属桶，在其底部应有持久性标记，并至少表明桶身所用金属标称厚底（精确到0.1mm）。如金属桶两个端部中由一个标称厚度小雨桶身的标称厚度，那么顶端、桶身和底端的标称厚度应以永久性形式（例如压纹）在底部标明。

（4）一般标记要求。

①每一个容器应按照要求标明持久性标记。

②公路运输危险货物包装应结构合理、防护性能好，符合国家相关规格规定。其设计模式、工艺、材质应适应公路运输危险货物特性，便于安全装卸和运输，能承受正常运输条件下的风险。

③危险货物应装在质量良好的容器内，该容器应足够坚固，能承受得住运输过程中通常遇到的冲击和荷载，包括运输装置之间和运输装置与仓库之间的转载以及撤离托盘或外包装，供随后人工或机械操作。容器的机构和封闭状况应防止准备运输时可能因正常运输条件下由于振动或温度、湿度或压力变化造成的任何内装物损失。在运输过程中不应有任何危险残余物黏附在容器外面。这些要求适用于新的、再次使用的、修复过的或改制的容器。

④容器与危险货物直接接触的各个部件：

a.不应受到危险货物的影响或强度被危险货物明显减弱。

b.不应在包件内造成危险的效应，例如促使危险货物起反应或与危险货物起反应。必要时，这些部位应有适当的内涂层或经过适当的处理。

⑤若容器内装的是液体，应留有足够的未满空间，以保证不会由于在运输过程中可能发生的温度变化造成的液体膨胀而使容器泄露或永久变形。除非规定具体要求，否则液体不可在55℃下装满容器。

⑥内容器在外容器中的置放方式，应做到在正常的运输条件下，不会破裂、被穿刺或内装物泄露到外容器中。对于那些易于破裂或易被刺破的内容器，例如用玻璃、陶瓷、粗陶瓷或某些塑料制成的内容器，应使用适当的衬垫材料，并将其固定在外容器中。如果内装物有泄露，衬垫材料或外容器的保护性能不应遭到重大破坏。

a.衬垫及吸收材料须是惰性的，并与内装物的性质相适应。

b.外容器材料的性能和厚度应保证运输过程中不会因摩擦而产生可能严重改变内装物化学稳定性的热量。

⑦不同类别的危险货物不应放置在同一个外容器中，原因在于它们彼此会起危险反应并造成：

a.燃烧或放出大量的热；

b.放出易燃、毒性或窒息性气体；

c.产生腐蚀性物质；

d.产生不稳定物质。

⑧装有潮湿或稀释物质的容器的封闭装置应使液体（水、溶剂或减敏剂）的百分率在运输过程中不会下降到规定的限度以下。

⑨液体仅可装入对正常运输条件下可能产生的内压具有适当承受能力的内容器。如果包件中由于内装物释放气体（由于温度增加或其他原因）而产生压力时，可在容器上安装1个通气孔，但释放的气体不应因其毒性、易燃性和释放量而造成危险。通气孔应设计成保证在正常的运输条件下，在容器处

于运输状态时，不会有液体泄露和异物传入等状况发生。

⑩所有新的、改制的、再次使用的容器应能使用前文所规定的试验。在装货和移交运输之前，应按照前文对每1个容器进行检查，确保无腐蚀、污染或其他破损。当容器显示出的强度与批准的设计型号比较有下降的迹象时，不应在使用或应予以整修使之能够通过设计型号试验。

⑪液体应装入对正常运输条件下可能产生的内部压力具有适当承受力的容器。标有规定的液压试验压力的容器，仅能装载有下述蒸汽压力的液体：

a.根据15℃的装载温度和规定的最大的装载度确定的容器内的总表压（即装载物质的蒸汽压加空气或其他惰性气体的分压，减去100kPa），在55℃时不超过标记试验压力的2/3；

b.在50℃时，小于标记试验压力与100kPa之和的4/7；

c.在55℃时，小于标记试验压力与100kPa之和的2/3。

⑫拟装液体的每个容器，应在下列情况下成功地通过适当的气密（密封性）试验，并且能够达到前文所规定的适当试验水平：

a.在第一次用于试验水平。

b.任何容器在改制或整理之后，再次用于运输之前。

c.在进行这项试验时，容器不必装有自己的封闭装置。如试验结果不会受到影响，复合容器的内储器可在不用外容器的情况下进行试验。以下情况可免于试验：复合容器（玻璃、陶瓷或粗陶瓷）的内储器、轻型标准金属容器。

⑬在运输过程中可能遇到的温度下会变成液体的固体的容器也应具备装载液体物质的能力。

⑭用于装粉末或颗粒状物质的容器，应防泄露或配备衬里。

⑮内容器应固定并安装衬垫，限制其在外包装盛装第3、4、8类及第5类中第5.1项、第6类中6.1项的液体时，内容器外应有吸附衬垫材料。吸附衬垫材料不应与内容器中盛装的危险物质发生危险性反应，内容物的渗漏也不应引起危险的化学反应或改变衬垫材料的保护特性。

⑯外包装材料的性能和厚度应保证不会因运输过程中的摩擦生热而改变内容物的化学稳定性。

⑰用组合容器盛装危险货物，内容器的封闭口不能倒置。在外包装上应标有明显的表示作业方向的标识。

⑱对于损坏、有缺陷、渗漏或不符合规定的危险货物包装件，或者溢出或漏出的危险货物，可以装在救助容器中运输。

⑲应采取适当措施，防止损坏或渗漏的包件在救助容器内过分移动。当救助容器装有液体时，应添加足够的惰性吸收材料以消除游离液体的出现。

（5）特殊包装要求。

①第Ⅰ类爆炸物品的特殊包装要求。

a.第Ⅰ类货物的所有容器的设计和制造应达到以下要求：

（a）能够保护爆炸品，使其在正常运输条件下（包括在可预见的温度、湿度和压力发生变化时）不会漏出，也不会增加无意引燃或引发的危险；

（b）完整的包装件在正常运输条件下可以安全地搬动；

（c）包装件能够受得住运输中可预见的堆叠加在它们之上的任何荷重，不会因此而增加爆炸品具有的危险性，容器的保护功能不会受到损害，容器变形的方式或程度不至于降低其强度或造成堆垛的不稳定。

b.容器应符合要求，并达到Ⅱ类包装试验要求，Ⅰ类包装不应使用金属容器。

c.装液态爆炸品的容器的封闭装置应有防渗漏的双重保护设备。

d.金属桶的封闭装置应包括适宜的垫圈；如果封闭装置包括螺纹，应防止爆炸性

质进入螺纹。

e.盛装可溶于水的物质的容器应是防水的。运动减敏或退敏物质的容器应封闭以防止浓度在运输过程中发生变化。

f.当容器包括中间充水的双包层，而水在运输过程中可能结冰时应在水中加入足够的防冻剂以防结冰，不应使用由于其固有的易燃性而可能引起燃烧的防冻剂。

g.钉子、钩环和其他没有防护涂层的金属制造的封闭装置，不应穿入外容器内部，除非内容器能够防止爆炸品与金属接触。

h.内容器、连接件和衬垫材料以及爆炸性物质或物品在包装件内的装置方式应能使爆炸性物质或物品在正常运输条件下不会在外容器内散开。应防止物品的金属部件与金属容器接触。含有未使用外壳封装的爆炸性物质的物品应互相隔开以防止摩擦和碰撞。内容器或外容器、模件或贮器中的填塞物、托盘、隔板可用于这一目的。

i.制造容器的材料应与包装件所装的爆炸品相容，并且是该爆炸品不能透过的，以防止爆炸品与容器材料之间的相互作用或渗漏造成爆炸品不能安全运输，或者造成危险项别或配装组的改变，并应防止爆炸物质进入有接触金属容器的凹处。

j.塑料容器不应容易产生或积累足够的静电。

（a）爆炸性物质不应装在由于热效应或其他效应引起的内部或外部压力差可能导致爆炸或造成包装件破裂的内容器或外容器。

（b）松散的爆炸性物质或者无外壳或部分露出的物品的爆炸性物质可能与金属容器的内表面接触时，金属容器应有内衬里或涂层。

（c）内容器、附件、衬垫材料以及爆炸性物质在包装件内应牢固放置，以保证在运输过程中不会导致危险性移动。

（d）电引爆装置应能防止电磁辐射及偏离电流。装有发火或引发装置的爆炸品，应有效保护，防止正常运输条件下发生意外事故。

②有机过氧化物（5.2项）和自反应物质（4.1项）的特殊包装要求。

a.对于有机过氧化物，所有贮器应“有效封闭”。如果包装件内可能因为释放气体而产生较大的内压，可以配备排气孔，但排放的气体不应造成危险，否则装载度应加以限制。任何排气装置的结构应使液体在包件直立时不会漏出，并且应能防止杂质进入。如果有外容器，其设计应使它不会干扰排气装置的作用。

b.有机过氧化物的包装应保证对所有与内容物相接触的材料不起化学反应、对内容物的特性无影响。当发生泄漏时，衬垫物不易燃烧，不会引起有机过氧化物的分解。

③桶、罐类容器的要求。

a.闭口桶、罐的大、小封闭器螺盖应紧密配合，并配以适当的密封圈，螺盖拧紧程度应达到密封要求。

b.开口桶、罐应配以适当的密封圈，无论采用何种形式封口，均应达到紧箍、密封要求，扳手箍还需要销子锁住扳手。

④箱类包装的要求。

a.木箱、纤维板箱用钉紧固时，应钉实，不得突出钉帽，穿透容器的钉尖应盘倒，并加封盖，以防与内装物发生任何化学反应或物理变化，打包带紧箍箱体。

b.瓦楞纸箱应完好无损，封口应平整牢固，打包带紧箍箱体。

⑤袋类包装的要求。

a.外容器用缝线封口时，无内衬袋的外容器袋口应折叠30mm以上，缝线的开始和结束应有5针以上回针，其缝针密度应保证内容物不撒漏且不降低袋口强度。有内衬袋的外容器袋缝针密度应保证牢固无内容物撒漏。

b.内容器袋封口时，不论采用绳扎、黏合或其他形式的封口，应保证内容物无撒漏。

c.绳扎封口时，排出袋内气体，袋口用

绳扎绕二道，扎紧打结，再将袋口朝下折转、用绳紧绕二道，扎紧打结。如果是双层袋，则应按此法分层扎紧。

d.黏合封口时，排出袋内气体，黏合牢固，不允许有孔隙存在。如果是双层袋，则应分层黏合。

⑥组合包装的要求。

a.内容器盛装液体时，封口需符合液密封口的规定。如需气密封口的，需符合气密封口的规定。

b.盛装液体的易碎内容器（玻璃）等，其外包装应符合I类包装。

c.吸附材料不得与所装危险货物发生有危险的化学反应，并确保内容器破裂时能完全吸附滞留全部危险货物，不致造成内容物从外包装容器中渗漏出来。

d.箱类外容器如不防泄露或不防水，应使用防泄漏的内衬或内容器。

（6）其他要求。

①危险货物不得撒漏在容器外表面或外容器和内储器之间。

②危险货物和与之相接触的容器不得发生任何影响容器强度及发生危险的化学反应。

③防震及衬垫不得与所包装危险货物发生化学反应，而降低其防震性能，应有足够的衬垫填充材料，防止内容器移动。

2 危险货物的运输包装技术

（1）不适用范围。

a.盛装放射性物质的运输包装；

b.盛装压缩气体和液化气体的压力容器的运输包装；

c.净质量超过400kg的运输包装；

d.容积超过450L的运输包装。

（2）包装要求。

①运输包装应机构合理，并具有足够强度，防护性能好，材质、形式、规格、方法和内装货物质量应与所装危险货物的性质和用途相适应，便于装卸、运输和储存。

②运输包装应质量良好，其结构和封闭形式应能承受正常运输条件下的各种作业风险，不应因温度、湿度或压力的变化而发生任何渗（撒）漏，便面应清洁，不允许黏附有害的危险物质。

③运输包装与内装物直接接触部分，必要时应有内涂层或进行防护处理，运输包装材质不应与内装物发生化学反应而形成危险产物或导致削弱包装强度。

④内容器应予固定。如内容器易碎且盛装易撒漏货物，应使用与内装物性质相适应的衬垫材料或吸附材料衬垫妥实。

⑤盛装液体的容器，应能经受在正常运输条件下产生的内部压力。灌装时应留有足够的膨胀余量（预留容积），除另有规定外。并应保证在温度55℃时，内装液体不致完全充满容器。

⑥运输包装封口应根据内装物性质采用严密封口、液密封口或气密封口。

⑦盛装需浸湿或加有稳定剂的物质时，其容器封闭形式应能有效地保证内装液体（水、溶剂和稳定剂）的百分比，在贮运期间保持在规定的范围内。

⑧运输包装有降压装置时，其排气孔设计和安装应能防止内装物泄漏和外界杂质进入，排出的气体量不应造成危险和环境污染。

⑨复合包装的内容器和外包装应紧密黏合，外包装不应有擦伤内容器的凸出物。

⑩盛装爆炸品包装的附加要求：

a.盛装液体爆炸品容器的封闭形式，应具有防止渗漏的双重保护。

b.除内包装能充分防止爆炸品与金属物接触外，铁钉和其他没有防护涂料的金属部件不应穿透外包装。

c.双重卷边结合的钢桶、金属桶或以金属作衬里的运输包装，应能防止爆炸物进入缝隙。钢桶或铝桶的封闭装置应配有合适的垫圈。

d.包装内的爆炸物质和物品（包括内容器）应衬垫妥实，在运输中不允许发生危险性移动。

e.盛装有对外部电磁辐射敏感的电引发装置的爆炸物品，包装应具备防止所装物品受外部电磁辐射源影响的功能。

⑪包装容器基本结构应符合《一般货物运输包装通用技术条件》（GB/T 9174—2008）的规定。

⑫常用危险货物运输包装的组合形式、标记代号、限制质量等可参考《危险货物运输包装技术规范》。

（3）包装容器。

①钢桶。

a.桶端应采用焊接或双重机械卷边，卷边内均匀填涂封隙胶。桶身接缝，除盛装固体或40L以下（含40L）的液体桶可采用焊接或接卸接缝外，其余均应焊接。

b.桶的两端凸缘应采用机械接缝或焊接，也可使用加强箍。

c.桶身应有足够的强度，容积大于60L的桶，桶身应有两道模压外凸环筋，或有两道与桶身不相连的钢质滚箍套在桶身上，使其不得移动。滚箍采用焊接固定时，不允许点焊，滚箍焊缝与桶身焊缝不允许重叠。

d.最大容积为250L。

e.最大净质量为400kg。

②铝桶。

a.制桶材料应选用纯度至少为99%的铝，或具有抗腐蚀和合适机械强度的铝合金。

b.桶的全部接缝应采用焊接，如有凸边接缝应采用与桶边不相连的加强箍紧予以加强。

c.容积大于60L的桶，至少有2个与桶身不相连的金属滚箍套在桶身上，使其不得移动。绲故采用焊接固定时，不允许点焊，滚箍焊缝与桶身焊缝不允许重叠。

d.最大容积为250L。

e.最大净质量为400kg。

③钢罐。

a.钢罐两端的接缝应焊接或双重机械卷边。容积在40L以上的罐身接缝应采用焊接；容积在40L以下（含40L）的罐身接缝可采用焊接或双重机械卷边。

b.最大容积为60L。

c.最大净质量为120kg。

④胶合板桶。

a.胶合板所用材料应质量良好，板层之间应用抗水黏合剂按交叉纹理黏接，经干燥处理，不应有降低其预定效能的缺陷。

b.桶身至少用三合板制造。若使用黏合板以外的材料制造桶端，其质量应与胶合板等效。

c.桶身内缘应有衬肩。桶身的衬层应牢固地固定在桶盖上，并能有效地防止内装物撒漏。

d.桶身两端应用钢带加强。必要时桶端应用十字形木撑予以加固。

e.最大容积为250L。

f.最大净质量为400kg。

⑤木琵琶桶。

a.所用木材应质量良好，无节子、裂缝、腐朽、边材或其他可能降低木桶预定用途效能的缺陷。

b.桶身应用若干道加强箍加强。加强箍应选用质量良好的材料制造，桶端应紧密地镶在桶身端槽内。

c.最大容积为250L。

d.最大净质量为400kg。

⑥硬质纤维板桶。

a.所用材料应选用具有良好抗水能力的优质硬质纤维板，桶端可使用其他等效材料。

b.桶身接缝应加钉结合牢固，并具有与桶身相同的强度，桶身两端应用钢带加强。

c.桶口内缘应有衬肩，桶底、桶盖应有十字形木撑予以加固，并与桶身结合紧密。

d.最大容积为250L。

e.最大净质量为400kg。

⑦硬纸板桶。

a.桶身应采用多层牛皮纸黏合压制承德硬纸板制成。桶身外表面应涂有抗水能力良

好的防护层。

b.桶端若采用与桶身相同材料制造，应符合硬质纤维板桶的要求，也可用其他等同有效材料制造。

c.桶端与桶身的接合处应用钢带卷边压制接合。

d.最大容积为250L。

e.最大净质量为400kg。

⑧塑料桶、塑料罐。

a.所用材料能承受正常运输条件下的磨损、撞击、温度、光照及老化作用的影响。

b.材料内可加入合适的紫外线防护剂，但应与桶（罐）内装物质性质相容，并在使用期内保持其效能。用于其他用途的添加剂，不能对包装材料的化学和物理性质产生有害作用。

c.桶（罐）身任何一点的厚度均应与桶（罐）的容积、用途和每一点可能受到的压力相适应。

d.最大容积：塑料桶为250L；塑料罐为60L。

e.最大净质量：塑料桶为250kg；塑料罐为120kg。

⑨木箱。

a.箱体应优于溶剂和用途相适应的加强条档和加强带。箱顶和箱底可由抗水的再生木板、硬质纤维板、塑料板或其他合适的材料制成。

b.满板型木箱各部位应为一块板或一块板等效的材料组成。平板榫接、搭接、槽舌接，或在每个接合处至少用2个波纹金属扣件对头连接等，均可视作为与一块板等效的材料。

c.最大净质量为400kg。

⑩胶合板箱。

a.所用材料应符合胶合板桶的要求。

b.胶合板箱的角柱件和顶端应用有效的方法装配牢固。

c.最大净质量为400kg。

⑪再生木板桶。

a.箱体应用抗水的再生木板、硬质纤维板或其他合适类型的板材制成。

b.箱体应用木质框架加强，箱体和框架应装配牢固，接缝严密。

c.最大净质量为400kg。

⑫硬纸板箱、瓦楞板箱、钙塑板箱。

a.硬纸板箱或钙塑板箱应有一定抗水能力。硬纸板箱、瓦楞板箱、钙塑板箱应具有一定的弯曲性能，切割、折缝时应无缝隙，装配时无破裂或表皮断裂或过度弯曲，板层之间应黏合牢固。

b.箱体接合处，应用胶带粘贴，搭接胶合或者搭接并用钢钉或U形钉钉合，搭接处应有适当的重叠。如封口采用胶合或胶带粘贴，应使用抗水胶合剂。

c.钙塑板箱外部表层应具有防滑性能。

d.最大净质量为60kg。

⑬金属箱。

a.箱体一般采用焊接或铆接。花格型箱如采用双重卷边接合，应防止内装物进入接缝的凹槽处。

b.封闭装置应采用合适的类型，在正常运输条件下保持紧固。

c.最大净质量为400kg。

⑭塑料编织袋。

a.袋应缝制、编织或用其他等效强度的方法制作。

b.防撒漏型袋应用纸或用其他等效强度的方法制作。

c.防水型袋应用塑料薄膜或其他等效材料黏附在袋的内表面上。

d.最大净质量为50kg。

⑮纸袋。

a.袋应用质量良好的多层牛皮纸或与牛皮纸等效的纸制成，并具有足够强度和韧性。

b.袋的接缝风口应牢固、密封性能好，并在正常运输条件下保持其效能。

c.防撒漏型纸袋应有一层防潮层。

d.最大净质量为50kg。

⑯坛类。

a.应有足够厚度，容器壁厚均匀，无气泡或砂眼。陶、瓷容器外部表面不得有明显的剥落和影响其效能的缺陷。

b.最大容积为32L。

c.最大净质量为50kg。

⑰筐、篓类。

a.应采用优质材料编制而成，形状方正，有防护盖，并具有一定刚度。

b.最大净质量为50kg。

（4）防护材料。

①防护材料包括用于支撑、加固、衬垫、缓冲和吸附等的材料。

②运输包装所采用的防护材料及防护方式，应与内装物性能相容，并符合运输包装整体性能的需要，能禁受运输途中的冲击与振动，保护内装物与外包装。当内容器破坏、内装物流出时也能保证外包装安全无损。

3 危险货物包装的标识表示

（1）货物包装储运图示标志。

一些货物具有易碎、怕晒、怕雨淋等特性，对货物装卸、储运和保管有特殊的安全操作要求。因此，在此类货物的外包装上标有相应的包装储运图示标志，提醒操作人员注意。

①《包装储运图示标志》（GB/T 191—2008）总共给出了17类标志：

a)易碎物品　b)禁用手钩　c)向上　d)怕晒

e)怕辐射　f)怕雨　g)重心　h)禁止翻滚

i）此面禁用手推车　j）禁用叉车　k）由此夹起　l）此处不能卡夹

m）堆码质量极限　n）堆码层数极限　o）禁止堆码　p）由此吊起　q）温度极限

（a）易碎物品标志——表明运输包装件内装易碎品，搬运时应小心轻放。

（b）禁用手钩标志——表明搬运运输包装件时禁用手钩。

（c）向上标志——表明运输包装件的正确位置是竖直向上。

（d）怕晒标志——表明运输包装件不能直接照晒。

（e）怕辐射标志——表明包装物品一旦受辐射便会完全变质或损坏。

（f）怕雨标志——表明包装件怕雨淋。

（g）重心标志——表明该包装件的重心位置，便于起吊。

（h）禁止翻滚标志——表明不能翻滚运输包装。

（i）此面禁用手推车标志——表明搬运货物时此面禁止放在手推车上。

（j）禁用叉车标志——表明不能用升降叉车搬运的包装件。

（k）由此夹起标志——表明装运货物时可用以夹持的面。

（l）此处不能卡夹标志——表明装卸货物时此处不能用以夹持的面。

（m）堆码质量极限标志——表明该运输包装件所能承受的最大质量极限。

（n）堆码层数极限标志——表明相同包装的最大堆码层数，*n*表示层数极限。

（o）禁止堆码标志——表明该包装件只能单层放置。

（p）由此吊起标志——表明起吊货物时挂绳索的位置。

（q）温度极限标志——表明运输包装件应该保持的温度范围。

②标志在各种包装件上的粘贴位置：箱类包装，标志位于包装端面或侧面；袋类包装，标志位于包装明显处；桶类包装，标志位于桶身或桶盖；集装单元货物，标志位于4个侧面。

③不同特性货物装运、保管要求见表12-1。

不同特性货物装运、保管表 表12-1

货物类型	性能特征	实　物	装运、保管要求
耐温性差的货物	遇温度变化易变质	亚硫酸钠	采取防热措施
耐湿性差的货物	受潮后成分和性能易发生变化	硫黄	采取防潮措施
易碎性货物	受撞击或重压易出现破碎或变形	硝酸铵	应小心轻放
互抵触性货物	相互接触会产生有害作用	煤炭	严禁混装和混合储存
易腐性货物	一般温度下易变质、腐坏	强酸、碱等	采取防腐措施

（2）货物装卸应遵循的原则。

①装卸货物时，应注意货物外包装的储运图示标志，严格遵守安全操作规程，不野蛮装卸，保证货物的安全。按货物的分类和要求，严格执行货物混装限制的有关规定。按要求对货物采取固定、隔离措施，并采取必要的措施保证货物装卸、运输的安全。

②运输的货物应当符合货运车辆核定的载质量，车辆载物的长、宽、高不得违反装载要求：货物长度、宽度不得超过车厢长度、宽度；重型、中型载货汽车、半挂车载货高度从地面起不得超过4m，载运集装箱的车货总高度不得超过4.2m，其他载货机动车不得超过2.5m。

道路危险货物运输企业应急救援

危险货物运输是一项专业性比较强且比较复杂的工作。由于危险货物本身所具有的易燃、易爆、腐蚀、毒害等特性，一旦发生运输事故，在没有得到及时且正确的现场处置的情况下，不仅会造成甚至加大人员伤亡和财产损失，还会污染附近区域的水土资源和生态环境，造成不可挽回的巨大损失。危险货物（特别是毒性物质）对环境造成污

染毒害后，很难一次性根除，土壤、水源、空气、植被等难以在较短时间内恢复原有水平，因此，事故发生后往往要花费很大力气进行解决。

一 燃烧、爆炸

危险货物容易发生燃烧、爆炸事故，且危险货物本身及其燃烧产物大多具有较强的毒害性和腐蚀性，极易造成人员中毒、灼伤等伤亡事故。从事危险货物运输作业的人员应熟悉危险货物发生燃烧的原因，有针对性地采取相应的防范措施，把事故隐患扼杀在源头，从而可以有效地降低燃烧、爆炸等事故的发生。

1 常见火灾事故类型

从道路危险货物运输燃烧导致发生的火灾事故来看，一般可将火灾事故分为以下6类。

（1）气体火灾：从管道或其他设备中泄露出来的可燃气体（如煤气、天然气、液化石油气、乙炔气等）被点燃而引发的火灾。

（2）油品火灾：原油、煤油汽油、苯、酒精等易燃品、可燃液体燃烧所引发的火灾。

（3）可燃物火灾：如建筑物、家具车辆可燃遮挡、木材、纸张、纤维、纺织品、涂漆物件等固体可燃物燃烧引发的火灾。

（4）电气火灾：电缆线、电火花、电动机等电气设备设施的使用导致的火灾。

（5）金属火灾：镁、铝等金属粉具有燃烧性质，暴露在空气中，遇到点火源可能燃烧引发火灾。

（6）其他类型火灾：如敞开的散装火药燃烧而引起的火灾。

2 火灾、爆炸事故应急处置

（1）火灾报警。

当危险货物运输车辆因突发原因而引发火灾时，应保持镇静，并能在火灾初期合理使用车辆自配灭火器材针对火源进行有效扑灭。接到火灾报警后，应确认事故单位、地址、危险化学品种类、事故简要情况、人员伤亡情况，按照企业应急预案的规定，由相应的应急指挥小组信息记录组准备企业资料，由后勤保障组准备应急物资和车辆，并联络消防部门，告知其该企业存在的易燃、易爆物品的种类、大致存量。

（2）人员疏散。

确认人员滞留及伤亡情况，及时掌握最新信息，协同企业应急指挥小组引导所有人员从最近的安全出口疏散。待所有人员撤离至安全地点后，立即以班组为单位清点当天出勤人员，如有缺失，立即想办法联系，并及时汇报到现场指挥部。

（3）灭火救援。

确认火灾发生位置、引起火灾的物质类别（压缩气体、液化气体、易燃液体、易燃物品、自燃物品等）及其储存量；明确火灾发生区域的周围环境、周围有无易燃品；确定火灾扑救的基本办法；确定火灾、爆炸可能导致的后果（含火灾与爆炸伴随发生的可能性）及企业灭火能力。收集一切可用于灭火的消防设施、器材，组织企业义务消防队赶赴现场，救助被困、受伤人员，对初期火灾进行灭火。隔离开火场附近其他可燃物和易燃易爆物质，防止火势扩大。消防队到达现场后，协助消防队灭火。一旦火势失去控制，超出灭火能力范围，应立即上报，请求支援。

（4）安全警戒。

隔离事故现场，建立警戒区。根据化学品泄漏的扩散情况、火焰辐射热、爆炸所涉及的范围建立警戒区，只准应急救援人员、车辆进入，其余人员、车辆必须经现场指挥部批准后方可进入，对无关人员劝其离开，禁止围观，直至火灾扑灭、现场取证结束及现场有毒有害物质清理结束。警戒经现场指挥部批准后解除。

（5）信息记录。

对火灾现场情况进行拍照记录，记录

着火部位、火势、人员救援情况、灭火情况、现场指挥领导、着火后的现场情况以及火灾证据。询问火灾目击者和企业管理人员起火的部位、着火危险化学品的属性（化学品技术说明说）、引燃的原因、着火物质的存量、着火部位的面积、周围车间仓库的情况、有无可燃物及危险化学品。及时将信息报给现场指挥部和灭火救援组。

（6）后勤保障。

提供应急物资给其他各组，将受伤人员送往医院，清点、收回应急物资。

（7）信息报送。

根据现场伤亡情况进行信息报送。出现1人以上死亡或3人以上受伤的事故，要在1h内报告区安全生产监督管理局，根据事故调查结果编写火灾信息并上报区安全委员会。

二 危险化学品泄漏处置

1 事故报警

危险货物运输车辆驾驶员和押运人员等，在发生事故或其他原因导致运输车辆发生危险货物泄漏事故发生时，在保障自身及车辆安全的前提下，应佩戴好个人劳保用品并将车辆驶离人群或车流较大、交通堵塞的区域。在查看车辆危险货物的泄漏状况，进行初步判断事故状况后，运用随车携带的安全警示标志对车辆进行简单隔离和警示，警告周边车量和人员远离区域，同时向企业有关部门和人员报告现场状况，请求进一步支援。向车辆发生事故所在地区行业主管部门上报事故，根据现场需要判断是否需要向医疗单位等进行救援请求。在自己无能力或无把握对现场进行救护时，保持自身待在安全区域，等待救援。企业的相关部门和人员在接到危险化学品泄漏事故报警后，应确认泄漏物质的品名和属性，是否有毒有害，泄漏物质为气态还是液态，液态的挥发性以及是否易燃、易爆，并根据以上有关信息提供相关的医疗救护设备设施，前往事故现场进行救助，同时联系消防、环保、医疗等政府部门。

2 人员疏散

确认人员滞留及伤亡情况，及时掌握最新信息，驾驶员、押运人员应协同企业应急指挥小组引导所有人员从其他安全区域疏散，直至所有人员撤离危险区域。在危险货物扩散、污染、遗留的有害区域进行人员的疏散，要严防因信息扩散不及时导致的人员中毒、受害事故。

3 泄漏救援

确定泄漏源的位置、泄漏的化学品种类（易燃、易爆或有毒物质等）；确定泄漏源的周围环境；确定是否已有泄漏物质进入大气、附近水源、下水道等场所；确定泄漏物质存量、泄漏量，泄漏时间或预计持续时间，泄漏扩散趋势预测；确定泄漏可能导致的后果（火灾、爆炸、中毒等）以及危及环境的可能性；确定泄漏可能导致的后果的主要控制措施（堵漏、工程抢险、人员疏散、医疗救护等）。对液体的泄漏采用砂土掩埋，海绵吸附，挖掘隔离带方法；有毒有害气体泄漏、水溶性气体（如氨气）用水雾稀释。进行救援的人员必须佩戴自给式空气呼吸器等防护用品，必要时请求当地调动消防特勤部队或防化兵部队。

4 安全警戒

泄漏事故发生后应隔离事故现场，并在通往事故现场的主要干道上实行交通管制，只准应急救援人员、车辆进入，其余人员、车辆必须经现场指挥部批准后方可进入。对无关人员劝其离开，禁止围观，直至事故被控制、现场取证结束及现场有毒有害物质清理结束。警戒经现场指挥部批准后解除。在有需要的情况下，可将周边居住群众转移。

5 信息记录

对事故现场情况进行拍照记录，记录泄漏情况、人员救援情况、灭火情况、现场指挥领导和事故后的污染情况。询问相关事故目击者和企业管理人员泄漏的部位、着火的物质、导致泄漏的原因、危险化学品的存

量、污染的面积及周围公司人员的情况。及时将信息报给现场指挥部和事故救援组。

6 后勤保障

提供应急物资（自给式空气呼吸器等）给其他各组，将受伤人员送往医院，清点收回应急物资。要密切关注泄露危险化学品处理状况、遗留物质收集和处理及有毒物质的清除状况等。

7 信息报送

根据现场伤亡情况进行信息报送。出现1人以上死亡或3人以上受伤的情况，要在1h内报告地方行业主管部门和安全生产监督管理局，根据事故调查结果编写事故信息并上报区安全委员会。

三 各类道路危险货物运输事故应急处理措施

对于道路危险货物运输从业人员来讲，掌握各类道路危险货物运输事故的应急处理措施尤为重要。这样可以在各类不同的情况下，将许多可能发生的事故消灭在萌芽状态。

1 爆炸品

（1）灭火方法。

对于爆炸品引发的火灾，通常有效的灭火方法是用冷水冷却以达到灭火目的，但不能采取窒息法或隔离法。禁止使用砂土覆盖燃烧的爆炸品，否则容易由燃烧转化为爆炸。注意对有毒性的爆炸品，灭火人员灭火时应佩戴防毒面具。

（2）撒漏处理。

如遇爆炸品撒漏，应及时用水湿润，再撒以锯末或棉絮等松软的物品，收集后并保持相对湿度，报请公安机关或消防部门相关人员处理，不能将收集的撒漏物质重新装入原包装中。

2 气体

（1）灭火方法。

在装卸、运输中遇有火情，应立即报告公安机关或消防部门，并组织扑救。同时，尽可能将未着火的气瓶迅速转移至安全处。对已着火的气瓶应使用大量的雾状水喷洒在气瓶上，使其降温冷却。火势尚未扩大时，可用二氧化碳、干粉、泡沫等灭火器进行扑救。扑救气体危险货物火灾时，扑救人员应先关闭管道或容器阀门，阻止气体继续外泄，防止灾情扩大。

（2）撒漏处理。

在装卸、运输过程中发现气瓶漏气时，特别对于有毒气体，应立即报告公安机关或消防部门并组织扑救，迅速将漏气的气瓶转移至安全场所，并根据气体性质做好相应的人身防护。

扑救者注意站在上风处向气瓶轻轻泼冷水，使之温度降低，然后再将阀门旋紧。大部分有毒气体能溶解于水，紧急情况时，可用浸过清水的毛巾捂住口鼻进行操作，不能制止时，可将气瓶推入水中，并及时通知相关管理部门专业人员进行处理。

3 易燃液体

（1）灭火方法。

大部分易燃液体的密度小于水，且不溶于水，一旦发生火灾，用水扑救时会因水沉在燃烧着的液面下面，并形成喷溅、漂流等而扩大火情。另外，易燃液体燃烧时所产生的热量较大，而燃点又较低，很难使温度降低到其燃点以下。因此，消灭易燃液体火灾的最有效的方法是用泡沫、二氧化碳、干粉等扑救。扑救液体危险货物火灾时，扑救人员应最先注意关闭管道或容器阀门，阻止液体继续外溢，防止事故扩大。

（2）撒漏处理。

易燃液体一旦发生撒漏，应及时以砂土覆盖或用松软材料吸附后，集中至空旷安全处处理。覆盖时要特别注意防止液体流下进入下水道、河道等地方，以防止污染。如果液体漂浮在下水道或河流水道的水面上，其火灾隐情更严重，要特别注意处理的方式，以免造成更大的事故。

在销毁收集物时，应充分注意燃烧时所

产生的有毒气体对人体的危害，必要时应穿戴好防毒面具。

4 易燃固体、易于自燃的物质、遇水放出易燃气体的物质

（1）灭火方法。

①易燃固体。

根据易燃固体的不同性质，可用水、砂土、泡沫、二氧化碳灭火剂来灭火，但必须注意以下事项：

a.遇水反应的易燃固体不得用水扑救，可用干燥的砂土、干粉等灭火剂进行扑救。如闪光粉、铝粉等，不可用水灭火。

b.有爆炸危险的易燃固体禁用砂土压盖，如具有爆炸危险性的硝基化合物。

c.遇水或酸产生剧毒气体的易燃固体，严禁用水、硝酸、泡沫灭火机扑灭。如磷的化合物和硝基化合物（包括硝化棉、赛璐珞）、氮化合物、硫黄等，燃烧时产生有毒和刺激性气体，扑救时须注意带好防毒面具等个人劳动保护用具。

d.火场中抢救出来的赤磷要谨慎处理。因为赤磷在高温下会转化为黄磷，变成易于自燃的物质。同时在扑救时，赤磷被水淋过受潮后，也会缓慢引起自燃。

②易于自燃的物质。

a.此类物质发生火灾时，一般可用干粉、砂土（干燥时有爆炸危险的易于自然的物质除外）和二氧化碳等灭火。与水能发生作用的物品严禁用水灭火，可用砂土、干粉等灭火剂等灭火。

b.对黄磷火灾现场须谨慎处理，黄磷被水扑灭后只是暂时熄灭，残留黄磷待水分蒸发后又会自燃，所以现场应有专人密切观察。同时要注意，黄磷燃烧时会产生剧毒的五氧化二磷等气体，扑救时应穿戴防护服和佩戴防毒面具。

c.对不同的危险物质，在作业中应了解其不同的自燃点并注意采取相应的措施。

③遇水放出易燃气体的物质。

此类危险货物发生火灾时，应迅速地将临近未燃烧的物质从火场中撤离或与燃烧物质进行有效的隔离，在灭火时绝对不能用水，只能用干砂、干粉扑灭。

遇水反应产生易燃或有毒气体的物质，不得使用泡沫灭火剂，如碳化钙（电石）等。

活泼金属着火禁用二氧化碳灭火器进行扑救。因为钾、钠等具有极强的还原性。锂的火灾不能用食盐和氮扑救，而只能用石墨扑救。

碳化物、磷化物遇水反应能产生剧毒、腐蚀性气体，灭火扑救时应穿戴防护用品和隔离式呼吸器。

（2）撒漏处理。

在装卸、运输过程中货物撒漏时，可以将其收集起来另行包装。收集的残留物不能任意排放、抛弃。对于与水反应的撒漏物处理时不能用水，但清扫后的现场可以用大量的水重刷清洗。还应注意，对注有稳定剂的物品，残留物收集后重新包装时，也应注入相应的稳定剂。

5 氧化性物质和有机过氧化物

（1）灭火方法。

①该类物质发生火灾时，特别是有机过氧化物、金属过氧化物、有机过氧化物及其衍生物不能用水扑灭，因为这些氧化物和水作用往往可以生成氧气，能帮助燃烧、扩大火势，只能用砂土、干粉、二氧化碳灭火剂进行灭火。泡沫灭火剂中由于有水溶剂，故也禁止使用。

②其余大部分氧化性物质都可以用水扑救，粉状物品应用雾状水扑救。

③在扑救时，要配备适当的防毒面具，以防中毒。在没有防毒面具的情况下，可将一般口罩用5%的小苏打水浸泡后使用，但其有效时间短，必须随时更换。

（2）撒漏处理。

①在装卸过程中，由于包装不良或操作不当，可能会有部分氧化物物质撒漏。此时应轻轻扫起，另行包装。这些从地上扫起重

新包装的氧化物质，因接触过空气或混有可燃物的物质等，为防止发生变化，不得同车发运，须留在发货处的适当地方，观察24h后才能重新入库堆存。

②对撒漏的少量氧化性物质或残留物应清扫干净，进行深埋处理。

6 毒性物质和感染性物质

（1）灭火方法。

毒性物质因其种类繁多、性质各异，一旦发生火灾危害很大，掌握其灭火方法必须注意以下几点：

①无机毒性物质中的硒化合物、磷化锌、磷化铝、氰化氢钠、氯化硫、二氧化硫等，因为其氰、氯、硫、硒、磷等都是物质活泼的非金属，遇水后能和水中的氢生成有毒或有腐蚀性的气体。因此，这类物品起火后，不能用水扑救，而要用砂土或二氧化碳灭火剂扑救。

②毒性物质中的氰化物遇酸性物质能生成剧毒气体氰化氢。这类物质发生火灾时，不能用酸碱灭火剂扑救，可用水或砂土扑救。

③大部分毒性物质在着火、受热或与水、酸接触时，能产生有毒和刺激性气体及烟雾，灭火人员必须根据毒性物质的不同性质采取不同的消防方法。在扑救火灾时，尽可能站在上风方向，并佩戴好防毒面具等。

（2）撒漏处理。

对固体货物，通常扫集后装入其他容器中并由货主单位处理；液体货物应以砂土、锯末等松软物浸润，吸附后扫集，盛入容器中交付货主单位处理；对毒性物质的洒漏物不能任意乱丢或排放，以免扩大污染甚至造成不可估量的危害。

7 腐蚀性物质

（1）灭火方法。

无机腐蚀性物质发生火灾或有机腐蚀性物质直接燃烧时，除会与水反应的物品外，一般可用大量的水扑救。即使有些腐蚀性物质会与水反应，但由于这些物品量较少，而大量的水迅速扑上足以抑制热反应，也可用大量的水扑救。但用水时应谨慎，宜用雾状水，不能用高压水柱直接喷射物品，尤其是酸液，以免飞溅的水珠带上腐蚀性物质灼伤灭火人员。同时，要控制水的流向，以免带腐蚀性的水流破坏环境。

不少腐蚀性物质燃烧时，会产生有毒气体和烟雾，用水扑救时，产生的蒸气也可能有毒性和腐蚀性。因此，扑救时应穿防护服，戴防毒面具，且人应站在上风处。

与水会产生剧烈反应的大量腐蚀性物质发生着火时，不能用大量的水抑制火情。液体腐蚀性物质应用干砂、干土覆盖或用干粉灭火剂扑救。

（2）撒漏处理。

①腐蚀性物质撒漏时，液体腐蚀性物质应用干砂、干土覆盖吸收，待扫除干净后，再用水洗刷。腐蚀性物质大量溢出，或用干砂、干土不足以吸收时，可视货物的酸碱性质，分别用稀碱或稀硫酸中和。中和时，要防止发生剧烈反应。用水冲刷撒漏现场时，不能用水直接喷射，只能缓慢地浇洗或用雾状水喷淋，以防止水珠飞溅伤人。

②溴污染。溴为棕红色发烟液体，沸点55.8℃，遇水极易挥发，蒸气有毒。污染时，应在污染处洒上硫代硫酸钠溶液，使溴生成溴化钠，再用大量水冲洗。

8 杂项危险货物质和物品，包括危害环境物质

本类货物的灭火方法和洒漏处理等要求，应按照不同货物的《安全标签》和《化学品安全技术说明书》的要求进行。

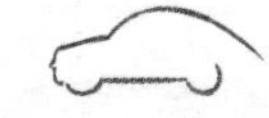

第四节 典型案例分析

案例1 连霍高速三门峡义昌大桥"2·1"重大运输烟花爆竹爆炸事故

2013年2月1日8时57分，连霍高速三门峡义昌大桥处发生一起运输烟花爆竹爆炸事故，导致义昌大桥部分坍塌，车辆坠落桥下，造成13人死亡，9人受伤，直接经济损失7632万元。

一 事故经过

2013年2月1日8时57分，石某驾驶冀A70XXX号货车，沿连霍高速自西向东行驶至连霍高速河南省三门峡市境内741km+900m义昌大桥上，车上违法装载、运输的烟火药剂爆炸物和烟花爆竹发生爆炸，致使义昌大桥坍塌，车辆坠落桥下，造成13人死亡，9人受伤，直接经济损失约7632万元。

二 事故原因和性质

石某、李某等人使用不具有危险货物运输资质的冀A70XXX号货车，不按照规定进行装载，长途运输违法生产的烟火药剂爆炸物和烟花爆竹，途中紧急制动，导致车厢内爆炸物发生撞击、摩擦引发爆炸，是事故发生的直接原因。

三 事故性质

连霍高速三门峡义昌大桥"2·1"重大运输烟花爆竹爆炸事故是一起生产安全责任事故。

四 事故防范措施建议

针对事故暴露出来的问题，为切实落实企业安全生产主体责任和相关部门监管责任，有效防范类似事故再次发生，特提出以下建议：

（1）加强货运企业和货运市场安全监管，督促落实企业安全主体责任。严禁不具备资质运输烟花爆竹，伪装普通物品运输危险货物。要加强对运输企业、运输市场的监督检查，严格查处违法装载、违法运输和伪装运输烟花爆竹行为，对违反规定、顶风作案的单位和个人，要从严惩处。对构成犯罪的，依法从严追究刑事责任。

（2）加强烟花爆竹企业安全监管，严格查处非法、违法生产行为。对转包、证照不齐全、不具备安全生产条件的企业，要依法责令停止生产；对具备安全生产条件的企业，要严查其超许可范围、超药量、超定员和改变工房用途生产行为。严禁非法生产、组装烟花爆竹成品和半成品，会同公安、检察机关，依法严厉打击非法、违法生产烟火药剂等爆炸物品。

（3）加强路面管控，严查非法、违法运输行为。严格查处非法、违法运输危险货物行为，严格查处无证运输，运输烟花爆竹必须随车携带公安机关核发的《烟花爆竹道路运输许可证》，保证货证相符。运输车辆必须符合国家规定，按公安机关批准的运输路线行驶，实行专车运输，严禁超装超载和中途随意停靠。公安机关和交通运输部门要充分利用治安卡点、收费站和省际检查点，采取抽查的方式，对危险品运输车辆进行抽查，并配备必要的烟花爆竹检测仪器，严防违法运输烟花爆竹行为，依法严格查处非法、违法运输行为。

（4）加强烟花爆竹产品质量安全监督，认真落实部门监管职责。要严格履行对烟花爆竹产品的质量监督、市场监督职责，进一步完善质量检测检验制度，加大质量监控和对伪劣违禁产品的监禁力度，要制定具体的质量抽查检验实施方案，对辖区内生产及流入市场的烟花爆竹产品加强质量抽查和检验，依法严格查禁伪劣和违禁产品。

案例2 温庄煤业公司“2012.4.23”运输事故案例分析

一 事故经过

2012年4月23日14时30分，温庄煤业公司发生一起由“三违”原因导致的辅助运输伤亡1人事故，直接经济损失81.27万元，现将该起事故简述如下：

当日14时30分，该公司综采队队干秦某主持班前会，安排跟班队干秦某、班长牛某、绞车驾驶员屈某、跟车工韩某，共4人负责从1502轨道巷往150201回风顺槽永久密闭施工处运料。

21时50分左右，运输队运料人员把第三车料石运至1502轨道巷与150201回风巷交叉口变坡点处（坡度8°），跟车工韩某在检查运料矿车前、后绳销及主绳、护绳完好后，去掉该处阻车器后，站在矿车后不足1m的位置，跟班队干秦某及安全员李某则进入轨道巷一侧避难硐室躲避。此时，韩某向班长兼信号工牛某示意行车，牛某便向绞车驾驶员发出行车信号，绞车驾驶员屈某回复信号后，启动了14t绞车。当运料矿车向前行至轨道旁8t绞车附近时，跟车工韩某突然向矿车与8t小绞车之间方向奔跑，绞车驾驶员屈某看到后立即紧急停车，但为时已晚。由于矿车与道轨旁边的8t绞车之间间隙过于狭窄，不足以容纳人员通过，韩某已经被挤压在满载料石的矿车和8t绞车之间的夹缝处并发出痛苦的“哎哟”声。其他人员见状，立即设法将其救出，用担架将伤员运送升井，并紧急将神志意识还较清楚的韩某送往医院救治，但23时28分经抢救无效死亡。

二 事故原因分析及责任认定

（1）事故发生的主要原因有：跟车工韩某未严格执行《温庄煤业运输人员站位管理规定》，在车辆下行时紧随矿车后1m的距离站立，未按要求站立在5m；在绞车牵引车辆经过弯道时，其站在弯道内侧，未按规定站在弯侧外侧，在行车时随意乱跑，严重违反了“行车不行人，行人不行车”的规定；跟班队干、班组长及安全员对跟车工站位不正确、行车中随意乱跑等“三违”现象未及时纠正；现场安全监管不到位。

（2）1502轨道巷狭窄，底板平整度差，变坡点多，轨道敷设不规范，小绞车安放未掘专用硐室，特别是在近期工作面回撤出来的道轨、钢丝绳、设备等物的摆放杂乱无章，矿车与运输设备最突出部分的安全间距仅有0.4m左右，均不符合“综合机械化采煤矿井运输巷的一测必须留有1m距离”的规定，该巷存在的辅助运输隐患是导致事故发生的重要原因。

（3）运输期间《现场运输流程工作票制度》执行不到位，运输队在1502轨道巷8°变坡点违章停车，现场缺少必要的安全措施，对摘除阻车器操作人员的安全构成了一定的威胁。

（4）综采队编制《150201回风巷施工永久密闭安全技术措施》中未重点对变坡点把钩工摘钩具体操作、车辆停放位置、阻

车器打设位置、人员安全站位等作出详细规定；各部门未对措施会审签署意见；运输部李某未参加措施会审。

三 采取的防范措施

（1）按照集团公司的时间要求完成达标任务，要对“三违”行为采取高压姿态，有效遏制“三违”事故发生。

（2）全面开展一次全面的辅助运输隐患排查治理，不但要加强辅助运输队组作业现场安全监管，同时也要加强非专业运输队组的辅助运输现场安全监管并严格考核。

（3）在运输系统方面要加大本矿辅助运输系统投入，对不符合综合机械化采煤矿井生产要求辅助运输系统必须按照标准进行改造，全面推进矿井辅助运输标准化进程，完善系统功能，更新运输设备设施，彻底淘汰落后的小绞车接力运输方式。

（4）新安装的绞车设备、轨道及辅助运输安全设施，都必须按照总工程师审批的图纸进行安装，严禁随意更改，特别强调安装绞车时，绞车最突出部分与道轨外侧的距离，必须符合煤矿安全规程的要求；安装完毕后，还必须安全指挥中心、运输部、机电部等相关部门进行验收，并出具验收报告，验收合格后才能运输，否则禁止运输。

（5）要制定各项管理规章制度并下发执行，组织岗位职工认真学习《安全人员站位管理规定》《重型、大型货载安全运输管理规定》《物料装卸捆绑管理规定及标准》《运输作业工作流程票制度》，在封闭运输作业的轨道区间，必须严格执行“行车不行人，行人不行车”制度，严禁非作业人员进入作业区间。

（6）各项管理制度要进一步完善、分类并装订成册，组织全公司职工利用班前、班后会认真学习，让职工熟记《人员安全站位管理规定》中的人员站位规定，特别在运输期间，信号跟车工如何跟车，如何站位等规定，以确保安全运输。

（7）对井下所有轨道巷进行封闭管理。运输作业时，非作业人员不得在轨道巷行走，严格执行“行人不行车，行车不行人，行车不作业”制度，避免非作业人员误入轨道巷，造成事故；人员一旦误入，按重大“三违”论处。

（8）“四超”物件运输时，必须按照集团公司和温庄煤业辅助运输“五特殊”要求，制定重型、大型物件运输专项措施，严格按照重型、大型物件运输管理规定执行。矿区领导现场跟班，发现问题，及时处理，以免事故扩大。

（9）绞车驾驶员必须经考试合格，持证上岗，严禁无证人员操作。从源头杜绝“三违”事故的发生。

（10）运输期间，绞车驾驶员要精力集中，要听从信号跟车工的指挥，一有异常，立即停车，避免事故的扩大。

（11）车辆停稳后，按要求将车辆支稳，严禁使用不符合标准的支车设施，彻底杜绝因支车不当引起的跑车事故。

（12）由安全指挥中心和运输部牵头对井下辅助运输设施及作业人员的操作行为进行专项检查，发现问题及时整改，将隐患消灭在萌芽状态，并随时跟踪落实隐患的整改情况。到期未整改或整改不彻底，单位领导须在调度会上做深刻检查，情节严重的，就地免职，通报全公司。

四 汲取的事故教训

（1）干部、职工要认真汲取本起事故教训，强化辅助运输管理，小绞车运输时，绞车要安设在不影响运输的安全位置，使用时严格执行辅助运输质量标准化规定。

（2）要加强隐患排查治理工作，及时消除辅助运输方面存在的隐患，强化辅助运输现场安全管理。

（3）要加强干部、职工的安全教育和

培训工作，提高职工的安全意识，严禁违章作业，杜绝类似事故发生。

案例3 包茂高速重大道路交通事故

2012年8月26日2时31分，包茂高速公路陕西省延安市境内发生一起特别重大道路交通事故，造成36人死亡、3人受伤，直接经济损失3160.6万元。

一 事故经过

2012年8月25日16时55分，蒙AK1XXX号卧铺大客车从内蒙古自治区呼和浩特市长途汽车站出发前往陕西省西安市。22时50分，该车在包茂高速与榆神高速互通式立交桥处，搭载1名转乘乘客，此时卧铺大型客车实载39人，期间车辆由陈某、高某轮换驾驶。8月25日19时3分，豫HDGXXX重型半挂货车在兖州矿业陕西榆林能化有限公司装载35.22t甲醇后，前往陕西省韩城市昌顺化工厂。

2时29分，闪某驾驶重型半挂货车从安塞服务区出发，违法越过出口匝道导流线驶入包茂高速公路第二车道。2时31分，卧铺大客车在未采取任何制动措施的情况下，正面追尾碰撞重型半挂货车。碰撞致使卧铺大客车前部与重型半挂货车罐体尾部铰合，大客车右侧纵梁撞击罐体后部卸料管，造成卸料管竖向球阀外壳破碎，大量甲醇泄漏。此外，碰撞还造成卧铺大客车电气线路绝缘破损发生短路，产生的火花使甲醇蒸气和空气形成的爆炸性混合气体发生爆燃起火，大火迅速引燃重型半挂货车后部和卧铺大型客车，并沿甲醇泄漏方向蔓延至附近高速公路路面和涵洞。事故共造成大客车内36人死亡、3人受伤，大型客车报废，重型半挂货车、高速公路路面和涵洞受损，直接经济损失3160.6万元。

二 事故原因

（1）卧铺大型客车驾驶员陈某遇重型半挂货车从匝道驶入高速公路时，本应能够采取安全措施避免事故发生，但因疲劳驾驶而未采取安全措施，其违法行为在事故发生中起重要作用，是导致卧铺大型客车追尾碰撞重型半挂货车的主要原因。

（2）重型半挂货车驾驶员闪某从匝道违法驶入高速公路，在高速公路上违法低速行驶，其违法行为也在事故发生中起一定作用,是导致卧铺大型客车追尾碰撞重型半挂货车的次要原因。

三 事故性质

经调查认定，包茂高速陕西延安“8·26”特别重大道路交通事故是一起生产安全责任事故。

四 事故防范和整改措施建议

针对事故暴露出来的问题，为进一步细化工作措施，切实落实企业安全生产主体责任和相关部门监管责任，有效防范类似事故再次发生，提出以下建议：

（1）进一步加强长途卧铺客车安全管理。

要严格客运班线审批和监管，加强班线途经道路的安全适应性评估，合理确定营运线路、车型和时段，严格控制1000km以上跨省长途客运班线的夜间运行时间。要加大对现有长途客运车辆的清理整顿，对于不符合安全标准、技术等级不达标的，要坚决停运并彻底整改。要督促道路客运企业严格落实长途客运车辆凌晨2时至5时停止运行或实行接驳运输的制度，充分利用车辆动态监控手段加大对车辆的监督检查力度，督促运输企业严格落实长途危险货物运输车辆驾驶员停车换人、落地休息等制度，杜绝驾驶员疲劳驾驶。

（2）进一步加强危险化学品运输安全管理。

建立健全安全管理制度，根据化学品的危险特性采取相应的安全防护措施，并在车辆上配备必要的防护用品和应急救援器材，进一步完善应急预案，有针对性地开展不同条件下的应急预案演练活动；充分利用危险化学品运输车辆动态监控系统，加强对危险化学品运输车辆的管理，严禁危险化学品运输车辆在高速公路低速行驶、随意停靠。要对全省危险化学品运输车辆进行全面排查和清理整顿，禁止任何形式的挂靠车辆从事危险化学品道路运输经营行为；用于运输易燃易爆危险化学品的罐式车辆不符合相关安全技术标准、生产一致性要求的，要积极联系生产企业进行改造。要建立驾驶员驾驶资质、从业资质、交通违法、交通事故等信息的共享联动机制，加强对危险化学品运输车辆驾驶员的动态监管。

（3）着力提升道路运输行业从业人员教育管理水平。

重视道路运输行业从业人员的安全教育培训工作，采用案例教育等多种形式，不断提高从业人员的安全意识、法制意识、责任意识和技能水平。要按照相关要求督促道路运输企业建立驾驶员安全教育、培训及考核制度，定期对危险货物运输车辆驾驶员开展法律法规、技能训练、应急处置等教育培训，并对危险货物运输车辆驾驶员教育与培训的效果进行考核。危险化学品道路运输企业还应当针对危险化学品的性质，强化驾驶员和押运人员的应急演练，确保驾驶员、押运人员在事故发生后及时采取相应的警示措施和安全措施，并按规定及时向当地公安机关报告。要督促运输企业建立驾驶员档案，定期进行考核，及时了解掌握驾驶员状况，严禁不具备相应资质的人员驾驶机动车辆。

案例4　晋济高速公路山西晋城段岩后隧道“3·1”特别重大道路交通危险化学品燃爆事故

一 事故经过

2014年3月1日14时45分许，位于山西省晋城市泽州县的晋济高速公路山西晋城段岩后隧道内，两辆运输甲醇的铰接挂车追尾相撞，前车甲醇泄漏起火燃烧，隧道内滞留的另外两辆危险化学品运输车和31辆煤炭运输车等车辆被引燃引爆，造成40人死亡、12人受伤和42辆车烧毁，直接经济损失8197万元。

二 事故原因

晋E23XXX/晋E2XXX挂铰接挂车在隧道内追尾豫HC2XXX/豫H0XXX挂铰接挂车，造成前车甲醇泄漏，后车发生电气短路，引燃周围可燃物，进而引燃泄漏的甲醇。

（1）两车追尾的原因：晋E23XXX/晋E2XXX挂铰接挂车在进入隧道后，驾驶员未及时发现停在前方的豫HC2XXX/豫H0XXX挂铰接挂车，距前车仅5~6m时才采取制动措施；晋E23XXX牵引车准牵引总质量（37.6t）小于晋E2XXX挂罐式半挂车的整备质量与运输甲醇质量之和（38.34t），存在超载行为，影响制动。

经认定，在晋E23XXX/晋E2XXX挂铰接挂车追尾碰撞豫HC2XXX/豫H0XXX挂铰接挂车的交通事故中，晋E23XXX/晋E2XXX挂铰接挂车驾驶员李某负全部责任。

（2）车辆起火燃烧的原因：追尾造成豫HO XXX挂半挂车的罐体下方主卸料管与罐体焊缝处撕裂，该罐体未按标准规定安装紧急切断阀，造成甲醇泄漏；晋E23XXX车发动机舱内高压油泵向后位移，启动机正极多股铜芯线绝缘层破损，导线与输油泵输油管管头空心螺栓发生电气短路，引燃该导线绝缘层及周围可燃物，进而引燃泄漏的甲醇。

三 事故性质

经调查认定，晋济高速公路山西晋城段岩后隧道“3·1”特别重大道路交通危险化学品燃爆事故是一起生产安全责任事故。

四 事故防范和整改措施建议

针对事故暴露出来的问题，为了深刻吸取事故教训，举一反三，有效防范和减少危险化学品道路运输事故的发生，提出以下建议：

（1）要进一步落实企业安全生产主体责任。

（2）要全面排查整治在用危险货物运输车辆加装紧急切断装置。

（3）要进一步加强公路隧道和危险货物运输应急管理。

（4）要加强安全保障技术研究和健全完善安全标准规范工作。

案例5 沪昆高速湖南邵阳段“7·19”特别重大道路交通危险化学品爆燃事故

一 事故经过

2014年7月19日2时57分，湖南省邵阳市境内沪昆高速公路1309km+33m处，一辆自东向西行驶运载乙醇的车牌号为湘A3ZXXX的轻型货车，与前方停车排队等候的车牌号为闽BY2XXX的大型普通客车发生追尾碰撞。轻型货车运载的乙醇瞬间大量泄漏起火燃烧，致使大型客车、轻型货车等5辆车被烧毁，造成54人死亡、6人受伤（其中4人因伤势过重医治无效死亡），直接经济损失5300余万元。

二 事故原因

这起事故是由于湘A3ZXXX轻型货车追尾闽BY2XXX大型客车，致使轻型货车所运载乙醇泄漏燃烧所致。

车辆追尾碰撞的原因：刘某驾驶严重超载的轻型货车，未按操作规范安全驾驶，忽视交警的现场示警，未注意观察和及时发现停在前方排队等候的大型客车，未采取制动措施，致使轻型货车以85km/h的速度撞上大型客车，其违法行为是导致车辆追尾碰撞的主要原因。

贾某驾驶大型客车未按交通标志指示在规定车道通行，遇前方车辆停车排队等候时，作为本车道最末车辆未按规定开启危险报警闪光灯，其违法行为是导致车辆追尾碰撞的次要原因。

起火燃烧和造成大量人员伤亡的原因：轻型货车高速撞上前方停车排队等候的大型客车尾部，车厢内装载乙醇的聚丙烯材质罐体受到剧烈冲击，导致焊缝大面积开裂，乙醇瞬间大量泄漏并迅速向大型客车底部和周边弥漫，轻型货车车头右前部由于碰撞变形造成电线短路产生火花，引燃泄漏的乙醇，火焰迅速沿地面向大型客车底部和周围蔓延，将大型客车包围。经调查和现场勘验，事故路段由东向西下坡坡度0.5%，事发时段风速2.5m/s，风向为东北风。经专家计算，火焰从轻型货车车头处蔓延至大型客车车头，将大型客车包围所需时间不足7s。最终，仅有6人从大型客车内逃出，其中2人下车后被大火烧死，4人被严重烧伤（烧伤面积均在90%以上），轻型货车上2人死亡，小型越野车和重型厢式货车各1人受伤。

三 事故性质

经调查认定，沪昆高速湖南邵阳段“7·19”特别重大道路交通危险化学品爆燃事故是一起生产安全责任事故。

四 事故防范和整改措施

（1）要进一步强化安全生产红线意识。

（2）要加大道路危险货物运输“打非治违”工作力度。

（3）要进一步加大道路客运安全监管力度。

（4）要加强对车辆改装拼装和加装罐体行为的监管。

（5）要加大危险化学品安全生产综合治理力度。

（6）要进一步加强道路交通和危险货物运输应急管理。

第十三章 货运站场企业安全管理

第一节 货运站场企业安全生产管理基础

一 货运站特征及作业安全管理

1 货运站类别

货运站是道路交通运输的基础设施之一，在国家经济建设中具有重要地位。货运站是货运经营者（承运人）和货主（托运人）进行货物运输交易的场所，货物的集散基地，为货主和经营者提供服务的基础设施，运输网络上的结点以及组织货物搬运装卸并提供各种服务的经营单位。货物运输的发送作业和到达作业多数在货运站完成。

目前，我国道路运输企业的货运站可分为3类：

（1）整车货运站。

是以货运商务作业机构为代表的货运站。

（2）零担货运站。

指专门经营零担货物运输，进行零担货物作业、中转换装、仓储保管的货运站。

（3）集装箱货运站。

以承担集装箱的中转运输任务为主的货运站，又称集装箱中转站。

2 货运站作业安全要求

（1）货物受理。

①货运站应按照货运站许可的经营范围，并结合货运站的相关条件，在能够确保安全、完好的前提下受理货物。货运站相关负责人应填写货物受理相关单证，不得拒绝货主或其代理人合理的要求。

②进行货物受理时，应明确货物运输、保管、搬运装卸等条件，经货运站相关负责人签认后的单据视同对托运人的承诺，应严格按照承诺执行。

③货运站应对所有受理货物进行核验，确保其真实性，不得受理或组织运输法律、行政法规禁运的货物。如发现托运违禁货物或进站车辆已装运违禁货物，货运站相关负责人应及时向有关机关举报。

有条件的大型站场要设置大型安检仪，防止危险货物等进站（场）上车。零担运输企业在受理托运的货物时，要对货物进行开箱（包）验视。对整车运输的批量货物应根据公安部等7部局联合下发的《关于加强物流、寄递渠道安全监管工作的通知》（公治〔2009〕475号）的要求，对可疑货物进行开箱（包）检查，确保托运的货物与运单填写的货物一致，防止托运人将禁运物品、违禁物品、危险物品、限运货物和凭证运输货物

谎报或匿报为普通货物。

④货运站应参照《汽车运输、装卸危险货物作业规程》（JT/T 618—2004）、《汽车快件货物运输操作规程》（JT/ T620—2005）等有关规定和技术标准规范其站内的运输及搬运装卸行为。

⑤货运站有权拒绝受理包装不符合要求的货物。

⑥除依法设立的危险货物存储场地外，货运站不得存放、包装、搬运、装卸危险货物；取得危险货物储运许可依法受理危险货物的货运站，应当独立设置危险货物受理、储存及作业区域，不得将危险货物与普通货物混放。

（2）车辆管理。

①货运站应分别在货运站的进、出口设置检查点并配置必要的设施设备，审核进出车辆的行驶证、营运证以及驾驶员的驾驶证、从业资格证的真实性，禁止资质不合格的车辆及驾驶员进出站。没有危险货物经营资质的货运站严禁危险货物运输车辆进站。

②货运站应进行科学的站内交通组织，维护站内交通秩序，确保站内车辆行驶和停放的安全，严禁占用消防通道及紧急疏散通道停放车辆。

③依法经营危险货物的货运站，应单独设置危险货物专用车辆停车场，并应配备专人负责管理。

④货运站应按相关国家及行业标准配置车辆安全检测设施设备，对出站车辆进行安全检查并予以登记，防止未经安全检查的车辆出站，保证运输安全。

⑤货运站应设立超限源头治理工作岗位并配备必要的计量设施设备，明确工作职责，不得允许超限车辆出站。为此应建立相关责任追究制度。

⑥货运站应对超限进站车辆进行登记，并向道路运输管理机构通报相关信息，未经卸载禁止出站。

⑦货运站应建立健全车辆进出、装载、配载登记、统计制度和档案，并按规定向道路运输管理机构报送相关信息。

（3）搬运装卸作业安全要求。

①承运人或托运人承担货物搬运装卸后，委托站场经营人、搬运装卸经营者进行货物搬运装卸作业的，应签订货物搬运装卸合同。

②搬运装卸人员应对车厢进行清扫，发现车辆、容器、设备不适合装货要求的，应立即通知承运人或托运人。

③搬运装卸作业应当轻装轻卸、堆码整齐，清点数量，防止混杂、撒漏、破损。严禁有毒、易污染物品与食品混装，严禁危险货物与普通货物混装。

④对性质不相抵触的货物，可以拼装、分卸。

⑤搬运装卸过程中，发现货物包装破损，搬运装卸人员应及时通知托运人或承运人，并做好记录。

⑥搬运装卸危险货物，应按《汽车危险货物运输、装卸作业规程》（JT 618—2004）的相关要求进行作业。

⑦搬运装卸作业完成后，货物需绑扎苫盖篷布的，搬运装卸人员必须将篷布苫盖严密并绑扎牢固，由承、托运人或委托站场经营人、搬运装卸人员编制有关清单，做好交接记录，并按有关规定施加封志和外贴有关标志。

⑧承、托双方应履行交接手续，包装货物采取件交件收。集装箱重箱及其他施封的货物凭封志交接；散装货物原则上要磅交磅收或采用承托双方协商的交接方式交接。交接后双方应在有关单证上签字。

⑨货物在搬运装卸中，承运人应当认真核对装车的货物名称、质量、件数是否与运单上记载相符以及包装是否完好。包装轻度破损，托运人坚持要装车起运的，应征得承运人的同意，承托双方需做好记录并签章后，方可运输，由此而产生的损失由托运人负责。

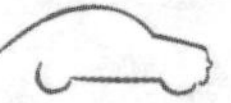

3 货运站作业安全管理

（1）货运站经营者应当按照经营许可证核定的许可事项经营，不得随意改变货运站用途和服务功能。

（2）货运站经营者应当依法加强安全管理，完善安全生产条件，健全和落实安全生产责任制。

（3）货运站经营者应当对出站车辆进行安全检查，防止超载车辆或者未经安全检查的车辆出站，保证安全生产。

（4）货运站经营者应当按照货物的性质、保管要求进行分类存放，危险货物应当单独存放，保证货物完好无损。

（5）货物运输包装应当按照国家规定的货物运输包装标准作业，包装物和包装技术、质量要符合运输要求。

（6）货运站经营者应当按照规定的业务操作规程进行货物的搬运装卸。搬运装卸作业应当轻装、轻卸，堆放整齐，防止混杂、撒漏、破损，严禁有毒、易污染物品与食品混装。

（7）进入货运站经营的经营业户及车辆，经营手续必须齐全。严禁无证无照的道路货物运输、货运代理等经营者进入站场内经营。

（8）货运站经营者应当公平对待使用货运站的道路货物运输经营者，禁止无证经营的车辆进站从事经营活动，无正当理由不得拒绝道路货物运输经营者进站从事经营活动。

（9）货运站应在运营场所的醒目位置设置导向、疏散、提示、警告、限制、禁止等安全标志，并定期对各类安全标志进行检查和维修，保证完好。货运站要保持清洁卫生，保证各项服务标志醒目。

（10）货运站经营者不得超限、超载配货，不得为无道路运输经营许可证或证照不全者提供服务；不得违反国家有关规定，为运输车辆装卸国家禁运、限运的物品。

（11）货运站应按照统一规划、统一技术规范建设责任范围内的公共安全视频系统，不得擅自改变视频系统的设备、设施的位置和用途。货运站场经营者应每月定期检查视频系统的前端设备、信号传输和网络传输线路和存储设备等运行情况，确保有效运行。

（12）货运站经营者应当制定有关突发公共事件的应急预案。应急预案应当包括报告程序、应急指挥、应急车辆和设备的储备以及处置措施等内容。

二 货运站企业设施设备

货运站的设备设施包括生产设备设施和安全设备设施。生产设备设施是货运站生产经营和货物装卸、储存等作业活动的物质保障，为货运站的生产经营提供必要的设施场地和机械工具等；安全设备设施是货运站生产经营的安全保障，为作业人员和车辆、货物以及其他设备实施提供有效的安全防护，避免安全事故的发生。

1 货运站生产设施

货运站生产设施主要包括：业务办公设施、库（棚）设施、场地设施、道路设施、危险货物运输设施。

（1）业务办公设施。

业务办公设施主要包括：货运站站房、生产调度办公室和信息管理中心。有国际运输业务的货运站，可设置由海关、检疫、商检、商务等部门共同组成的国际联运代理业务办公室。

①货运站站房由业务人员工作间和货主办理货物托运或仓储受理手续、提货手续的场所构成。

②生产调度办公室及国际联运代理业务联合办公室。

③信息管理中心由放置信息管理硬件系统的机房与工作人员的办公场所和供信息发布及用户查询的场所构成。

④业务办公设施的设置要方便货主，货物受理处业务人员工作间和联合办公室应按

作业流程设置，货物受理处与仓库的距离应较短。

（2）库（棚）设施。

库（棚）设施包括中转库、零担库、集装箱拆装箱库、仓储库，分别用作货物的短期存放、集装箱拆装作业和货主待收或待发货物仓储；货棚则用于堆放不便进库但又不宜露天存放的零担或仓储货物。

库（棚）设施有关要求：

①中转库。为中转货物集中、分拣、换装、发货的场所。

②仓储库。按建筑层数，仓储库可分为单层和多层仓储库。

③零担库和集装箱拆装箱库。应建成高站台仓库，站台宽度不少于3m，高度取1.2~1.3m，两端设置斜坡，并装设货物装卸升降台。

各类仓库应分区设置，并以道路衔接保持良好作业联系。零担货棚和仓储货棚应与相应仓库位于同一区域。

（3）场地设施。

场地设施主要包括：集装箱堆场、装卸场或作业区、货场和停车场。

（4）道路设施。

道路设施包括：　铁路专用线和站内道路。

①在临近铁路线并有较大公铁联运作业量的一、二级货运站，可引设铁路专用线，三、四级货运站或无条件的货运站可不设置。

②站内道路应设置为无交叉的环行行驶路线。

（5）危险货物运输设施。

危险货物运输设施建设在选址、布局、结构、功能等方面，既要适应危险货物运输的技术条件、生产安全要求，又必须符合环境保护、消防安全、劳动保护、交通管理等方面的规定。

2 货运站生产辅助设施和生产服务设施

用于货运站的生产辅助和生活服务设施应按需设置。

（1）生产辅助设施。

货运站的生产辅助设施主要包括维修维护设施、动力设施、供水供热设施等。

①维修维护设施。

维修维护设施包括维修维护现场的消防通道、行车通道、围栏、警告标志、夜间警示红灯、消防器材、通信设备、照明设备、脚手架、冲洗用水源等。

②动力设施。

动力设施可分为：

a.动能发生设备：空气压缩设备、液化气站设备、锅炉房设备。

b.电器设备：变压器、高低压配电设备、照明和其他电器设备。

c.其他动力设备：通用采暖设备、管道、除尘设备和其他动力设备。

③供水供热设施。

a.供水设施。

供水设施，就是供水设备，比如无负压供水设备、变频供水设备、气压供水设备、消防供水设备、落地膨胀水箱等。

b.供热设施。

供热设施，是为使人们生活或进行生产的空间保持在适宜的热状态而设置的设施。供热设备按照服务范围分为局部式供热设备、集中式供热设备和区域式供热设备。其中，集中式供热设备有：集中式热风供暖设备、集中式热水供暖设备和集中式蒸汽供暖设备。

（2）生产服务设施。

货运站的生产服务设施主要包括：

①食宿设施。

②其他服务设施。

3 货运站主要生产设备

货运站主要设备包括运输车辆、装卸机械、计量设备、管理系统、维修设备等。

（1）运输车辆。

货运站应根据需要配置用于货物配送和装卸搬运工作的运输车辆，其车辆类型应根据运输方式、货物种类合理选择。

（2）装卸机械。

货运站装卸机械包括：货场和仓库装卸机械，集装箱堆场和作业区装卸机械等。

（3）计量设备。

货运站应配备检定合格的计量设备或器具。一、二级货运站应设置电子自动计量设备，各种电子自动计量设备均应并入货运站计算机网络或预留接口。

（4）管理系统。

一、二级货运站应设置管理和信息系统，主要包括计算机监控系统、无线、有线通信系统，站内和站间计算机网络系统，信息显示系统等。

（5）维修设备。

一、二级货运站应根据车辆、装卸机械和集装箱的维修工作量配备符合其工艺要求的清洁和维修设备。

4 装卸特种设备及辅助装备

（1）装卸特种设备。

装卸搬运设备，是指用来搬运、升降、装卸和短距离输送物料或货物的机械设备。装卸搬运机械是实现装卸搬运作业机械化的基础。

特种设备是指涉及生命安全和危险性较大的锅炉、压力容器（含气瓶）、压力管道、电梯、起重机械、客运索道、大型游乐设施和场（厂）内专用机动车辆。用于货运站装卸特种设备起重机械主要有叉车和巷道堆垛机。

①叉车。

叉车，又称铲车、万能装卸机，是一种通用的起重、运输、装卸和堆垛车辆。叉车一般由底盘、动力装置和工作装置3大部分组成。叉车的底盘由传动系统、转向系统、行驶系统及相应的电气设备等组成，工作装置主要由机械部分与液压系统组成。在运输装卸作业中，叉车担负着堆码垛、装卸载、短途运输及牵引等任务，不但能够大大降低人员的劳动强度，也可极大地提高运输装卸作业效率，并保证物资收发的高效性和安全性。

②巷道堆垛机。

巷道堆垛机，如图13-1所示，是由叉车、桥式堆垛机演变而来的。桥式堆垛机由于桥架笨重，因而运行速度受到很大的限制，它仅适用于出入库频率不高或存放长形原材料和笨重货物的仓库。巷道堆垛机的主要用途是在高层货架的巷道内来回穿梭运行，将位于巷道口的货物存入货格或取出货格内的货物运送到巷道口。

图13-1 巷道堆垛机

（2）装卸辅助设备。

用于货运站装卸机械的辅助设备有：带式输送机和监控、传送、分拣设备。

①带式输送机。

带式输送机，是以输送带作牵引和承载构件，通过承载物料的输送带的运动进行物料输送的连续输送设备，其结构如图13-2所示。输送带绕经传动滚筒和尾部滚筒形成无极环形带，上下输送带由托辊支承以限制输送带的挠曲垂度，拉紧装置为输送带正常运行提供所需的张力。工作时，驱动装置驱动传动滚筒，通过传动滚筒和输送带之间的摩擦力驱动输送带运行，物料装在输送带上和带子一起运动。带式输送机一般是在端部卸载，当采用专门的卸载装置时，也可在中间卸载。

②分拣设备。

分拣，就是将很多的货品按品种、不同的地点和顾客的订货要求，迅速、准确地从储位拣取出来，按一定的方式进行分类、集中并分配到指定位置，等待配装送货的过程。分拣操作按不同操作手段可分为：人工分拣、机械分拣和自动分拣。

图13-2　带式输送机

a.人工分拣。

人工分拣基本上是靠人力搬运，或利用最简单的器具和手推车等，把所需要的货物分门别类地运送到指定地点。这种方式劳动强度大，分拣效率最低。

b.机械分拣。

机械分拣也叫输送机械分拣，它以机械为主要输送工具，拣选作业还要靠人工。这种方式用得最多的是输送机，有链条输送机、传送输送机、辊道输送机等，也可用箱式托盘分拣。这种分拣方式投资少，可以减轻劳动强度，提高分拣效率。

c.自动分拣。

自动分拣系统，如图13-3所示，可将一批相同或不同的货物，按照不同的要求自动识别、自动计数、自动检测、自动计量、自动包装、自动分拣，快速、准确地满足配送或发运要求，提高客户的满意度。自动分拣系统由设定装置、控制装置、分类装置、输送装置及分拣道口组成。

5 安全设备设施

（1）消防设施设备。

《中华人民共和国消防法》规定，企业应当履行消防安全职责，按照国家标准、行业标准配置消防设施、器材，设置消防安全标志，要保障疏散通道、安全出口、消防车通道畅通。

图13-3　自动分拣系统

①消防设施及其分类。

消防设施是指火灾自动报警系统、自动灭火系统、消火栓系统、防烟排烟系统以及应急广播和应急照明、安全疏散设施等。

消防设施一共分为13类，包括：建筑防火及疏散设施，消防及给水，防烟及排烟设施，电器与通信系统，自动喷水与灭火系统，火灾自动报警系统，气体自动灭火系统，水喷雾自动灭火系统，低倍数泡沫灭火系统，高、中倍数泡沫灭火系统，蒸汽灭火系统，移动式灭火器材和其他灭火系统。

②消防器材及其分类。

消防器材，是指用于灭火、防火以及火灾事故的器材。

我国通常采用按照充装灭火剂的种类、灭火器质量、加压方式3种分类方法进行分类。

a.按充装灭火剂种类可分为：清水灭火器、酸碱灭火器、化学泡沫灭火器、轻水泡沫灭火器、二氧化碳灭火器、干粉灭火器和卤代烷灭火器（灭火剂为卤代烷1211）。

b.按灭火器的质量可分为：手提式灭火器、背负式灭火器和推车式灭火器。

c.按加压方式可分为：化学反应式灭火器、储气瓶式灭火器和储压式灭火器。

③其他消防设施。

消防装备除了灭火器外，还有许多必要的灭火设施，如消火栓、水泵结合器、水带、水枪、消防泵及消防车等。

（2）劳动防护设备。

劳动防护设备，是以消除或者降低工作场所的危害因素，使其在劳动过程中免遭或减轻事故伤害及职业危害的个人防护装备。防护设备包括防尘设备、防毒设备、防噪声设备、防振动设备、防非电离辐射设备、防电离辐射设备、防生物危害设备和人机工效学的防护设备等。

①个人劳动防护用品及其分类。

个人劳动防护用品，是指为使从业人员在生产过程中，免遭或减轻事故伤害和职业危害而提供的个人随身穿戴的用品。

个人劳动防护用品按照防护部位分为头部护具、呼吸护具、眼防护具、听力护具、防护鞋、防护手套、防护手套、防坠落护具和护肤用品9类。

②劳动防护用品配备的要求。

企业应当按照《个体防护装备选用规范》（GB 11651—2008）和国家颁发的劳动防护用品配备标准以及有关规定，为从业人员配备劳动防护用品。企业不得以货币或者其他物品替代应当按规定配备的劳动防护用品。为从业人员提供的劳动防护用品，必须符合国家标准或者行业标准，不得超过使用期限。

（3）警示标识。

警示标识，是指国家规定的或国际通用的标志。工作场所设置警示标识是企业履行职业危害告知义务的形式之一。在容易发生事故、危险性较大的场所、可能产生职业病危害的设备上或其前方醒目位置、作业岗位设置警示标志和说明，目的是时刻告知和提醒在这些场所的人们注意安全，减少或避免事故的发生。

①警示标识的类型。

警示标识类型包括图形标识、警示线、警示语句和职业危害告知卡。

a.图形标识。

图形标识分为禁止标识、警告标识、指令标识和提示标识。

（a）禁止标识。禁止不安全行为的图形，如“禁止入内”（图13-4）、“禁止触摸”（图13-5）等标识。

图13-4　禁止入内标识

图13-5　禁止触摸标识

（b）警告标识。提醒对周围环境需要注意，以避免可能发生危险的图形，如“当心触电”、“当心坠落”等标识（图13-6）。

图13-6　警告标识

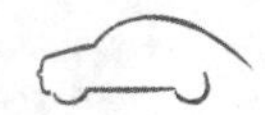

（c）指令标识。强制做出某种动作或采用防范措施的图形，如“必须戴好安全帽”、“必须戴防毒面具”等标识（图13-7）。

图13-7　指令标识

（d）提示标识。提供相关安全信息的图形，如“安全出口”标识等。

图形标识可与相应的警示语句配合使用。图形、警示语句和文字应设置在作业场所入口处或作业场所的显著位置。

通常情况下，红色代表禁止、停止；黄色代表警告、注意；蓝色代表指令、遵守；绿色代表安全和信息。

b.警示线。

警示线是界定和分隔危险区域的标识线。按照需要，警示线可喷涂在地面或制成色带设置。

警示线颜色一般有：黄色、红色、绿色和黑色。

c.警示语句。

警示语句，是一组表示禁止、警告、指令、提示或描述工作场所职业病危害的词语。根据工作场所职业病危险的实际状况进行选用。除基本警示语句外，在特殊情况下，企业可自行编制适当的警示语句。警示语句既可单独使用，也可与图形标识组合使用，也可构成完整的句子。

d.《有毒物品作业岗位职业危害告知卡》。

根据实际需要，可由各类图形标识和文字组合成《有毒物品作业岗位职业病危害告知卡》。《有毒物品作业岗位职业病危害告知卡》是设置在使用有毒物品作业岗位的醒目位置上的一种警示，它以简洁的图形和文字，将作业岗位上所接触到的有毒物品的危害性告知劳动者，并提醒劳动者采取相应的预防和处理措施。

《有毒物品作业岗位职业病危害告知卡》包括有毒物品的通用提示栏、有毒物品名称、健康危害、警告标识、指令标识、应急处理和有毒物品理化特性等内容。

②警示标识的设置和使用。

警示标识应按《工作场所职业病危害警

示标识》（GBZ 158—2003）的要求设置。

a.警示标识设置的场所。

（a）作业场所。

（b）设备上。在可能产生职业病危害的设备上或其前方醒目位置应设置相应的警示标识。

（c）产品包装上。可能产生职业病危害的化学品、放射性同位素和放射性物质的材料的产品包装上要设置醒目的警示标识和简明的中文警示说明。警示说明应载明产品的特性、存在的有害因素、可能产生的危害后果、安全使用注意事项以及应急救治措施内容。

（d）贮存场所。

（e）发生职业病危害事故现场。

b.警示标识和设置高度。

除警示线外，警示标识设置的高度要尽量与人眼的视线高度相一致。悬挂式和柱式的环境信息警示标识的下缘距地面的高度不宜小于2m；局部信息警示标识的设置高度应视具体情况确定。

c.警示标识设置的要求。

（a）警示标识应设在与职业病危险工作场所有关的醒目位置，并使作业人员有足够的时间来注意它所表示的内容。

（b）警示标识不应设在门、窗等可移动的物体上。警示标识前不得放置妨碍认读的障碍物。

（c）警示标识（不包括警示线）的平面与视线夹角应接近90°，观察者位于最大观察距离时，最小夹角不低于75°。

（d）警示标识设置的位置应具有良好的照明条件。

（e）警示标识（不包括警示线）的固定方式分附着式、悬挂式和柱式3种。悬挂式和附着式的固定要稳固不倾斜，柱式的警示标识和支架应牢固地连接在一起。

③货运站标识标志。

a.货运站内应设置各种功能指示和服务标志标识，正门、主要入口处或咨询处应设有货运站整体布局图。

b.货运站内设置的标志标识应清晰、完整、工作状态正常。

c.货运站应设置站房、信息交易中心、仓库、堆场、停车场地、危险场所、厕所和道路等主要设施的明显标识，导向标志不得被其他障碍物阻挡。

d.主要道路地面应当标有紧急疏散方向的指示符号，进出通道及停车场应设置地面标线标识，以引导货物、车辆安全通行。

e.货运站内车辆导向标识内容、指示方位应当根据外部交通管制及站内营业布局的调整及时进行补充和更新，以保证导向标识的准确性及有效性。

f.货运站内道路和停车场地应按照《道路交通标志和标线》（GB 5768—2009）设置交通标志、划定交通标线和停车泊位，并悬挂明晰的指示牌。

g.货运站内标识的中文文字应使用《国家通用语言文字规范手册》中规定的标准用字；货运站标识的图形符号应采用《标志用公共信息图形符号 第3部分：客运与货运》（GB/T 10001.3—2004）中规定的图形符号；标准中没有的图形符号，可采用便于识别的图形符号。

第二节 货运站场企业危险源辨识

危险源应由3个要素构成：潜在危险性、存在条件和触发因素。危险源的潜在危险性是指一旦触发事故，可能带来的危害程度或损失大小，或者说危险源可能释放的能

量强度或危险物质量的大小。危险源的存在条件是指危险源所处的物理、化学状态和约束条件状态，例如物质的压力、温度、化学稳定性，盛装压力容器的坚固性，周围环境障碍物等情况。触发因素虽然不属于危险源的固有属性，但它是危险源转化为事故的外因，而且每一类型的危险源都有相应的敏感触发因素，如热能是易燃、易爆物质是敏感的触发因素；又如压力升高是压力容器敏感触发因素。因此，一定的危险源总是与相应的触发因素相关联。在触发因素的作用下，危险源转化为危险状态，继而转化为事故。

工业生产作业过程的危险源一般分为7类：

（1）化学品类包括：毒害性、易燃易爆性、腐蚀性等危险物品；

（2）辐射类包括：放射源、射线装置及电磁辐射装置等；

（3）生物类包括：动物、植物、微生物（传染病病原体类等）等危害个体或群体生存的生物因子；

（4）特种设备类包括：电梯、起重机械、锅炉、压力容器（含气瓶）、压力管道、客运索道、大型游乐设施、场（厂）内专用机动车；

（5）电气类包括：高电压或高电流、高速运动、高温作业、高空作业等非常态、静态、稳态装置或作业；

（6）土木工程类包括：建筑工程、水利工程、矿山工程、铁路工程、公路工程等；

（7）交通运输类包括：汽车、火车、飞机、轮船等。

一 人的不安全行为

道路货运站是各多工种相互协作、共同完成工作任务的工作地点。同时人作为安全生产事故中的最主要因素，理应受到关注。道路货运站相关人员包括仓管员、调度员、装卸员、车辆例检员、装卸管理员、车辆引导员等。在研究事故发生机理时，人的不安全行为占据相当大的比例。

不安全行为指的是可能导致超出人们接受界限的后果或可能导致不良影响的行为。按行为的主体来分类，不安全行为可以划分为组织的不安全行为和个体的不安全行为。

组织的不安全行为指的是在组织的经营宗旨、政策、措施等经营战略中没有把安全放在应有的位置上，没有制订或者没有完善安全生产的规划和措施，在具体的经营过程中，忽视安全管理，给安全生产带来不良影响的现象。具体表现为过分强调经济效益，忽视安全投入；在技术和设计上没有完善的安全设施；对员工的教育和培训不够；劳动组织不合理；对安全生产工作缺乏检查和指导；没有建立和完善安全生产的规章制度；对事故隐患没有及时进行整改。

个体的不安全行为指的是个体从事的导致事故或不良影响的行为。具体表现为违反规章制度、违反操作规程、违反劳动纪律。

个体的不安全行为不仅受人的思想、动机的支配，而且受政治、经济、社会、家庭环境的影响，同时又与行为人的工作经验、技术水平、安全素质、身体条件等有关，有一定的随机性和偶然性，表现出明显的个性特征，有时难以预测和控制。

产生不安全行为的主要原因有3点：一是由于技术不熟练，对现场不熟悉，或因情况紧急、时间紧迫，导致慌乱而产生误判断；二是由于标准不完备，制度不健全，操作上的经验主义，认识和确认的失误，因情况复杂而判断错误；三是由于领导掌握知识不足、对员工安全教育不够，或因其他事件干扰，分散了领导对安全生产的注意力，以致判断失误，导致违章指挥。

1 不安全行为产生的心理原因

个体经常性稳定表现的能力、性格等心理特点的总和，称为个性心理特征。这是在人的先天条件基础上，受到社会条件影响，经过具体实践活动，接受教育而逐渐形成、发展的。人的个性心理特征不会完全相同。人的性格是个性心理的核心，因此，性格能决定人对某种情况的态度和行为。鲁莽、草率、懒惰等性格，往往会导致人产生不安全行为。

非理智行为在引发为事故的不安全行为中所占比例相当大，在生产中出现的违章、违纪现象，都是非理智行为得表现，冒险蛮干则表现得尤为突出。非理智行为的产生，多是由于侥幸、逞能、逆反等心理所支配。在安全管理过程中，控制非理智行为是非常严肃、非常细致的一项工作。

实践证明，不安全行为的心理有9种。

（1）马虎心理：做事情心不在焉，没有经过大脑思考就进行工作。

（2）侥幸心理：制度设计或实际操作嫌麻烦，总想走“捷径”，违背了事物的运行规律。

（3）自满心理：对重复的事情不重视，犯经验主义错误。

（4）浮躁心理：心理处于不稳定状态。

（5）投机心理：没有科学的头脑，要小聪明。

（6）逆反心理：不尊重科学或不满意管理，产生反抗心态。

（7）莽撞心理：做事情不计后果。

（8）懒散心理：不愿意动脑，删减安全操作程序。

（9）盲从心理：跟随别人，不动自己的头脑。

因此，及时发现工作人员存在的不健康心理因素，并采取对策加以消除，是安全生产管理者值得注意的一种行之有效的工作方法。

2 不安全行为的后果及预防措施

货运站内各类作业人员常见的不安全行为、后果及预防措施见表13-1。

作业人员不安全行为　　表13-1

岗位	危险因素	导致后果	预防措施
装卸员	未佩戴安全防护措施，导致中毒或伤害	人员伤害	（1）加强职业健康安全培训教育； （2）加强员工对危险货物的熟悉程度，并建立安全意识
	操作不当，导致货物泄露	车辆受损、人员伤害	（1）加强安全操作规程的培训； （2）建立安全操作制度，严格遵守
	未进行静电连接，静电起火	火灾爆炸，人车受损	（1）加强车辆作业前的检查，做好准备工作； （2）加强安全教育、技术措施的普及
	货物固定不牢，无牢固措施，货物倾倒泄露	车辆受损、人员伤害	（1）加强安全培训教育，严格遵守各项规章制度； （2）驾车前严格进行车辆检查，防止安全隐患； （3）对货物进行固定，严禁货物可移动
	货物密封不符合要求，导致货物泄漏	车辆受损、人员伤害	（1）加强安全培训教育，严格遵守各项规章制度； （2）驾车前严格进行车辆检查，防止安全隐患； （3）对货物进行固定，确定货物封口严密
	操作不当、导致货物标志标识脱落	车辆受损、人员伤害	（1）加强安全培训教育，严格遵守各项规章制度； （2）发车前对货物进行安全检查，严禁标志不全的货物发车
车辆例检员	工作马虎大意，车辆及货物隐藏故障未检测出	车辆受损、人员伤害	（1）加强安全培训教育，严格遵守各项规章制度； （2）严格执行安全检查制度
	消防器材配备不足	车辆受损、人员伤害	（1）加强安全培训教育，严格遵守各项规章制度； （2）加强消防器材的配备，定期检查补充
	驾驶员身体或心理异常，未阻止	车辆受损、人员伤害	（1）加强安全培训教育，严格遵守各项规章制度； （2）车辆及人员异常状况严禁外出
	车辆检维修过程，误操作	车辆受损、人员伤害	（1）加强安全培训教育，严格遵守各项规章制度； （2）按照操作规程进行操作

续上表

岗位	危险因素	导致后果	预防措施
装卸管理员	未对员工进行岗前教育	车辆受损、人员伤害	（1）加强安全培训教育，严格遵守各项规章制度； （2）严格进行岗前教育，并记录在案
	未对装卸人员操作进行管理	车辆受损、人员伤害	（1）加强安全培训教育，严格遵守各项规章制度； （2）集中学习安全操作规程
	未清理作业场地或对作业区域进行限制	车辆受损、人员伤害	（1）加强安全培训教育，严格遵守各项规章制度； （2）对操作区域场所进行清理，严格控制无关人员进入
车辆引导员	对车辆进行错误引导，车辆停放不适当	车辆受损、人员伤害	（1）加强安全培训教育，严格遵守各项规章制度； （2）对引导员进行考核考试，考试不合格者严禁上岗作业
	指示信号或手令错误，误导驾驶员	车辆受损、人员伤害	（1）加强安全培训教育，严格遵守各项规章制度； （2）采取明确的指令信号，加强对指令信号的学习
	引导无序，与其他车辆发生碰撞	车辆受损、人员伤害	（1）加强安全培训教育，严格遵守各项规章制度； （2）建立有序的引导作业流程及车辆顺序表，进行有序引导
仓管员	未能严格执行入库手续，未能核实是否与订单一致	货物丢失	（1）加强安全培训教育，严格遵守各项规章制度； （2）及时针对仓管员错误操作进行批评、教育
	未能对所辖仓库现场各类外来车辆的监管	车辆受损、人员伤害	（1）加强安全培训教育，严格遵守各项规章制度； （2）按时对仓管员监管情况进行检查
	未能对所辖仓库内配备的各类消防器材、劳保用品、仓库设备设施的日常检查；确保各类消防器材、劳保用品、仓库设备设施处于安全可用状态	人员伤害、火灾等事故发生	（1）加强安全培训教育，严格遵守各项规章制度； （2）针对仓管员的工作进行检查
	未针对仓库现场外来人员（包括外来施工人员、参观人员、接送货人员、公司内非仓库内人员）监管	车辆受损、人员伤害、货物丢失	（1）加强安全培训教育，严格遵守各项规章制度； （2）及时针对仓管员错误操作进行批评、教育
车辆调度员	未能掌握车辆技术状况，熟悉调度工作的各个环节，掌握工作程序	车辆受损、人员伤害	（1）加强安全培训教育，严格遵守各项规章制度； （2）对车辆调度员定期进行实际操作学习，实际考核不通过者不予通过
	未能按照车辆使用管理规定，进行安全调配危险化学品车辆，做到统筹安排、处理好轻重缓急，合理使用	车辆受损、人员伤害	（1）加强安全培训教育，严格遵守各项规章制度； （2）对车辆调度员定期进行实际操作学习，实际考核不通过者不予通过
	未作好各个车辆行驶里程的统计，保证大修、报废，更新等工作的进行	车辆受损、人员伤害	（1）加强安全培训教育，严格遵守各项规章制度； （2）严格按照规定记录车辆相关信息，并对违规者进行处理

二 物的不安全状态

1 能量的意外释放

人机系统把生产过程中能够发挥一定作用的机械、物料、生产对象以及其他生产要素统称为物。物都具有不同形式、性质的能量，有出现能量意外释放进而引发事故的可能性。由于物的能量可能释放引起事故的状态，称为物的不安全状态。这是从能量与人的伤害间的联系所给出定义。如果从发生事故的角度，也可把物的不安全状态看作为“曾引起或可能引起事故的物的状态”。

在生产过程中，物的不安全状态极易出现。所有物的不安全状态，都与人的不安全行为或人的操作、管理失误有关。往往在物的不安全状态背后，隐藏着人的不安全行为或人失误。物的不安全状态既反映了物的自身特性，又反映了人的素质和决策水平。

物的不安全状态的运动轨迹，一旦与人的不安全行为的运动轨迹交叉，就是发生事故的时间与空间。所以，物的不安全状态是发生事故的直接原因。因此，正确判断物的不安全状态，控制其发展，对预防、消除事故有直接的现实意义。针对生产中物的不安全状态的形成与发展，在进行施工设计、工艺安排、施工组织与具体操作时，采取有效的控制措施，把物的不安全状态消除在生产活动进行之前或引发为事故之前或引发为事故之前，是安全管理的重要任务之一。

消除生产活动中物的不安全状态，既是生产活动所必需的工作，又是“预防为主”方针落实的需要，同时也体现了生产组织者的素质状况和工作才能。

（1）能量的约束与释放。

生产活动中一时也未间断过能量的利用，在利用能量的过程中，人们给能量以种种约束与限制，使之按人的意志进行流动与转换，正常发挥能量用以做功。一旦能量失去人的控制，便会立即超越约束与限制，自行开辟新的流动渠道，出现能量的突然释放，于是，发生事故就随着突然释放而变得完全可能。

突然释放的能量，如果触及人体又超过人体的承受能力，就会酿成伤害事故。从这个观点看，事故是不正常或不希望的能量意外释放的最终结果。

一切机械能、电能、热能、化学能、声能、光能、生物能、辐射能等，都能引发伤害事故。能量超过人的机体组织的抵抗能力，便会造成对人体的各种伤害。能量在突然释放时由于类别不同，对人体造成的伤害差别很大，造成事故的类别也是完全不同的。

人与能量接触而受到刺激，能否造成伤害和伤害程度，完全取决于作用能量的大小。能量与人接触的时间长短、接触频率高低、集中程度、接触部位等，也会影响对人伤害的严重程度。

人丧失了对能量的有效约束与控制，是能量意外释放的直接原因和根本原因。出现能量的意外释放，反映了人对能量控制认识、意识、知识、技术的严重不足。同时，又折射出在安全管理认识、方法、原则等方面还存在一定的差距。

（2）能量屏蔽形式。

屏蔽约束、限制能量意外释放，防止能量与人体接触的措施，统称为能量屏蔽形式。常采用的屏蔽形式大致有：

①以安全能源代替不安全能源。

②限制能量。

③防止能量蓄积。

④缓释能量。

⑤物理屏蔽。

⑥时空隔离。

⑦信息屏蔽等。

（3）能量意外释放的伤害预防措施。

能量意外逸出，在开辟新流动渠道时触及人体而导致伤害发生。此类事故的发生具有突然性，事故发生瞬间，人往往来不及采取措施便已受到伤害。预防能量意外释放的方法比较复杂，除加大流动渠道的安全性，从根本上防止能量外逸以外，同时在能量正常流动与转换时采取物理屏蔽、信息屏蔽、时空屏蔽等综合措施，能够减轻伤害的机会和严重程度。

预防此类事故，完善能量控制系统最为重要，如自动报警、自动控制，既需要在出现能量释放时立即报警，又能进行自动疏放或封闭。同时，在能量正常流动与转换时，应考虑非正常情况下的处理，如及早采取时空与物理屏蔽措施。

2 货运站设备设施的不安全状态

货运站中，物的不安全因素主要体现为设备设施的不安全状态，例如场内车辆、装卸设备、特种设备、电器设备设施、安全设施以及危险货物的检测监控设施等各类设备设施的不安全状态，见表13-2。

设备设施的不安全状态　　表13-2

设备设施类型	危险性分析	导致后果	控制措施
场内车辆	车辆技术状态不良、车辆安全装置失效或驾驶失误等原因导致车辆在场内行驶过程中发生碾压、碰撞等事故	车辆或其他设施受损、人员伤亡	定期对车辆进行检查维护，加强货运站内车辆管理，车辆站内形式要有专人指挥
叉车	叉车在装卸货物过程中因故障或操作失误等原因导致叉车伤人或货物坠落伤人	货物受损、人员伤亡	叉车应定期检验检测，并加强日常维护，叉车作业时应有专人指挥监管
起重设备	龙门吊、电动葫芦等起重设备设施在吊运货物的过程中因设备故障或违规操作等因素导致设备伤人或货物坠落伤人	货物受损、人员伤亡	按要求定期对起重设备进行检验检测，起重作业现场应有专人管理，起重作业区域应设置明显警示标志
电气设施	配电室、电气线路、电气设备等因漏电导致人员触电或漏电引发火灾	人员伤亡、财产损失	加强对电气设施的安全检查，发现隐患立即整改
安全设施	消防器材等安全设施遗失或失效，一旦发生突发事件无法第一时间进行应急处置救援，将导致事故的发生和扩大	人员伤亡、财产损失	定期检查各类安全设施是够齐全完好，发现缺失或失效、破损应立即补充或更换
监控检测装置	针对危险货物的监控和检测检验装置（温度、湿度、静电、防雷）发生故障，无法进行有效的实施监控检测，可能引发危险货物的泄露、燃烧、爆炸等事故	人员伤亡、财产损失、环境破坏	定期对其进行检测，确保其良好有效

第三节 货运站场企业应急救援

一 普通仓库事故应急措施

普通仓库事故应急措施的制定，应根据“预防为主”和“谁主管，谁负责”的原则，以预防、杜绝特大火灾尤其是群死群伤事故为目标，进一步改进和加强消防安全和灭火救援工作，落实仓库消防安全工作责任制，增强抵制火灾事故的能力，尽力消除或减轻火灾事故的损失程度。

1 火灾及汛期事故

（1）日常巡查中应重点检查消防栓、灭火器、仓库通道情况，如发现问题，应仔细观察分析，找出原因，及时解决，并汇报部门负责人并记录。

（2）部门任何人员发现火灾/汛情应立即报告部门负责人。报告人员在报告时应同时说清着火/汛情地点、部位、燃烧物品、状况等。同时报告相关部门，做好灭火、防汛前的必要准备工作，及时记录火灾、汛情情况。

（3）接到人员报告后，本部门在场工作人员必须无条件及时赶赴现场，参加救火

防汛行动。

（4）现场成立灭火防汛指挥部，由事发部门负责人组成，部门负责人任总指挥。部门负责人指挥工作人员灭火、防汛，指挥抢救伤员，疏散物资及产品，及时控制火势蔓延及汛情。

（5）现场指挥员有权根据火灾及防汛的需要，决定使用的各种水源和防火、防汛工具等。

（6）根据现场具体情况划分安全警戒线，看管好抢救出来的产品及物资。

2 地震灾害

（1）按照地方政府地震灾害速报管理办法的规定，若发生3.0级以上地震，仓库负责人要将仓库内的危险品和人员迅速撤离现场至附近较安全地点，避免人员伤亡；在安全距离以外观察危险品库房周围的震后反应，必须确保人员的安全。

（2）对于3.0级以下的地震，仓库值班人员要在地震发生后5min以内将初步了解的灾情报告仓库应急领导小组，做到“有灾报灾、无灾报安”。

（3）如发生破坏性地震，仓库及库区其他建筑物有倒塌、陷裂、爆炸等危险时，仓库值班人员要立即向仓库应急领导小组报告，并及时开展先期救援处置。

3 仓库被盗

（1）发生盗窃事件，仓库管理员应保护好现场，并立即向仓库应急领导小组报告。

（2）仓库应急领导小组立即组织人员对仓库物品进行清查，向办公室报告，并积极配合有关部门做好调查取证工作。

（3）发现窃贼正在行窃，仓库值班人员应立即通知保卫科，并采取相应的措施保证人身安全。在条件允许的情况下，应尽可能记住盗窃嫌疑人的相貌、体态特征、逃逸方向和使用交通工具的车种、车型、颜色、牌号等。

4 雷击灾害

（1）仓库发生雷击灾害，仓库值班人员应立即向仓库应急领导小组报告，迅速检查现场情况，并检查附近是否发生人员伤亡事故。

（2）接报后，仓库应急领导小组立即组织人员赶赴现场，开展应急处置，在保证人员安全的情况下，迅速采取相应措施，保证仓库不受影响。

（3）由雷击引发仓库火灾事故（事件），参照仓库火灾应急预案进行处置。

二 危险化学品事故应急措施

1 危险化学品火灾事故应急处置措施

（1）扑救初期火灾。

①迅速关闭火灾部位的上下游阀门，切断进入火灾事故地点的一切物料；

②在火灾尚未扩大到不可控制之前，应使用移动式灭火器，或现场其他各种消防设备、器材，扑灭初期火灾和控制火源。

（2）采取保护措施。

为防止火灾危及相邻设施，可采取以下保护措施：

①对周围设施及时采取冷却保护措施；

②迅速疏散受火势威胁的物资；

③有的火灾可能造成易燃液体外流，这时可用沙袋或其他材料筑堤拦截漂散流淌的液体，或挖沟导流将物料导向安全地点；

④用毛毡、海草帘堵住下水井、阴井口等处，防止火焰蔓延。

（3）火灾扑救。

扑救危险化学品火灾决不可盲目行动，应针对每一类化学品，选择正确的灭火剂和灭火方法来安全地控制火灾。化学品火灾的扑救应由专业消防队来进行，其他人员不可盲目行动，待消防队到达后，介绍物料介质，配合扑救。

2 压缩气体和液化气体火灾事故处置措施

（1）扑救气体火灾切忌盲目灭火，即

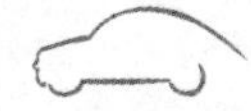

使在扑救四周火势以及冷却过程中不小心把泄漏处的火焰扑灭了，在没有采取堵漏措施的情况下，也必须立即用长点火棒将火点燃，使其恢复稳定燃烧。否则，大量可燃气体泄漏出来与空气混合，遇着火源就会发生爆炸，后果将不堪设想。

（2）首先应扑灭外围被火源引燃的可燃物火势，切断火势蔓延途径，控制燃烧范围，并积极抢救受伤和被因职员。

（3）假如火势中有压力容器或受到火焰辐射热威胁的压力容器，能疏散的应尽量在水枪的掩护下疏散到安全地带，不能疏散的应部署足够的水枪进行冷却保护。为防止容器爆裂伤人，进行冷却的职员应尽量采用低姿射水或利用现场坚实的掩蔽体防护。对卧式贮罐，冷却职员应选择贮罐四侧角作为射水阵地。

（4）假如是输气管道泄漏着火，应首先想法找到气源阀门。阀门完好时，只要封闭气体阀门，火焰就会自动熄灭。

（5）贮罐或管道泄漏关阀无效时，应根据火势大小判定气体压力和泄漏口的大小及其外形，预备好相应的堵漏材料（如软木塞、橡皮塞、气囊塞、黏合剂、弯管工具等）。

（6）堵漏工作完成后，即可用水扑救火势，也可用干粉、二氧化碳灭火，但仍需用水冷却烧烫的罐或管壁。火扑灭后，应立即用堵漏材料堵漏，同时用雾状水稀释和驱散泄漏出来的气体。

（7）一般情况下完成了堵漏也就完成了灭火工作，假如一次堵漏失败，应立即用长点火棒将泄漏处点燃，使其恢复稳定燃烧，并预备再次灭火堵漏。

（8）假如确认泄漏口很大,根本无法堵漏，只需冷却着火容器及其四周容器和可燃物品，控制着火范围，一直到燃气燃尽，火焰自动熄灭。

（9）现场指挥应密切留意各种危险征兆，遇有火焰熄灭后较长时间未能恢复稳定燃烧或受热辐射的容器安全阀火焰变亮刺眼、发出声响、晃动等爆裂征兆时，指挥员必须适时做出正确判定，及时下达撤退命令。

（10）气体贮罐或管道阀门处泄漏着火时，在特殊情况下，只要判定阀门还有效，也可先扑灭火势，再封闭阀门。一旦发现封闭已无效，一时又无法堵漏时，应迅即点燃，恢复稳定燃烧。

3 易燃液体火灾事故应急处置措施

（1）易燃液体通常是贮存在容器内或用管道输送的。与气体不同的是，液体容器有的密闭，有的敞开，一般都是常压，只有反应锅（炉、釜）及输送管道内的液体压力较高。液体不管是否着火，假如发生泄漏或溢出，都将顺着地面流淌或水面漂散。而且，易燃液体还有密度和水溶性等涉及能否用水和普通泡沫扑救的问题以及危险性很大的沸溢和喷溅问题。

（2）首先应切断火势蔓延的途径，冷却和疏散受火势威胁的密闭容器和可燃物，控制燃烧范围，并积极抢救受伤和被困职员。如有液体流淌时，应筑堤（或用围油栏）拦截漂散流淌的易燃液体或挖沟导流。

（3）及时了解和把握着火液体的品名、密度、水溶性以及有无毒害、腐蚀、沸溢、喷溅等危险性，以便采取相应的灭火和防护措施。

（4）对较大的贮罐或流淌火灾，应正确判定着火面积。

（5）大面积（$>50m^2$）液体火灾则必须根据其密度、水溶性和燃烧面积大小，选择正确的灭火剂扑救。

（6）比水轻又不溶于水的液体（如汽油、苯等），用直流水、雾状水灭火往往无效。可用普通蛋白泡沫或轻水泡沫扑灭。用干粉扑救时，灭火效果要视燃烧面积大小和燃烧条件而定，最好用水冷却罐壁。

（7）比水重又不溶于水的液体（如二硫化碳）起火时可用水扑救，水能覆盖在液面上灭火。用泡沫灭火剂也有效。用干粉扑救时，灭火效果要视燃烧面积大小和燃烧条件而定。最好用水冷却罐壁，降低燃烧强度。

（8）具有水溶性的液体（如醇类、酮类等），理论上讲能用水稀释扑救，但用此法要使液体闪点消失，水必须在溶液中占很大的比例，这不仅需要大量的水，也容易使液体溢出流淌。而普通泡沫又会受到水溶性液体的破坏（假如普通泡沫强度加大，可以减弱火势），因此，最好用抗溶性泡沫扑救，用干粉扑救时，灭火效果要视燃烧面积大小和燃烧条件而定，同时也需用水冷却罐壁，降低燃烧强度。

（9）扑救毒害性、腐蚀性或燃烧产物毒害性较强的易燃液体火灾,扑救职员必须佩戴防护面具，采取防护措施。对特殊物品的火灾，应使用专用防护服。考虑到过滤式防毒面具防毒范围的局限性，在扑救毒害品火灾时应尽量使用隔尽式空气面具。为了在火场上能正确使用和适应，平时应进行严格的适应性练习。

（10）扑救原油和重油等具有沸溢和喷溅危险的液体火灾，必须留意计算可能发生沸溢、喷溅的时间和观察是否有沸溢、喷溅的征兆。一旦现场指挥发现危险征兆，应迅即作出正确判定，及时下达撤退命令，避免造成职员伤亡和装备损失。扑救职员看到或听到统一撤退信号后，应立即撤至安全地带。

（11）遇易燃液体管道或贮罐泄漏着火，在切断蔓延方向并把火势限制在上定范围内的同时，对输送管道应设法找到并封闭进、出阀门。假如管道阀门已损坏或是贮罐泄漏，应迅速预备好堵漏材料，然后先用泡沫、干粉、二氧化碳或雾状水等扑灭地上的流淌火焰，为堵漏扫清障碍，其次再扑灭泄漏口处的火焰，并迅速采取堵漏措施。与气体堵漏不同的是，液体一次堵漏失败，可连续堵几次，只要用泡沫覆盖地面，并堵住液体流淌和控制好四周着火源即可，不必点燃泄漏口的液体。

4 危险化学品泄漏事故应急处置措施

（1）进泄漏现场进行处理时，应留意安全防护。

进现场救援职员必须配备必要的个人防护用具。假如泄漏物是易燃易爆的，事故中心区应严禁火种、切断电源、禁止车辆进进、立即在边界设置警戒线。根据事故情况和事故发展，确定事故波及区域职员的撤离。假如泄漏物有毒，应使用专用防护服、隔尽式空气面具。

（2）泄漏源控制。

控制泄漏源的方法主要有封闭阀门、停止作业或改变工艺流程、物料走副线、局部停车、打循环、减负荷运行等。另外，应采用合适的材料和技术手段堵住泄漏处。

（3）泄漏物处理。

①围堤切断：筑堤切断泄漏液体或者引流到安全地点。贮罐区发生液体泄漏时，要及时封闭雨水阀，防止物料沿明沟外流。

②稀释与覆盖：向有害物蒸气云喷射雾状水，加速气体向高空扩散。对于可燃物，也可以在现场施放大量水蒸气或氮气，破坏燃烧条件。对于液体泄漏，为降低物料向大气中的蒸发速度，可用泡沫或其他覆盖物品覆盖外泄的物料，在其表面形成覆盖层，抑制其蒸发。

③收留（集）：对于大型泄漏，可选择用隔膜泵将泄漏出的物料抽进容器内或槽车内；当泄漏量小时，可用沙子、吸附材料、中和材料等吸收中和。

④废弃：将收集的泄漏物运至废物处理场所处置。用消防水冲洗剩下的少量物料，冲洗水排进污水系统处理。

三 危险化学品装卸车事故应急措施

一般事故，如危险化学品微量泄漏，可由安全报警系统、岗位操作人员巡检等方式及早发现，并立即采取关闭相应阀门，切断泄漏源，设警戒区域，进行补漏等措施，予以及时处理。重大事故，如由储罐、运输罐车的大量泄漏而发生重大事故，报警系统和操作人员虽可及时发现，但一时难以控制；泄漏后，可能造成人员伤亡或伤害，或因风向、风速将波及周边地区。当发生事故时，应采取以下应急救援措施：

（1）最早发现者应立即向值班长、车间、公司、消防队报警，并采取一切办法切断事故源。

（2）车间接到报警后，应迅速通知有关部门，成立应急救援指挥部，查明原料外泄部位（装置）和原因下达按应急救援预案处置的指令，同时发出警报，通知指挥部成员及消防队和各专业救援队伍迅速赶往事故现场。

（3）指挥部成员通知各部室按专业对口迅速向主管上级安监、公安、消防、劳动、环保、卫生等领导相关报告事故情况。

（4）应迅速查明事故发生源点、泄漏部位和原因，凡能经切断物料或倒槽等处理措施而消除事故的，则以自救为主；如泄漏部位自己不能控制的，应向指挥部报告并提出堵漏或抢修的具体措施。

（5）消防队到达事故现场，待消防人员佩戴好安全防护用品后，首先应查明现场有无中毒，受伤人员，再以最快速度将中毒、受伤人员脱离现场，严重者送医院抢救。

（6）指挥部成员到达事故现场后，据事故状态及危害程度作出相应的应急决定，并命令各应急救援队立即开展救援。事故扩大时，应请求支援。

（7）生产、安全部门到达现场后，会同发生事故的单位，在查明、原料泄漏部位和范围后视能否控制作出是否停车的决定。

（8）治安队到达现场后，负责治安和交通指挥，在事故现场周围设岗，划分危险区域并加强警戒和巡逻检查，同时负责人员疏散工作。

（9）医疗救护队到达现场后，应与消防队配合，立即救护受伤和中毒人员。对中毒人员应根据中毒症状及时采取相应的急救措施，重伤员送医院抢救。

（10）技术部到达现场后，应查明原料浓度和扩散情况，根据当时风向、风速，判断扩散的方向和速度，并对下风向扩散区域进行监测，确定结果，将监测情况及时向指挥部报告，必要时根据指挥部决定通知扩散区域内的群众撤离或指导采取简易有效的保护措施。

（11）抢险抢修队到达现场后，根据指挥部下达的抢修命令，迅速进行抢修设备，控制事故范围以及事故扩大。

（12）事故得到控制后，应立即成立2个专门工作小组：

①在生产副总指挥下，组成由安全、保卫、生产、技术、环保和发生事故单位参加的事故调查小组，调查事故发生原因和研究制定防范措施。

②由技术副总指挥下，组成由设备、动力、维修和发生事故单位参加的抢修小组，研究制定抢修方案并立即组织抢修，尽早恢复生产。

案例1 深圳市清水河化学危险品仓库“8·5”特大爆炸火灾事故

一 事故情况

1993年8月5日13时10分，深圳市安贸危险品储运公司清水河危险品4号仓库的管理员发现，存放在仓库东北角的过硫酸铵冒烟起火。他打开消防栓却发现没有水，使用灭火器则无法将火扑灭，打119报警电话又无法接通，于是只得截了一辆车去公安局报警。就在公安局消防队出动时，13时26分，储存着1000多吨硫化碱、硝酸铵和1000多箱火柴的4号仓库发生爆炸。1h后，另一个库房，存放着上千吨硫黄、硫化碱和甲苯、二甲苯等物品发生更为猛烈的爆炸。爆炸腾起的蘑菇状烟雾高达数百米，将周围部分建筑物席卷至天上，又裂成无数碎片铺天盖地掉落下来。

这场大爆炸共造成15人死亡，200余人受伤，其中受重伤的33人。爆炸造成该公司第2~7号共6个仓库被彻底摧毁，第1、8号2个仓库遭严重破坏，爆炸引燃了距爆炸中心250m的木材堆场和300m处的6座4层楼高的普通货物仓库，以及附近400余米处的3个山头上的树木。经估算，直接经济损失达2.5亿元，间接的损失则更是难以估计。

二 事故原因

1 事故直接原因

（1）清水河的干杂仓库违章改作化学危险品仓库以及仓库内化学危险品违章存放是造成事故的主要原因；干杂仓库4号仓内混存的氧化剂和还原剂混装、接触是事故的直接原因。

（2）清水河仓库区安全生产条件，如仓库占地面积、防火墙占地面积、库间距离、与外部设施及居民区和道路的距离等均不符合有关法规、标准规范的要求，导致事故扩大。

2 事故间接原因

（1）深圳市政府安全意识薄弱，城市规划忽视安全要求。

（2）安贸公司是中国对外贸易开发集团下属的储运公司与某爆炸危险物品服务公司联合投资建立的。其凭借与深圳市公安局的特殊关系，长期违反化学危险品的安全管理规定，冒险蛮干，违章混存化学危险品，埋下祸根。

（3）作为民用爆炸物品发放许可证的政府主管部门，深圳市公安局执法不严，监督不力。未按规定严格审查，便向安贸公司颁发许可证。

三 事故教训

（1）深圳市城市规划忽视安全要求。市政府某些工作人员安全意识薄弱，对清水区的总体布置未按国家规定进行审查，使易燃、易爆、剧毒化学危险品仓库、牲畜、食品仓库以及液化石油气储罐等设施集中设置，并且其与居民区和交通道路之间均不符合安全的规定要求。

（2）不按国家有关规定对安贸危险物品储运公司的申办报告进行严格审查，就批准成立安贸危险物品储运公司，属失察失职。

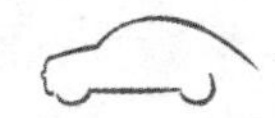

（3）作为民用爆炸物品发放许可证的政府主管部门，深圳市公安局执法不严，监督不力。未按规定严格审查，便向安贸公司颁发许可证，使其在不具备国家规定的安全条件下，经营民用爆炸物品合法化。

（4）安贸公司为获得经营危险化学品的许可，弄虚作假，欺骗上级领导机关，为谋取高额利润，在给市政府的可行性研究报告中，未真实反映情况，有意把不符合安全规定的干杂货平仓说成是符合安全规定的危险物品仓库，骗得了经营危险化学品储运的许可。

（5）安贸公司安全管理混乱，冒险蛮干。在危险品仓库管理方面，安贸公司不按审批的存放危险品种类规定，严重混存各类危险化学品，货物到达才临时指定仓库堆放的现象时有发生，仓管员和搬运工根据仓库剩余空间大小决定存放地点和存放方式，混存、混装习以为常，且危险品接卸过程不按规范化程序执行。安贸公司在接到火险隐患通知书后，不按通知要求整改，未将重大隐患消除。这种疏于管理、违章指挥违章作业、有令不行、有禁不止的行为，决定了事故发生的必然性。

四 预防措施

（1）要做好城市规划和市政建设。各级政府在城市规划中，要有全局观念，统筹规划，合理布局，始终坚持经济建设与市政建设同步发展，确保人民生命和国家财产的安全。

（2）加强危险化学和爆炸物品的安全管理。各级政府要把危险物品的储运问题纳入城市规划统筹考虑，各级公安机关要严格执法，坚持原则。

（3）企业应知法守法，严格按照法律法规要求进行生产经营活动，规范自身安全管理，提高安全意识，保障生产经营安全。

案例2　厦门陆德通物流有限公司“7·12”生产安全事故

一 事故情况

2013年7月12日21时35分许，厦门ABB低压电器设备有限公司租赁的安台创新科技（厦门）有限公司仓库货场内，厦门陆德通物流有限公司在组织工人搬运低压开关柜时，发生1名工人被倾倒的低压开关柜压中致死的生产安全事故。

二 事故原因

1 直接原因

员工安全意识极差，在发现低压开关柜倾斜存在危险的情况下，未及时安全撤离，而是盲目蛮干用手进行固扶，且紧急避险的能力较弱，以致造成撤离不及时而被低压开关柜压中致死的生产安全事故。

2 间接原因

（1）搬运人员违章作业、盲目蛮干是事故发生的间接原因之一。搬运人员违反公司的规定（室内作业设备，严禁移至室外作业），擅自将手动液压叉车移至库房外作业，违章作业、盲目蛮干，安全意识极差，一味追求速度，忽视作业安全、生产安全。

（2）现场安全管理存在漏洞是事故发生的间接原因之一。厦门陆德通物流有限公司安全管理不到位，只追求抢在台风到来前完成搬运任务的作业速度，忽视安全生产，对搬运班组违规作业熟视无睹，安全意识较差。公司虽然制定了较严格的安全管理规定和作业规程，但是在实际现场作业及管理时，存在执行不严、不到位、违规的行为，安全管理存在缺失。

（3）安全教育培训存在漏洞也是导致事故发生的间接原因之一。公司自成立以来，虽能根据公司人员较少的特点，多次利用会议的方式开展安全教育与培训，使得员工有一定的安全意识及安全技能，但对班组以下的人员疏于教育，特别是技术要求不高的搬运工的教育，导致这类人员安全意识不强，紧急避险的能力不强。

三 事故性质认定

该事故是一起一般安全生产责任事故。

四 防范措施和整改要求

（1）厦门陆德通物流有限公司的主要负责人要进一步加强项目部的安全生产工作，要组织相关人员对公司的安全管理工作进行梳理，查找事故的原因，并制定切实有效的管理规定，进一步提升公司的安全管理水平。

（2）厦门陆德通物流有限公司要认真落实“四不放过”原则，立即对全公司的业务区进行一次全面的安全生产大检查，举一反三，查找问题，消除隐患。要彻底清查清理公司安全管理的问题，避免类似事故的再次发生。

（3）厦门陆德通物流有限公司应进一步加大员工的安全生产教育培训力度，定期组织安全知识讲座、技能培训和考核，不断提高员工的安全意识和自我防护能力，特别是对施工班组人员的安全教育及管理，做到防患于未然，杜绝员工违章蛮干的现象。

案例3　诚丰胜通物流有限公司工人死亡事故

一 事故经过及救援情况

2013年1月10日晚7时56分左右，王某在该物流公司B区仓库内用叉车把地面上货物叉到装货的汽车上，叉车随即倒车，与装货汽车平行后，叉车又向前快速行驶，当叉车刚过装货汽车车头位置时随即急转弯（弯度大于90°），由于车速太快、地面有下坡斜度，叉车在转弯过程倾斜呈单侧轮行驶、制动状态，王某被甩出落地。接着，叉车侧翻在地，王某被压在叉车钢架下面。工友们见状后赶紧跑过来施救，将王某救出送往医院抢救，但最终因颈部胸部多处压伤，抢救无效死亡。

二 事故原因分析

1 直接原因

驾驶员无证、违章驾驶致叉车翻车，受压致死。

（1）《特种设备作业人员监督管理办法》第五条规定，特种设备作业人员应当持证上岗，按章操作。王某并未取得叉车作业操作证，不具备叉车使用的安全知识和操作技能。

（2）《工业企业厂内铁路、道路运输安全规程》（GB 4387—2008）第6.4.2条规定，机动车在装卸作业、转弯、调头时，最高行驶速度15km/h。从监控录像上可以直观地看出，王某当日驾驶叉车时，其在货车前端急速右转弯时，速度过快，加上转弯处路面呈左低右高，叉车在转弯离心力的作用下，将王某甩出并侧翻，叉车刚好将王某压在车架下。因此，王某无证、违章驾驶，是导致这起事故的直接原因。

2 间接原因

企业安全生产管理主体责任不落实。

（1）《特种设备作业人员监督管理办法》第十一条规定，用人单位应当对作业人

员进行安全教育和培训，保证特种设备作业人员具备必要的特种设备安全作业知识、作业技能和及时进行知识更新。诚丰胜通公司疏于管理，未对特种作业人员进行教育和培训，让不具备特种设备安全作业知识和作业技能、无叉车安全操作证的王某从事现场装卸作业，是导致事故发生的间接原因。

（2）《厂内机动车辆监督检验规程》（国质检锅〔2002〕16号）第三条规定，新增以及经大修或者改造的厂内机动车辆，投入使用前，应当按照本规程规定的内容进行验收检验；在用厂内机动车辆应当按照本规程规定的内容，每年进行1次定期检验。该叉车于2012年8月从原公司直接转过来，但两家公司都无视安全法规、规程的规定，从未向质量技术监管部门办理厂内机动车登记和定期检验，这也是导致事故发生的间接原因。

三 事故性质认定

该事故是一起一般生产安全责任事故。

四 防范措施

（1）特种作业人员应按要求取得特种作业操作证方可持证上岗，严禁无证人员从事特种作业。

（2）企业应严格按照法律法规要求对从业人员进行安全教育培训，特种作业人员必须具备相关安全作业知识和作业技能，提高安全意识。

（3）应按要求对特种设备定期检测检验，确保其安全技术性能。

（4）企业应落实安全生产主体责任，加强安全管理，杜绝作业人员“三违”行为的发生，加强事故隐患的排查和治理，预防事故发生。

参考文献

[1] 本书编写组. 出租汽车驾驶员从业资格考试培训教材[M]. 北京:人民交通出版社股份有限公司, 2016.

[2] 交通运输部职业资格中心. 出租汽车驾驶员从业资格考试全国公共科目培训教材[M]. 北京:人民交通出版社, 2012.

[3] 本书编写组. 道路客货运输驾驶员继续教育培训教材[M].3版. 北京:人民交通出版社股份有限公司, 2016.

[4] 本书编写组. 道路客货运输驾驶员继续教育培训教材(新编版)[M]. 北京:人民交通出版社股份有限公司, 2016.

[5] 江苏省交通运输厅运输管理局. 道路客货运输驾驶员素质教育读本[M]. 北京:人民交通出版社, 2013.

[6] 本书编写组. 机动车驾驶教练员培训教程[M]. 北京:人民交通出版社股份有限公司,2016.

[7] 本书编写组. 机动车驾驶培训机构安全管理岗位培训教材[M]. 北京:人民交通出版社,2013.

[8] 戴家隽, 王华容. 驾驶人安全心理指导手册[M]. 北京:人民交通出版社, 2013.

[9] 范立, 金兴民, 顾燏鲁, 等. 驾校经营导航[M].2版. 北京:人民交通出版社股份有限公司, 2014.

[10] 人民交通出版社股份有限公司. 汽车维修从业人员安全生产指南[M]. 北京:人民交通出版社股份有限公司, 2014.